Alibaba Group | 技术丛书
阿里巴巴集团

阿里测试之道

阿里巴巴技术质量小组◎主编

陈琴 郑子颖 李中杰 李子乐◎等著

電子工業出版社.
Publishing House of Electronics Industry
北京·BEIJING

内 容 简 介

本书是阿里巴巴集团自成立以来第一本全面记录阿里测试技术的书籍。围绕测试团队经常面临的困局，介绍了一系列技术创新、经验和方法。结合电商、移动、搜索、推荐、广告、IoT、金融、物流等业务场景，总结了阿里在大促保障、移动App测试、大数据测试、AI系统测试、云计算测试、资损防控、物流类测试等领域的方法、技术和工具平台，以及故障快恢、灰度发布、突袭演练等安全生产技术。全书聚焦技术亮点和增量，总结实战经验和教训，呈现技术体系和思考，与业界同人交流。

本书适合互联网行业中的高级测试管理和技术人员阅读，这些人员有比较深厚的测试基础，面对诸多质量挑战，迫切需要寻求测试技术的突破以支撑业务的快速增长。对于想在类似业务领域建立完整测试体系的从业人员，无论经验背景如何，本书都将提供一些有益的启发。对于高校学生和学术界科研人员，本书也提供了一个了解阿里测试实践的窗口。

图书在版编目（CIP）数据

阿里测试之道 / 阿里巴巴技术质量小组主编；陈琴等著. —北京：电子工业出版社，2022.3
（阿里巴巴集团技术丛书）
ISBN 978-7-121-42936-1

Ⅰ. ①阿… Ⅱ. ①阿… ②陈… Ⅲ. ①系统测试 Ⅳ. ①TP311.562

中国版本图书馆CIP数据核字（2022）第024508号

责任编辑：孙学瑛
印　　刷：北京雁林吉兆印刷有限公司
装　　订：北京雁林吉兆印刷有限公司
出版发行：电子工业出版社
　　　　　北京市海淀区万寿路 173 信箱　　邮编：100036
开　　本：787×980　　1/16　　印张：23　　字数：483.6 千字
版　　次：2022 年 3 月第 1 版
印　　次：2023 年 2 月第 4 次印刷
定　　价：128.00 元

凡所购买电子工业出版社图书有缺损问题，请向购买书店调换。若书店售缺，请与本社发行部联系，联系及邮购电话：(010) 88254888，88258888。
质量投诉请发邮件至 zlts@phei.com.cn，盗版侵权举报请发邮件至 dbqq@phei.com.cn。
本书咨询联系方式：010-51260888-819，faq@phei.com.cn。

推荐序 1

保障一个大规模在线数字系统的质量，是一件充满挑战又值得敬畏的事情。每一分每一秒，系统都在开发变更中迭代、在用户行为下学习、在环境变化中适应、还不时要面对突发的流量、攻击或基础设施的故障。保障这样的系统准确、稳定、安全地运行，和保障一个鲜活生命体的健康一样，需要一些"魔法"。

互联网技术带来的变革，已经深入商业、民生、社会的方方面面，数字系统成为社会的生命系统。保障数字系统质量的方法，必须变成可复制的工程实践经验，被所有从业者掌握。阿里的技术质量团队分享了过去二十余年保障大规模电商、物流、支付、云系统顺利运行的经验，写成此书，希望在这个方向上做出一份绵薄贡献。

解决质量问题，需要以求真务实的态度，根据场景与技术栈的实际情况，给出具体的解决方案。但一切质量技"术"的背后，还是能够看到大家不约而同的"道"。

一是"质量左移"。追本溯源定位引发质量问题的源头，并且在最靠近源头处采取有效的措施进行缺陷控制，是成本最低的方式。大到架构层面的容灾容错设计，小到代码门禁的严格纪律，都是质量左移的实践。

二是"端到端验证"。只有通过端到端的方式才能对质量进行真正可靠的验证。阿里在保障"双 11"流量洪峰顺利通过的实践中沉淀下来的全链路压测技术就是一个有代表性的案例。

三是"持续验证与恢复"。对系统的正确性、性能、稳定性、用户体验等方面进行在线监控、持续验证，在问题出现的第一时间发现并快速修复——我们常常把这种能力比作系统内在的免疫能力。有了这种系统内在的免疫能力，搭配各种灰度发布验证技术，就可以极大地降低缺陷可能造成的影响。

系统的质量就像一面镜子，能反映出一个技术团队的综合水平，不仅包括技术能力，也包括管理水平与技术素养。抓质量的根本是建立整个团队的质量意识，提升团队的质量素养。每一次对故障的复盘，都是提升质量意识与水平的绝好机会。然而，通过真实故障来学习，毕竟成本较高，且随着系统越来越健康，通过真实故障进行学习的机会也越来越少。这时就需要建立有效的故障演练体系，让系统质量与团队能力可以持续增长。在本书中，大家也可以了解到阿里在这方面的有效实践。

身处数字革命大潮中，我们能感受到技术的快速演进。当然，质量技术也在与时俱进。很多记录在这本书中的实践，在出版时已经被更新，或者被更好的方法替代了。我们能做的，一方面是把握变化背后的不变之道，另一方面是持续分享。

2019 年，阿里质量团队发起了 TICA 质量创新大会，与行业伙伴一起打造面向质量技术创新前沿的论坛。TICA 的主题从 2019 年的"测思未来"，到 2020 年的"云端智测"，再到 2021 年的"智测美好"，一直都把握住了质量技术的发展脉搏。我也希望有越来越多的读者能够相会在 TICA，共同推动质量技术的持续进步。

美好质量，是我们的共同向往。

程立

阿里巴巴集团首席技术官

2022 年 2 月

推荐序 2

多年来，软件测试持续受到国内外学术界、产业界的广泛关注和极大重视。

2012 年，《Google 软件测试之道》英文版面世，次年，其中文版在国内出版。这本书很好地展现了谷歌测试实践的全貌以及三大类谷歌测试人员（软件开发工程师、软件测试开发工程师和测试工程师）的分工。这种基于互联网业巨头的测试实践所撰写的书籍，无论是对产业界，还是对学术界，都有很高的价值。

多年来，我一直期待我国的互联网公司也能通过图书系统地分享他们开展软件测试的实践及从中获取的经验和心得，所以特别高兴看到本书的出版。本书为阿里巴巴技术质量小组所著，从对阿里测试实践的整体介绍出发，结合其面向特定领域的测试技术和实践展开讨论，给广大产业界人员和高校学生及学术界研究者提供了一扇了解、学习和借鉴阿里测试之道的很有价值的窗口。

值得一提的是，本书中不少内容涉及对学术界提出的经典或前沿理念、方法和技术的落地与改进，体现了阿里在工程实践中积极探索和开拓创新的精神。

例如，使用变异测试度量测试用例的有效性。变异测试是 20 世纪 70 年代初学术界提出的经典方法，因为开销较大，所以其实践长期局限于一些攸关安全的软件，阿里在这方面的落地实践给大家提供了宝贵的经验。本书还有关于提升测试稳定性的讨论，涉及的不稳定测试用例是国际学术界近几年才开始关注的前沿话题，近年来，我的研究团队也在这方面开展了不少工作。

本书的第 3 章聚焦移动 App 测试，全面介绍了阿里在移动 App 测试上的实践，同时介绍了阿里在智能化测试上的新实践。我和我的研究团队在 2013 年就开始针对移动 App 自动化测试开展研究工作，我们先后与腾讯微信测试团队及阿里淘系技术部合作研发智能化测试工具，对大规模产业级移动 App 进行了有效的测试，用到了计算机视觉、自然语言处理、深度学习等智能化手段。

在智能化测试上，阿里巴巴技术质量小组内部专门成立了技术创新小组，而我从 2019 年起与这个小组的核心成员开展过多次交流和讨论。2019—2021 年，我受邀在"阿里巴巴质量创新大会"上做智能化测试的主旨报告。2021 年，我受邀在云栖大会主会场做了题为《软件定义时代的软件智能化创建》的主旨报告。这些与阿里的交流让我通过零散的方式了解了阿里在智能化测试方面所做的尝试和探索，而本书能让广大读者系统全面地了解这些尝试和探索，并将其置于阿里的整个测试实践体系中，细细品味和消化。

20 多年来，我和我的研究团队一直致力于高产业影响力的软件工程研究，很多研究聚焦软件测试，这些研究工作大多是以产研合作的方式开展的。我期待本书的出版不仅能给产业界人员和高校学生带来启发，也能为科研人员提供攻关思路，从而产生更多高产业影响力的研究成果，造福软件产业！

谢涛

北京大学计算机学院讲席教授

高可信软件技术教育部重点实验室（北京大学）副主任

中国计算机学会软件工程专委会副主任

美国计算机协会（ACM）会士，电气电子工程师学会（IEEE）会士，

美国科学促进会（AAAS）会士

2022 年 1 月于北京

推荐序 3

我曾读过《微软的软件测试之道》和《Google 软件测试之道》，今日有幸提前阅读了《阿里测试之道》，深深感到这本书更值得一读。前两本书分别是在 2008 年、2012 年出版的，侧重测试的理念、流程和方法，对测试技术及其实践缺乏深入的探讨。而你现在捧着的这本书却有实实在在的干货，深入讨论了当今流行的测试技术及其实践，也更具系统性、更贴近我们的日常工作。认真学习之后，你虽然不能"天下无敌"，但可以在今后的测试工作中解决许多问题，披荆斩棘，勇往直前。

之所以这样说，是因为我认真阅读了这本书，做了读书笔记，并细细体会。下面就让我为你慢慢道来。

本书一开始就"在当今的环境中，测试遇到了哪些挑战"展开讨论。我们不仅面临一直存在的挑战，还面临系统复杂性、不确定性等方面的新挑战。测试团队更成熟了，但团队的工作不会变得轻松，反而要面临更严重、更庞大的困局。我特别欣赏书中那幅描述测试团队面临的困局的插图，感同身受，似乎自己深深困于局中。

在技术快速迭代的今天，我们面对的竞争更激烈，需要更快速的交付。我们需要在质量和效能之间找到平衡，正如本书强调的：**质量和效能不是一对矛盾，不是一个硬币的正反面，而是一个人的两条腿，缺一不可**。但无论是在过去，还是在今天，我们依旧需要**提升测试的有效性、效率、充分性和稳定性**，这些是测试工作始终关注的目标，也正是本书讨论的核心。本书围绕这些目标，想尽办法，推陈出新，从基础设施、自动化测试方法、工具开发、新技术应用等方面来分享阿里各团队的实践经验。

例如，为了更好地保证测试的稳定性，本书提出要做的第一件事情就是看这个团队有没有代码门禁并消除多种因素的影响，降低测试结果的噪声，避免出现一边修复，一边出现新的失败用例的常见现象，并提出了基于遗传算法、用户操作等不同方法的稳定性测试方案。除此之外，应建立场景管理引擎、异常注入引擎和服务可用性监控，以实现自动的、持续的可用性检测服务。

为了提升测试效率，从缩短提供反馈的时间、降低提供反馈的成本和提高反馈的可信度三个维度来提升测试团队的反馈能力，同时，采用通过 XML 配置自动生成测试数据、基于机器学习算法生成测试用例和基于梯度多轮迭代爬山等方案实现用例智能化自动执行，并解决了"回归测试断言自动合成"的难题，实现了智能回归、智能归因、全链路影子体系、常态化智能。

为了同时提升测试的稳定性和效率，阿里开发了一系列测试框架和工具，如著名的功能测试工具 SoloPi、Markov 平台，并针对各类测试场景研发了一系列便于使用的 Mock 工具，可以支持 App 内的各类请求、小程序内的 JSAPI 调用，以及与服务端交互的 RPC、Sync、HTTP 等请求。为了提升测试的有效性，引入了变异测试、缺陷注入、精准测试和 CI（持续集成）调度，并进一步工程化已有的 CI 基础设施，实现了规模化的变异测试并开发了变异测试机器人。

阿里的理念是技术驱动质量。阿里关注新技术的应用，更关注业务的正确性、用户体验、稳定性、伸缩性，强调**"质量人不仅是系统质量的捍卫者，也是用户体验的捍卫者"**。阿里的测试技术覆盖软件服务的整个生命周期，如前端发布管控和移动端线上质量保障、A/B 测试平台和性能监控平台、性能分级与自动降级、智能推荐流程等，**把用户体验做到了极致**。阿里的测试技术更是经历了"双 11"大促的考验，克服了各种意想不到的困难，抱团扫平一切阻碍，实现了全链路功能、全民预演、全链路预热等测试功能，从而有效地完成大规模、复杂的异构系统的高可用和性能等测试。

本书内容还覆盖了资损风险防控、大数据和机器学习应用、音视频应用系统等方向的测试和技术质量体系建设方案，涉及内容广而深，分享了阿里在算法工程质量、特征质量与评估、深度学习平台质量（大规模分布式训练系统的测试）、工程系统质量等方面的大量实践方法。例如：在算法测试中创新性地使用了小样本离线打分与在线打分对比的方法，可以更加全面地验证数据质量；在智能音箱测试中，通过线上真实的 TOP 语料和数据驱动的工程定向语料集合来自动生成语料；在计算机视觉类产品测试中，构建了标注平台、算法工程平台，并通过主动学习、主动巡检、工程监控和算法效果监控来守护产品质量。无论从软件测试技术的深度还是广度看，这本书都会让我们受益匪浅。

朱少民

同济大学特聘教授、《全程软件测试》和《敏捷测试》作者

2022 年 2 月

前　言

我已经研究软件测试 20 年了。在这 20 年里，我看到了软件测试从最早的手工测试发展到自动化测试，再发展到测试服务化的过程，同时也经历了测试左移的过程，现在整个测试界正向测试智能化发展。

这些年我最大的感受就是，我们很难抽象出一个通用、统一的测试方法、方案甚至测试规则，这些都是由业务特性决定的。一些业务对质量的要求非常严格，一旦出现问题，则会导致强烈的用户反应，甚至影响公司的经营状况；另一些业务更希望产品快速迭代，这些业务的用户对系统问题并不敏感。在这本书里，我们谈论得更多的是互联网的测试方法、方案和技术体系，尤其是阿里巴巴集团（后简称"阿里"）针对互联网业务的测试技术体系。

测试技术体系是极为庞大的。从横向（项目周期）看，包括需求分析、测试分析、测试用例编写和管理、测试执行、Bug 管理、持续集成、灰度测试、线上测试等；从纵向（测试类型）看，包括功能测试、性能测试、可靠性测试、安全测试、用户体验测试等。目前已经有大量的图书覆盖了其中的一个或多个方面，因此，这些内容不是本书的侧重点。本书希望能结合阿里的业务讲述我们自己搭建的、经过实际应用检验的测试技术，而非构建完整周密的理论；希望能聚焦技术亮点和增量，而非广泛编纂基础和存量知识以呈现某个方面的完整体系；希望通过展示实战中沉淀的经验、教训和思考，对读者朋友完成类似的工作有所启发。本书虽然名为"阿里测试之道"，但并非一本务虚、讲抽象逻辑和大道理的书，只是为了沿袭业界著名的"测试之道"系列——《微软的软件测试之道》（*How We Test Software at Microsoft*）、《Google 软件测试之道》（*How Google Tests Software*）。测试之路漫漫其修远兮，吾将上下而求索。

阿里的业务范围很广，技术体系庞大，下属部门众多，从各自的业务和技术需求出发，发展出了多种多样的测试技术。例如，同样是移动 App 的测试，大家使用的测试平台和测试工具各不相同。本书按照技术域而非业务线来组织内容，同一类测试技术，我们只会讲一种——编委会选出的最合适分享的一种，可能是应用最广泛、最成熟的，也可能是最开放的（方便读者取用），还可能是讲得最清楚的，或者是最有创新价值的。而且，我们会尽可能把这个技术领域涉及的重要测试技术完整地呈现给大家，以方便读者应对工作中遇到的类似挑战，从而更好地支持整个业务的测试。然而，由于大家对于何者"重要"、何者"不重要"各有判断，我们知道本书并不能完美匹配所有读者的需求，也希望后续在与读者的互动中不断完善本书。

由于每个公司所处的发展阶段、组织环境不同，期望这些领域的测试技术能够全部、直接地应用到读者所在的公司是不现实的。我们觉得，存在下面几种技术应用的可能性：工具、架构、方法、拓展。第一种是工具/平台的直接应用。在每一章里，我们都会列出本章相关工具的开源版本（如果存在）或者商业化产品（通常以云端服务的形式存在），以方便读者评估使用。事实上，这些开源产品的发起人非常希望更多的贡献者加入，一起打造行业利器。第二种是工具/平台架构上的参考。在没有开源或商业化的情况下，希望本书介绍的各类实现架构能帮助读者在自己实现类似工具时减少试错成本、优化设计。第三种是方法上的参考。一种方法可以有不同的实现方式，工具实现的过程也是基本方法的消化吸收、具体化、本地化、定制化的过程，这在很多情况下是无法避免的。第四种是启发和拓展思路。阿里测试所面临的挑战、试图解决的问题，在其他公司也很可能存在，因此，希望我们所分享的解法、方案，即使不能拿来即用，也能帮助读者拓展思路。

本书内容安排如下。第 1 章围绕测试团队经常面临的困局，介绍了一系列技术创新、经验和方法。第 2 章介绍大促背后的质量保障技术。第 3 章介绍移动 App 的测试体系，包括主要类型、方法、工具、标准和流程等，综合了手机淘宝和支付宝的测试成果。第 4 章结合阿里的搜索、推荐和广告业务场景介绍大数据测试。第 5 章以阿里的语音类和图像类产品为例，介绍 AI 系统的测试技术。第 6 章介绍阿里专有云方面的测试经验。第 7 章则围绕金融业务测试中的资损风险防控展开。第 8 章带你走近物流类测试技术，包括菜鸟仓储实操机器人的自动化测试、末端 IoT 设备的测试、全球化物流骨干网的测试等内容。第 9 章留给安全生产，从资金安全、故障快恢、灰度发布、信息安全风险、突袭演练五个方面展开介绍。第 10 章是对全书内容的总结、对软件测试技术发展历史的简单回顾、对未来的一些展望。

本书是阿里巴巴集团自成立以来第一本全面介绍阿里测试技术的书籍，由阿里巴巴技术质量小组组织编写。该小组从属于阿里巴巴技术委员会，面向所有技术质量领域的员工，负责横向拉通、组织协调各条业务线测试技术的探索和布局，突破组织边界，解决技术难题，合力推进技术攻坚和共享，提升测试技术水平，促进人才发展，实现突破和创新。阿里巴巴技术质量小组自成立以来，在对外交流上，建立了"阿里巴巴技术质量"公众号，重启了年度行业会议——阿里巴巴质量创新大会（TICA），建立了与高校研究团队的联系并促成了越来越多的校企合作项目。

　　来自阿里巴巴多个业务线的很多同事参与了本书的编写，历时两年之久，没有他们的坚持和努力，就没有本书的出版。在此，我向每一位参与编写的同事表示由衷的感谢。这本书所记录的各种测试技术，凝聚了无数阿里质量人的汗水和智慧，不负"做用户体验捍卫者，让客户百分百放心"的使命。同时，我还要感谢电子工业出版社的孙学瑛老师，她不仅在全书结构、内容、风格等方面与我们进行了广泛深入的讨论，还给出了很多关键性的建议，在细节上也严把质量关、一丝不苟，这本书的高质量出版，离不开孙老师的高要求。

　　由于篇幅所限，难以充分、完整、深入地介绍阿里巴巴在每个技术域的测试工作。如果读者觉得意犹未尽，可以通过其他渠道进行更多的了解，包括"阿里巴巴技术质量"公众号、技术社区、行业会议等。我们非常乐意与大家有更多的交流。

陈琴（霜波）

2022 年 2 月

读者服务

微信扫码回复：42936

● 加入本书交流群，与作者互动

● 获取【百场业界大咖直播合集】（持续更新），仅需 1 元

目　　录

第 1 章
测试团队的发展之路

郑子颖、张翔、张新琛、张皓天、张昕东

1.1 测试团队面临的困局

随着互联网的大规模发展、持续集成，以及 DevOps 等软件工程方法的提出和普及，软件测试技术发生了很大的变化。自动化测试越来越普遍，不再被认为是少数大公司才能负担得起的"奢侈品"。敏捷测试（Agile Test）和左移（Shift-Left）等方法论被提出并广泛应用于实践，很多大学的计算机系都开设了软件测试的课程，软件测试的价值、难度和发展空间被人们充分了解，测试团队和从业人员也得到越来越多的认可，开发人员对测试技术和测试团队有了更高的期待。与此同时，测试团队面临着不少困难，其中具有普遍性的有：

- **测试自动化难**。自动化测试程序编写成本高、执行时间长、维护成本高。测试的"技术债"在业务高速发展的过程中越积越多：一边修复老的用例，另一边出现新的失败用例；一边补充自动化，另一边又因为项目的时间压力遗留了未自动化的用例；一些可以自动化完成的功能、回归测试还得依赖手动测试，效率低、问题遗漏多。

- **测试结果的噪声大**。回归测试的通过率比较低，每次回归测试都需要排查大量的失败用例，大部分的失败都是由于测试环境及相互干扰，而不是中间代码导致的，测试人员难以获得成就感。另外，测试结果的噪声多次导致回归测试已经发现的问题在排查中被漏过，变成线上问题。

- **测试不充分**。测试分析和用例枚举非常依赖测试人员的经验和业务领域知识，新入行的测试人员很容易出现测试遗漏。同时，缺少有效的技术手段度量和提升测试的充分性。

- **测试人员对自身成长的焦虑**。上述各种困局使得测试人员把大量时间花在各种琐事上，没有时间和精力提升自身能力、追求技术创新，也缺少沉淀积累。

这些问题及其背后的原因往往互为因果，形成一个个"死结"，阻碍了测试团队以更少的时间、更少的人力、更少的资源，得到更好的结果，测试团队面临的困局可用图 1-1 表示。

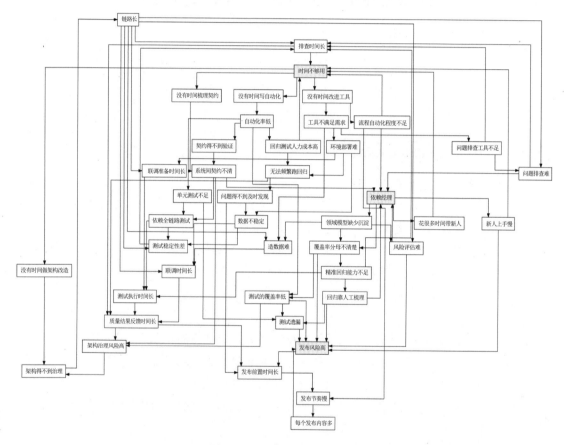

▲图 1-1　测试团队面临的困局

我们针对上述问题做了很多技术创新，取得了不少成果，并在实践中总结了一些经验和方法。

1.2　建立代码门禁

笔者每次接手一个团队，要做的第一件事情都是看这个团队有没有代码门禁（Gated

Checkin）。没有代码门禁的团队，虽然会在每次代码提交后触发持续集成（主要是编译代码、执行单元测试和接口级别功能测试），但结果不稳定，大部分时间是无法做到测试用例100%通过的，而且经常是一边修复，一边出现新的失败用例。久而久之，团队在迭代过程中不再关注用例的结果，而是等到迭代后期一次性地修复所有问题，单元测试和接口测试的价值没有得到充分体现，无法在第一时间发现那些简单和基本的问题。所以，团队要做的第一件事情就是把代码门禁建立起来。

1.2.1　什么是代码门禁

在有代码门禁之前，开发人员都是通过 git push origin 命令将代码直接提交到远程的项目分支和迭代分支的。虽然我们一直明确要求开发人员必须确保代码在本地通过编译及所有的单元测试和接口级别的功能测试后才能提交，但有些工程师偶尔会不遵守这个规定。另外，有时候，虽然代码能在本地通过测试，但由于环境的差异，这些代码在其他地方运行时还是会失败的。而代码门禁可彻底杜绝这些问题。

代码门禁的做法大体如下。

- 在公共分支（包括项目分支、迭代分支、主干分支、紧急发布分支）上，禁用 git push，只允许通过 pull request 来提交代码。
- 我们的研发平台对每个提交到公共分支的 pull request 都会执行各项检验，包括编译、单元测试和接口级别功能测试、静态代码扫描。只有通过这些检验，pull request 才能够被合并。

换句话说，代码门禁就是简单地把持续集成前移：从代码提交后（post-submit）提前到了代码提交前（pre-submit）。这简单的前移，彻底改变了我们的研发模式：从以前的"先欠债再还"，变成了现在的"每个代码提交都不能欠债"。

1.2.2　代码门禁的效果

2018 年的数据显示，阿里巴巴集团的一个团队平均每个月有超过 3000 次 pull request 执行了代码门禁，其中被代码门禁拦截的有问题的 pull request 约 800 次，占总数的 20%以上。在被拦截的 pull request 里，代码编译问题（包括 jar 包依赖问题）约占 1/2，用例失败约问题占 1/4，静态代码扫描发现问题约占 1/4，还有少数的其他检验发现的问题。可以想象，这些问题如果没有在代码提交前被及时拦截，会严重地影响公共分支上代码的质量。①

1.2.3　落地和优化

在推进代码门禁之初，我们遇到了一定的阻力——代码门禁极大地改变了开发人员的代码提交习惯。原来只需要一个命令，几秒钟就能提交完成，现在要等上至少十几分钟。另外，由于代码门禁中执行的测试本身不稳定（这本身就是我们希望通过代码门禁来解决的问题），开发人员可能需要重运行一次或者多次才能让测试全部通过，进一步增加了代码提交需要的时间和精力。

因此，除了花大量时间向团队解释代码门禁的重要性，我们还做了一些比较关键的优化。

1. 缩短时间

- 制定代码门禁的测试执行时间的目标。我们要求对于任何一个微服务（也就是一个 Git 代码库），代码门禁的测试执行时间都应该不超过 10 分钟。10 分钟是一个经验值，时间更短，会让难度大大增加；时间更长，开发人员的体验会明显变差。
- 用基于 MariaDB4j 的本地数据库方案，解决了被测代码对远程数据库的依赖问题。被测代码对本地数据库的读/写延迟要明显小于对远程数据库的读/写延迟时间。
- 精准测试，只运行和变更代码相关的用例。我们记录每个用例的代码都覆盖详细数据，当代码门禁测试开始的时候，我们基于这个数据，反查出和变更代码相关的用例，只运行这些用例。据阿里巴巴集团某团队的数据显示，精准测试可以缩短代码门禁中 43%的测试时间。

2. 提高稳定性

- 制定了代码门禁的测试稳定性的目标，即 90%的成功率。也就是说，整个测试用例集如果执行 100 次，其中至少应该有 90 次是通过的。90%也是经验值，是在实现难度和测试人员的体验之间做的折中。
- 本地数据库方案和精准测试也能提高稳定性。在使用了精准测试后，执行的用例数量少了，出现噪声的可能性也因此降低了。

---

① 注：在这些有问题的 pull request 里，有一部分是由于云端研发的模式造成的。也就是说，有时开发人员提交 pull request 并不是真的要提交代码，只是利用代码门禁的功能，在我们的研发平台上（而非本地）验证一下代码而已。

经过这些优化，代码门禁中的测试又快又稳定，这反过来增强了开发人员对代码门禁的接受程度。因此，代码门禁的全面普及极大地提高了代码的入库质量。

1.2.4　更多的用途

代码门禁的机制运转顺畅以后，还可以很方便地承载更多的验证和卡点，举例如下。

- **Bug Jail**：如果一个开发人员有很多高优先级的 Bug 长时间不修复，我们就可以把他关进 "Bug Jail"，意思就是不允许其再开发新功能，必须先修复这些已有的 Bug，直到他名下的 Bug 数量降到一定水平以下。代码门禁的机制可以用来实现 Bug Jail，根据配置好的策略，对被关进 Bug Jail 的开发人员，代码门禁不允许其 pull request 合并。
- **代码围栏**：对于一些核心代码，我们要求所有相关的 pull request 都要经过有经验的人员的代码检查。我们配置了一个代码门禁的规则，把通过这些人员的代码检查作为 pull request 合并的必要条件。
- **组件升级**：我们有些内部的公共 jar 包被很多团队使用，但有些团队长期不升级这些 jar 包，带来了很高的维护成本，也埋下了质量风险隐患。代码门禁提供了一个强制升级的机制，即如果某个系统的该升级的 jar 包一直不升级，那么经过一个 "黄牌警告" 时期后，我们可以通过配置代码门禁的规则来阻断这个系统的所有 pull request，强制升级。

有了代码门禁机制，以上场景很容易就可以实现，降低了研发协作平台新功能开发的工作量。

1.3　理解测试的本质

代码门禁是测试团队打破困局的第一步，但远远不是全部。在进一步阐述破局的思路前，有必要先弄清楚测试的本质。

测试的本质是反馈，就是回答一个问题：代码是不是好的。这里的 "好" 的定义并不是一成不变的，对于不同的需求，"好" 的定义和标准都是不同的。换句话说，测试的目的是提供质量反馈，为整个软件开发过程中不同的节点提供以下 3 个用于决策的质量反馈。

- 代码门禁中的单元测试和接口测试结果，为判断是否可以接受代码提交提供决策依据。
- 功能回归的测试结果，为判断是否可以将当前版本的代码推进到预发布和灰度验证阶段提供决策依据。

- 预发布环境和灰度验证的结果，为判断是否可以将当前版本的代码进一步部署到整个线上环境提供决策依据。

只要测试是足够全面的、结果是足够可信的，且所有测试都通过了，就可以"无脑"地做出决策。这对于复杂的系统和大型的团队尤其重要，我们希望减少对人的经验、知识和判断的依赖。一个组织一定会不断地新陈代谢，而新人积累经验总是需要时间的，随着业务和系统越来越复杂，一个人能了解整个系统的各种细节和一块业务的方方面面的可能性越来越低。

测试团队是从缩短提供反馈的时间、降低提供反馈的成本和提高反馈的可信度（Confidence Level）3 个维度来提升测试反馈能力的，这 3 个维度，既是质量视角的，也是效能视角的。

有人认为质量和效能是一对矛盾体，要提升效能就要牺牲质量，要提高质量就要牺牲效能。其实，质量和效能并不是一对矛盾体，不是一个硬币的正反面，不是"鱼与熊掌不可兼得"的关系。实际上，质量和效能是"既要……也要……"的关系，是一个人的两条腿。效能提升可以让我们更快地得到反馈，以更快的节奏去迭代和试错。

效能提升对提高质量的直接作用如下。

- 效能提升能够让代码里的质量问题更及时地暴露出来。例如，用例执行到 Bug A 抛错，直到 Bug A 被修复，用例才能继续执行下去。之后，遇到了 Bug B，但其实 Bug B 早已存在了，只是一直被 Bug A 掩盖了。如果 Bug A 能迅速被发现、被修复，那么 Bug B 就能更早地被发现和修复。
- 效能提升能够让代码的质量问题更容易地暴露出来和被注意到，而不是淹没在各种噪声里。例如，接口测试或者全链路回归的确出了问题，但是由于信噪比长期很低，有效信号很容易被开发人员和测试人员忽视。
- 更完善的工具和基建，能够直接减少人为错误的发生。

效能提升对提高质量的间接作用如下。

- 降低心力、脑力的负担。在项目周期长、多个项目并发的情况下，工程师每天都要在各个项目之间频繁地进行上下文切换，这对心力、脑力都是很大的（不必要的）负担。心力、脑力负担重，不免挂一漏万，增加了漏测和未能识别的潜在风险存在的可能性。
- 提升测试开发人员的价值。如果我们把工具和基础建设做得更好，就可以少花一些时间在搭建环境等本可以让机器来做的事情上，把花在解决比较低级的问题上的时间省下来，用在对测试和质量有更大价值的地方。反过来，质量的提高可以让我们有信心走得更快，用更少的资源、更短的时间做出决策和判断。

我们在对测试困局进行破局的过程中，以及未来的道路上，做的工作基本上都可以映射到反馈的时间、成本和可信度 3 个维度上。

- **缩短反馈弧（时间）**：测试用例向"测试金字塔"的下层迁移；提高测试并发执行的能力；减少数据准备的时间，既要能够更好地复用测试数据，又要避免因测试数据复用导致的测试不稳定；打造精准测试能力，能够自动准确地剔除无关的用例；能够通过对测试用例有效性、代码覆盖率和业务覆盖率的准确度量，帮助我们更好地进行等价类分析，对测试用例集进行持续瘦身，避免用例集不断膨胀。
- **降低反馈成本**：测试用例向"测试金字塔"的下层迁移，将更多的测试用更快、更省资源的"小型测试"（Small Test）实现；精简测试用例、只运行相关的用例，通过缩短测试执行时间来减少对资源的占用；从"硬隔离"向"软隔离"转变，用更多的逻辑隔离替代实例隔离。
- **提高反馈可信度**：提高测试的稳定性，降低测试结果的噪声；提高测试的代码覆盖率和业务覆盖率；提高测试的有效性；自动生成测试用例，减少人工进行测试分析和罗列测试用例产生的测试遗漏。

在这 3 点中，缩短反馈弧是关键。

1.4　缩短反馈弧

1.4.1　为什么缩短反馈弧是关键

都说"没有度量就没改进"，但这句话还不完整。度量对于改进的作用是给出反馈，但光有度量还不够，还要度量得足够频繁、度量得足够快，这样才能更有效地改进。缩短反馈弧（Feedback Loop）的价值在生活中有很多例子。

- 减肥。如果每天都称体重，就有助于减肥、有助于控制体重。吃多了，看着体重一天天上去，心里就有压力了，就会控制。如果不是每天都称体重，就容易放纵自己，一发不可收拾。每天都称体重，和每半年称一次体重，对减肥的作用是完全不一样的。
- 吃饭。如果吃太快，就容易吃太多，原因也是反馈弧太长。人的饱腹感是有延迟的，从肚子已经吃饱了，到大脑感受到饱腹感，有一段时间。在这段时间里，如果继续吃，就会吃多了。

- 育儿。家里有小孩的人，或多或少会对育儿感到焦虑。因为不知道现在做的这些事情，对小孩将来的上学、就业会产生什么影响。在育儿这件事情上面，反馈弧的长度是以年计的。

工作中也有很多例子。

- 线上变更，我们强调可监控。做了一个变更，如果能马上得到高质量的反馈（高质量的反馈=监控覆盖率高+噪声低+阈值设定得合理），就非常有助于判断这个变更是好的还是不好的。资损核对，从 $T+D$（天级）到 $T+H$（小时级），再到 $T+M$（分钟级），也是反馈弧不断缩短的过程。因此，缩短反馈弧是非常有助于及时发现问题、及时采取对策的。

- 系统设计分析（简称"系分"）的评估遗漏仍然是反馈的问题。如果我们"系分"的时候做了一个判断——这个链路可以复用，那么这个判断对不对？有没有遗漏？这些都是反馈。

- 我们平时说业务试错也是反馈。试错的意思就是试一下，看看错不错，如果错了就掉头，如果对了就可以继续投入。快速试错要求缩短业务效果的反馈弧。没有快速试错能力，就是反馈弧长，就很不好。

- 晋升也很痛苦，因为晋升的反馈弧也很长。辛辛苦苦干两三年，还要准备晋升述职，也不知道最后评委会怎么评价。如果能在晋升过程中增加一些非正式的述职，提供反馈，那么效果就很好。

1.4.2 怎么才算反馈弧短

反馈弧短不短，可以从两个方面衡量。

- 反馈的前置等待时间。理想状态是：反馈不需要等，任何时候想要反馈都可以。
- 反馈本身的耗时。理想状态是：反馈本身的耗时很短，结果立等可取。

打个比方，二三十年前量血压（量血压就是一种反馈）是要去医院的，只有等早上医院开门了，再挂号、排队，轮到你医生才能给你量血压。所以不是任何时候想量血压就能量血压的，量血压的前置等待时间很长。但量血压这个事情本身耗时很短，一分钟就可以知道结果。后来，有了家用血压计，量血压就不用等了，也不需求助于医生，自己在家里任何时候都可以量。有了家用血压计，虽然量血压这个动作本身的耗时没有变化，但频次提高了，任何时候想要反馈就可以给出反馈，前置等待时间几乎缩短为零。这个变化就大大有助于病人了解自己的血压情况。控制血糖也是类似的道理，从在医院测量血糖转到在家测量血糖，有助于病人了解血糖情况。

软件开发活动中的反馈也是类似的。我是一名开发人员，改了一行代码，想知道这行代码有没有问题，这就是反馈；把某个功能需要的代码写好了，现在想知道这个功能是不是能工作，我的代码还要不要改，这也是反馈。在有些团队里，这些反馈弧还很长，长在两个方面：一是要等，不是任何时候想要得到反馈都可以；二是反馈本身耗时长、成本高，结果也不是立等可取的。反馈弧一长，开发效率就降低了。在一些团队里，反馈弧长在开发联调中体现为：

- 反馈不是随时随地的，要等。因为反馈不是随时随地都可以发起的，也不是每个人都知道怎么发起的，只有特定的人员才知道怎么发起。
- 反馈不是立等可取的。就算发起了反馈，还要找一个个域的人员校验数据。同时，反馈的质量因人而异，因为校验是人做的，不同人校验的方法是不完全一样的。

我们平时一直在做各种动作，比如改代码、给数据库加字段、修改 DRM 值、在数据库里插入数据等。持续集成就是在这些动作发生以后，尽可能快地给出反馈，缩短反馈弧。持续指反馈要随时随地都可以得到。自动化是缩短反馈弧的必要条件（但不是充分条件，此外还包括覆盖率、充分性、有效性等要素）。如果还有人工步骤，就不可能做到反馈弧很短，因为人是不可能随时随地都能一呼即应的，而且人的动作也是很难控制的。

1.4.3　缩短反馈弧的成本和投入产出比

要缩短反馈弧，就要建设持续集成。虽然持续集成的确需要投入成本，但是很多人只看到了建设持续集成的投入，没有看到回报：这个做好了，能节省多少时间。在缩短反馈弧上投入的成本是能从其他地方收回来的。

对每个项目来说，如果每个联调（集成）用例和校验都有自动化的投入，在项目进行的过程中就会收到回报。比如，人工做一次校验可能要 15 分钟，而校验自动化需要 2 小时（包括自动化及后面的维护），只要整个项目过程中校验超过 8 次，自动化就是划算的。事实上，在一个项目里面的校验何止做 8 次。现在，校验在一个项目里面往往只做几次，是因为校验非常累。但如果实现自动化了，校验就可以执行很多次，因为我们希望能随时随地得到反馈。

另外，随时随地做校验、随时随地得到反馈，还有一个很大的好处，就是能让排查问题变得很方便。20 世纪 90 年代，程序员在 Turbo C 2.0 里面写代码，习惯每写几分钟就编译一下，因为当时的 IDE 没有错误提示，代码量越大，排查问题的难度越大（虽然编译错误会指出哪行错了，但是问题的根源未必在报错的那一行）。

不能孤立地看待投入在建设持续集成上的成本。如果只从单个开发人员的视角看，那么也许在某些情况下，用原来的方式对个人更方便。但在很多情况下，个体受益，往往会导致群体受损，进而导致每个个体都受损。相反，个体做一些小的付出，会导致整个群体受益，也就是让每个个体都受益。

这样的例子在生活中也有很多。如果每个人开车都不遵守秩序，都乱变道、乱加塞，那么整体的道路秩序就会很混乱，最终导致整条路上的车速都降了下来。

1.5 提升测试的稳定性

很多测试团队面临的最大难题就是自动化测试的通过率低、噪声大。在理想情况下，我们希望每个失败的测试用例都是由真正的 Bug 引起的。但实际情况是，自动化测试经常因为其他原因导致失败，例如，同时执行的用例之间相互影响、人对测试环境的影响、测试环境底层基建的不稳定、测试环境里的脏数据、测试用例本身有问题等。

自动化测试稳定性差带来的后果是：

- 失败用例的排查工作量非常大。
- 对自动化测试丧失信任和信心。如果发现大部分失败用例都是非代码 Bug 原因，有些人员就不会重视，只对失败的用例草草看一眼，就说这是一个"环境问题"，不再排查下去了。这样一来，很多真正的 Bug 就被漏掉了。
- 更多的问题被掩盖了。

本节着重讲述我们是如何达到和保持很高的测试稳定性的。《隋唐演义》一书里的程咬金虽然只有三斧子半的招式，但很有效，他就靠着这三斧子半打赢了很多对手。提升测试稳定性，我们也有三斧子半的招式：第一招——高频；第二招——隔离；第三招——用完即抛；最后半招：不自动重跑。

1.5.1 高频

高频之所以排在第一位，是因为它不但对提高测试稳定性有"奇效"，也是很多其他软件工程中解决问题的方法。用 Martin Fowler 的话来说，就是"If it hurts, do it more often"。举几个靠高频解决问题（Frequency Reduces Difficulty）的例子。

- **持续打包**：笔者的团队过去只在部署测试环境前才打包，经常因为打包问题导致部署花费很多时间，影响后面的测试进度。针对这个问题，我们做了持续打包，每隔半小时或一小时对 master 或者项目分支的 HEAD 打包，一旦遇到问题，马上修复。

- **发布**：如果在发布过程中问题很多，那么可以尝试更高频地发布。如果原来每周发布一次，就改成每天发布一次，除了原来每周一次的发布，一周里的其余日子，就算没有新代码合并进来，也要"空转"发布一次。这样做的目的是用高频来暴露问题，倒逼发布过程中各环节的优化。

- **证书和密钥的更新**：证书容易过期？证书更新的过程不够自动化？用高频。把原来两年一次甚至更久一次的证书更新频率提高到每三个月或六个月一次。用这样的高频率来倒逼证书更新的自动化，暴露证书管理机制中的问题。

- **容灾演练**：蚂蚁 SRE 团队用的也是高频的思路，为了加强容灾能力建设、提高容灾演练的成功率，SRE 团队的一个主导思想就是高频演练，用高频演练来充分暴露问题，倒逼能力建设。

另外，从测试稳定性上看。高频测试的好处有以下几点：

- **缩短反馈弧**。如果一个团队进行功能回归测试的频率是一天一次（例如，每天早上 6 点），那么星期一白天做的代码改动和 Bug 修复的测试结果要星期二才能看到。更糟糕的是，如果星期二的测试执行结果显示星期一的代码有问题，那么即便星期二当天就能修复这些问题，修复的效果也要等到星期三才能看到。这样以"天"计的节奏是不符合敏捷开发和业务快速发展要求的。我们希望的节奏是：早上 10 点改的代码，午饭前就能看到功能测试结果；根据测试结果，做相应的改动，下午就能通过功能回归测试了。

- **变主动验证为"消极等待"，减少测试人员的工作量**。过去，开发人员修复了一个失败用例背后的代码问题，测试人员要手动触发这个用例，检查是否通过，当 Bug 数量较多时，测试人员工作量较大。有了高频的功能回归后，功能回归用例集每小时都执行一遍最新的代码。当开发人员提交了 Bug 修复后，测试人员不再需要手动触发用例，而只要"消极"地等着看下一个小时的测试结果。

- **识别和确认小概率问题**。当一天只有一次测试时，如果开发人员说一个用例失败的原因是数据库抖动，那么我们也许能接受。但当每小时都有一次测试，连续三次都得出同样的失败结果时，数据库抖动的理由就说不通了，可以推动开发人员进行更深入的排查。

- **暴露基建层的不稳定因素。**

- **倒逼人工环节自动化**。如果一个团队进行功能回归的频率是一天一次，那么其中的一些人工步骤就可能被容忍。例如，敲一个命令、编辑一个配置文件、设置几个参数、点几下按钮。这些手动步骤本身很可能出错，导致测试通过率下降。而用高频的手段，把功能回归的频率从一天一次提高到一小时一次，工程师可能就无法容忍这些手动步骤了，就有动力把这些步骤改为自动化实现，从而也减少了人工出错的可能。

- **为分析提供更多的数据**。

笔者所在团队的成员一开始并不理解高频的重要性，对高频测试有一些疑问，例如，

问题 1：为什么一定要定时进行测试呢？为什么不能变成每次有代码提交再触发呢？

问题 2：进行高频测试，需要更多的资源，成本很高，值得吗？

问题 3：原来一天只测试一次，对于失败的用例，已经没有时间一一排查了，现在频率更高了，岂不是更没有时间排查了？

对于问题 1，可以让每次代码提交都触发测试执行，但定时的测试仍然必须要有，因为代码提交的频率是不均匀的。在每天代码提交较少的时间段，即便代码没有变，我们仍然希望保持测试执行的频率，以便及时发现基建层的问题。另外，我们需要保持测试执行的频率，以产生足够的数据来分析、识别和确认小概率问题。

对于问题 2，高频测试对测试资源的需求的确会成倍地增长，甚至是呈数量级的增长。但多花了这么多钱用来做高频测试，换来的是自动化的噪声大大降低、无效排查大大减少、被掩盖的质量问题大大减少、工程师的幸福感上升，是值得的。另外，高频测试使用的资源有各种优化的途径：可以优化测试用例，缩短每次执行的时间；可以优化资源调度算法，尽可能地把空闲的资源利用起来，提升资源利用率。

对于问题 3，实际上，排查工作量并不会剧增。因为并不是每次执行的结果都一定要排查。而且，高频测试开始以后，问题很快就会收敛，所以需要排查的总量并不会增加太多。以笔者的经验，在开始高频测试后，排查错误的工作量反而小了。

实际上，1.2 节提到的代码门禁和 1.3 节提到的持续集成所采取的两个破局点都和高频有关。

代码门禁：我们除了把单元测试和接口测试移到代码提交前进行，还在主干分支上高频运行所有的单元测试和接口测试。也就是说，除了在每次代码提交后触发，我们还按照每 15 分钟一次的固定频率运行，每天运行将近 100 次。之所以这样做，是因为有些代码问题（包括单元测试和接口测试的代码问题）是以一定的概率发生的，可能在代码门禁和代码提交后触发的执行中都没有发生，而每天运行将近 100 次的高频测试却能把这类问题很

好地暴露出来。

持续回归：功能回归测试从原先的每天 1~2 次改为每小时 1 次，每天 24 次，以加快将当前版本的代码推进到预发和灰度验证阶段的速度。

1.5.2　隔离

隔离指不同的测试活动（包括不同的测试运行批次）之间要尽量做到不相互影响。在有些团队里，自动化的功能回归测试和其他日常测试（例如探索性测试）都在同一个测试环境里进行，相互干扰非常大。

相比"三斧子半"里的其他几个（高频、用完即抛、不自动重跑），隔离的重要性是比较容易理解并被广为接受的。隔离的好处有如下两点。

- 减少噪声：减少多个测试批次运行时彼此影响导致的用例失败。
- 提高效率：会产生全局性影响的测试，可以在多个隔离的环境里并发执行。

测试隔离的具体策略要根据技术栈、架构、业务形态来具体分析，选择最合适的技术方案。测试隔离一般可以分为硬隔离和软隔离两种。硬隔离和软隔离之间并没有一个清晰的界限：硬隔离偏属物理层，一般通过多实例实现，例如，消息队列和数据库的多个物理实例；软隔离偏属逻辑层，一般通过多租户（Multi-tenancy）和路由（Routing）实现，例如同一消息队列里的不同命名空间、同一数据表里标志位的不同取值、API 调用和消息体上的流量标志位等。

一般来说，硬隔离在架构上比较简单，对应用代码入侵较小，应用代码和测试代码需要的改造较小。软隔离由于偏属逻辑层，应用代码和测试代码需要有一定的感知，对架构有较多的入侵，设计的复杂度较高。但硬隔离通过多实例实现，成本较高。测试隔离的种类如图 1-2 所示。一个团队在不同的发展阶段可以用不同的策略组合。当团队和系统规模较小时，不妨以硬隔离为主；当团队和系统规模变大后，团队已经有资源和能力驾驭较复杂的架构，同时成本问题也日趋凸显，这时可以逐渐建设起软隔离。

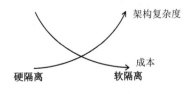

▲图 1-2　测试隔离的种类

软隔离的终极形态是 Testing in Production（TiP），依靠完善的隔离机制，直接复用生产环境的资源和服务搭建测试环境，如图 1-3 所示。

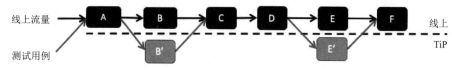

▲图 1-3　TiP

TiP 是测试环境的终局，这是因为线下环境的某些局限性是无法避免的。

- **线下环境的容量有限。**生产环境的容量往往是线下环境的几十、几百倍。单单是生产环境里的冗余容量和使用率波动的峰谷之间的量，就足以满足我们对线下环境的容量需求了。

- **上下游支持力度不够。**线下环境稳定性经常受到上下游系统稳定性的影响。这些上下游系统也是线下环境。当这些上下游系统出现问题时，虽然也可以给相关团队报故障，但响应速度和支持力度比不上生产环境。如果把测试环境与上下游系统的生产环境集成，支持力度就不再是问题了。

- **线下环境和生产环境不一致。**不一致不仅包括被测系统（System Under Test，SUT）自身的一些配置，也包括上下游系统的版本和配置。把 SUT 和上下游系统的生产环境集成，能够最大限度地减少这种不一致。

1.5.3　用完即抛

笔者在团队中一直倡导的一个测试设计原则是"测试环境是短暂的（Test environment is ephemeral）"。一个长期存在的测试环境不可避免地会出现各种问题，如脏数据、累积的测试数据未清理、配置的漂移（Drift）等。这些问题都会严重影响测试的稳定性。虽然可以通过数据清理、配置巡检等手段解决这些问题，但彻底的解决手段是每次都按需创建新的测试环境，用完后即销毁。

测试环境用完即抛的好处如下：

- 解决环境问题，减少脏数据。
- 提高可重复性（Repeatability），确保每次测试运行的环境都是一致的。
- 倒逼各种优化和自动化能力的建设（测试环境的准备、造数据等）。
- 提高资源使用的流动性。在实际的物理资源不变的前提下，增加流动性就能增加实际容量。

"测试环境是短暂的"就意味着：

（1）我们的测试环境搭建能力要很强。搭建新测试环境要快速、可重复、成功率高、无须人工干预，要能可靠地验证搭建出来的新环境是不是好的、是否满足后续测试的要求。

（2）我们的测试策略和自动化的设计必须不依赖一个长期存在的测试环境。例如，不依赖一个长期环境里的老数据进行数据兼容性测试。

（3）日志要打印好。测试环境一旦被销毁，保留下来的就只有应用代码打印的日志（一般保存在 ELK、SLS 等日志服务中）和测试自动打印的测试输出。这些日志和输出要详细、清楚，目标是绝大多数的测试用例失败都能通过分析日志定位到问题。我们经常说的一个原则是写日志的时候，要假设以后"日志是你唯一的问题排查手段（Log as if that's the only thing you have）"。

有时候，测试环境用完后的确还需要保留一定时间。对这样的需求，我们也要设置一个比较短的时间上限，例如：

- 一个测试环境的默认有效期是 48 小时。
- 到期可以申请延期，每次延期最多可以增加 24 小时（newExpTime = now + 24h，而不是 newExpTime = currentExpTime + 24h）。
- 最多可以延期到 7 天（从创建时间开始算）。对于需要 7 天以上的，要走审批流程。

这样做的好处就是倒逼。一刀切的倒逼在一开始会有点儿痛苦，但大家很快就会习惯，自动化等环节很快就跟上了。

测试环境用完即抛的确会引入一些新的质量风险。如果有一套长期维护的环境，里面的数据是老版本的代码生成的，那么部署了新版本的代码后，这些老数据是可以帮我们发现新代码里面的数据兼容性问题的。现在用完即抛，没有老数据了，这些数据的兼容性问题就可能无法被发现，这个风险的确是存在的。控制这个风险的思路是往前看，而不是往回退。我们要探索数据兼容性问题有没有其他的解法，有没有其他的测试或者质量保障手段。甚至要想一想，怎么做到"从测到不测"，通过架构设计解决数据兼容性问题，让它不成为一个问题。

1.5.4　不自动重跑

很多团队都会在他们的测试平台里增加一个自动重跑的功能：在一次完整的测试执行后，对其中失败的用例自动重跑一遍。如果一个用例的重跑通过，就把这个用例的结果设为通过。

这个做法是不好的，自动重跑虽然在短期内能（在表面上）提升测试（结果）的稳定性，但长期来看，对整个团队、质量、测试自动化都是有害的。

- 自动重跑会使得工程师不再深入地排查问题、揪出隐藏很深的 Bug。因为工程师的时间都是有限的，既然一个用例已经被标为"通过"了，即便只是重跑才通过的，那么工程师也没有必要仔细看。这样就可能漏过一些真正的 Bug。在这类"第一次会失败，重跑会通过"的问题里，笔者印象最深的一个 Bug 是 GUID 值的处理代码。这段代码只有在 GUID 串的第一位是一个特定的字符的时候才会触发 Bug，引起测试用例失败。因此，这个测试用例的失败概率是 1/16，而且在重跑时很大概率是会通过的。

- 有一些用例不稳定的根本原因是系统的可测性问题。有了自动重跑以后，反正用例重跑一下还是能通过的，所以工程师就没有动力改进系统的可测性了。

- 由于前面两点，深层的 Bug 没有被揪出来、本质性的问题（例如可测性）没有解决，问题慢慢地积累、蔓延，测试运行后需要重跑的用例越来越多，导致测试执行所需要的总时间越来越长。

对于"确定型"的被测系统（例如支付、电商、云计算等）来说，系统行为是确定的，因此测试的结果也应该是确定的。对被测系统来说，关闭自动重跑，一开始可能比较痛苦，失败的用例数会很多，但只要坚持下去，梅花香自苦寒来。

1.6 提升测试的有效性

当测试团队解决了测试的通过率、稳定性、耗时和覆盖率问题以后，测试的有效性便成为下一个需要解决的问题。

1.6.1 测试有效性需要面对的挑战

挑战 1："注水"的成功率和覆盖率

在推动测试的通过率和覆盖率提升的过程中，我们发现，个别工程师的测试用例里有"注水"的行为，例如，校验做得不够，该写的 assert 没写，甚至还有一些用例，无论代码返回什么结构、抛什么错，用例的执行结果都是通过的。必须防止这种"注水"行为的出现。

我们考虑过的解决方法有：

- 加强代码评审。但是，代码评审需要工程师的时间、能力和责任心。指望代码评审来发现所有的测试有效性问题也不现实。

- 对测试代码进行静态代码分析。例如，我们可以识别出被测代码在数据库里，然后解析测试代码，看测试用例是否检查了被测代码库的数据。但这个方法只对一部分的情况比较有效，普适性不强。

- 靠价值观保证，与绩效考评挂钩：只要发现测试用例有"注水"的情况，写这个测试用例的工程师的当年绩效考评就下调。这个做法的局限性在于：会有很多漏网之鱼，而且等到绩效考评时再改善就太滞后了。

挑战 2：谁来测试测试代码

长期以来，一直困扰软件测试专业的一个问题是："谁来测试测试代码（What tests the test code）"。

无论是单元测试（Unit Test），还是端到端（End-to-End，E2E）的自动化测试用例，这些测试代码的价值就是让开发人员可以放心地修改应用代码。只要测试是通过的，我们就相信修改后的应用代码是基本正确的。但如果想要修改测试代码，怎么保证修改后的测试代码是基本正确的呢？换句话说，如何确保对于被测系统（System Under Test，SUT）里的任意 Bug 来说，只要修改前的测试代码能报错，修改后的测试代码就能报错。我们也许可以再写一堆测试代码来测试测试代码，但这堆测试代码又会面临同样的问题。换言之，如何度量测试的有效性（Test Effectiveness）。如果度量都无法做到，那么更谈不上保障和提高了。

测试有效性度量的困难有以下两方面：

- 传统的测试有效性的定义是：测试有效性 = 测试中发现的 Bug 数/（测试中发现的 Bug 数+交付后发现的 Bug 数）。但是按照这个定义，度量是滞后的，而且由于依赖人工上报、收集 Bug，这个度量数据存在比较大的误差。
- 测试有效性不能靠代码覆盖率来度量。即使修改后的测试代码的代码覆盖率和修改前的代码覆盖率是一样的，也不等于修改后的代码的"抓 Bug"能力没有下降。即便修改后的测试代码能够正确地抓出所有历史上已知的 Bug，也不代表它对那些尚未发生的 Bug 的捕捉能力和修改前的测试代码是一样的。

1.6.2　变异测试和 Bug 注入

笔者团队在比较了各种方案后，选择用变异测试（Mutation Testing）来度量测试用例的有效性。

1. 变异测试的原理

变异测试就是向应用代码中注入一个 Bug（我们把此处的 Bug 叫作变异），看看测试代码能否发现这个变异，以此来验证测试代码发现 Bug 的能力。

例如，我们向应用代码中注入变异，把 b<100 改为 b≤100。然后我们针对变异后的应用代码执行一组测试用例。如果其中有一个或多个测试用例对之前的应用代码是通过的，但对变异后的应用代码是不通过的，我们就认为这组测试用例发现了这个 Bug，这组测试用例对这个 Bug 是有效的、有发现能力的，如图 1-4 所示。

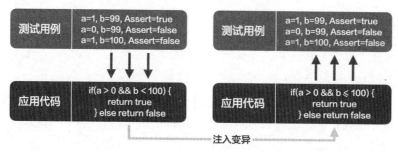

▲图 1-4　注入变异测试的过程

基于变异测试，我们对测试用例有效性的定义是：有效性=发现的变异数量/注入的变异总数。

从原理上讲，代码变异主要分为以下三类。

- 第一类可以称为等效变异（Equivalent Mutation）。例如，把 a+b 变成 a−(−b)。这种变异我们不做，因为它不是一个 Bug。

- 第二类可以称为实际等效变异（Practically Equivalent Mutation）。例如，把 int 类型变成 short 类型，理论上会有溢出的问题。一般情况下大家很少用 short 类型，只要是整数就直接用 int 类型，但值的范围无论如何都不会超过几十或几百。比如，变量 numberOfDays 的值是天数（Number of Days），这种变异我们也不做。

- 剩下的那些变异，比如算术运算符替换（Arithmetic Operator Replacement，AOR）和条件运算符替换（Conditional Operator Replacement，COR），几乎都是 Bug，很清楚、没争议。我们主要做的就是这类变异。

在实操过程中，常用的变异类型如表 1-1 所示。

▼表 1-1　常用的变异类型

变异类型	例　　子
算数运算符	+改成-，++改成-
关系运算符	!=改成==，>改成<
逻辑运算符	&&改成||

变异类型	例　子
赋值运算符	+=改成-=
布尔值	true 改成 false
循环结构	break 改成 continue，增加 break
函数调用	把 setWhitelist（values）改成 setBlacklist（values）
删减代码	把 if…else 中的 else 删掉，把 try…catch…finally 里的 catch 或 finally 删掉

2. 工程化

我们基于已有的持续集成基础设施，实现了规模化的变异测试，如图 1-5 所示。

- 对每个服务的应用代码都自动生成大量不同的变异。
- 对每个变异，都将变异注入应用代码中，结合精准测试的用例筛选执行被度量的测试用例集，根据执行结果判断是否发现了该变异。
- 汇总数据，得到每个服务的测试用例集的变异发现率（测试用例有效性）。
- 每隔一段时间就重复上面这个过程，进行新一轮的度量。
- 合理安排 CI 调度，见缝插针地利用测试资源使用率较低的时段，尽可能地缩短每轮度量之间的时间间隔。

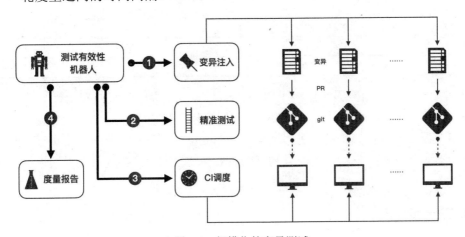

▲图 1-5　规模化的变异测试

这套工程化的测试用例有效性度量方案的特点如下。

- **接入门槛低**：只需给出应用代码和测试代码的 Git 仓库地址，即可进行评估，得到改进报告。
- **普遍适用**：无论是什么语言开发的应用代码，无论测试用例是用什么测试框架编写和执行的，都可以接入。

- **评估准确**：打通了代码覆盖率数据，变异只会注入已经被测试用例覆盖了的代码行，减少了无效注入。

另外，使用这套基于变异测试的用例有效性度量方法，**不要求**用例本身具有很高的稳定性。这是因为：如果测试用例集是稳定的，不稳定的测试用例（Flaky Tests）很少，那么对每个变异可以只执行一遍该用例集。如果用例集本身是不稳定的，其中一些用例本身就是时而通过、时而失败的，那么可以对该用例集执行多次，每个用例只要在多次中通过一次就算通过，只有全部失败的才算失败，这样就可以排除用例不稳定的影响，获得比较准确的用例有效性度量结果。

3. 效果

笔者的团队从 2019 年起就对所有服务的单元测试和接口测试进行常规化的基于变异测试的有效性度量。表 1-2 是其部分实际度量结果。

▼表 1-2　基于变异测试的有效性度量的部分实际度量结果

被测服务	测试用例数	变异总数	被发现的变异数量	发 现 率
服务 A	826	757	626	83%
服务 B	930	363	203	56%
服务 C	971	303	211	70%
服务 D	895	1043	608	58%
服务 E	1281	445	395	89%

从实际结果得到的数据是：一个服务的单元测试和接口测试的有效性如果可以达到 90%左右，那么用例的质量是比较好的，用例写了却没有发现 Bug 的情况也会比较少。下一步的计划是对功能回归用例集进行这样的定期度量。目前的主要问题是执行功能回归用例集的硬件成本比较高，而基于变异测试的有效性度量方案需要成百上千次地执行被度量的用例集。

4. 进一步优化

上述的测试用例有效性度量方案在实际运用中还遇到了以下两个难题。

- **性能**：对于几千个应用，如何低成本地实现更短的反馈？
- **"杀虫剂效应"**：变异的类型如何不断更新，防止出现"杀虫剂效应"？

（1）从注入策略上提升性能。在最初的工程化实践中，我们的模式是将一个变异注入分支，并运行被评估的用例集。如果被测系统的变异点是 1000 个，那么意味着对一个系统完成一次评估需要执行 1000 次被评估的用例集。这个成本是非常高的。

对此，我们在注入策略上进行了以下升级，如图 1-6 所示。

- 多个变异在同一个代码调用路径下，不能同时注入。
- 多个变异在不同的代码调用路径下，可以同时注入。
- 一次执行一次变异和一次执行多次变异进行 A/B 测试，保障算法的正确性。

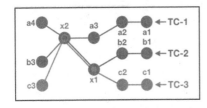 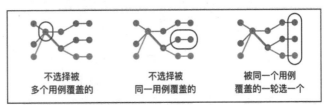

▲图 1-6　注入策略的升级

经过这样的优化，评估轮次平均降低了 70% 左右。

（2）杀虫剂效应。软件测试中的"杀虫剂效应"（Pesticide Paradox）指：如果不断重复相同的测试手段，那么软件会对测试"免疫"，一段时间以后，该测试手段将不再能发现新的 Bug。这是因为多次使用后，在这些测试手段关注的地方和问题类型中，Bug 已经被修复得差不多了，而且在这些地方，程序员也会格外关注和小心。最终软件对这些测试"免疫"。

变异测试也会产生"杀虫剂效应"。例如，如果我们一直进行 "> 变成 >=" 的注入，那么程序员就会对>和>=的边界条件特别关注。为了避免在变异测试中出现"杀虫剂效应"，要持续地更新变异策略。对此，我们采取的方法是不断地从代码历史中"学习"更多的 Bug 类型，并在变异测试中复现这些 Bug 类型。1.8 节会介绍我们是如何从代码历史中"学习"的。

1.6.3　更多的注入类型

1. 线下质量红蓝攻防

变异测试不仅可以用来度量自动化测试用例的有效性，也可以用来度量整个研发流程中所有质量保障手段的总体有效性。例如，如果我们的代码里面有一个 Bug，那么发现 Bug 的手段可以是代码评审，可以是代码扫描，可以是单元测试和接口测试，可以是自动化的全链路回归测试，也可以是手动的探索性测试（Exploratory Test）。

用变异测试来度量整个研发流程的质量保障能力，我们称之为线下质量红蓝攻防。具体的做法是：

（1）准备。蓝军（攻方）的准备工作有：制定注入的策略（范围、频次、类型等）、制定评分规则、维护 pr 工具以及服务端的配套能力（例如跟踪变异的修复情况）、落实技术方案，确保变异不被发布到线上。

红军（守方）的准备工作：无。红军要做的就是像平时一样工作。

（2）注入。蓝军会在开发人员提交代码的时候注入变异。注入是自动的，无须蓝军人工操作。我们修改了用于提交 pull request 的客户端工具 pr，pr 会自动选择一部分代码提交，在正常的提交过程中"神不知鬼不觉"地修改代码并注入变异。

之前不含注入的代码提交流程是：

- 工程师老王在本地修改了 abc.java。
- 老王执行 git add 和 git commit。
- 老王执行 pr 命令。
- pr 命令创建远程临时分支，把本地分支 git push 到远程临时分支，然后提交 pull request。
- 代码门禁执行完成，pull request 合并，代码进入迭代分支。

带变异注入的代码提交流程是：

- 工程师老王在本地修改了 abc.java。
- 老王执行 git add 和 git commit。
- 老王执行 pr 命令。pr 命令在后台修改 abc.java、注入变异，并执行 git commit--amend--no-edit。
- pr 命令创建远程临时分支，把本地分支 git push 到远程临时分支，然后提交 pull request。
- 代码门禁执行完成，pull request 合并，代码进入迭代分支。

pull request 像往常一样被正常创建了，但是提交的代码已经被"篡改"了，即完成了一次注入变异（例如，>被改成了>=）。pr 命令会把这次注入的情况回传到服务端，用于后续的跟踪（包括防止这个变异被发布到线上，以及在攻防演练活动中进行计分）。

注入的原则有：

- 在被提交的 commit 里的文件才注入。
- 变异尽量只注入被提交的 commit 中增加和修改的行。
- 变异也可以注入被提交的 commit 中增加和修改的行的附近，例如，交换 if/else，或者去除 try/catch。

- 确保变异注入后的代码仍然是可以编译通过的。
- 注入的变异可以是方法（Method）级别的，也可以是类（Class）级别的。

我们比较了多个注入方式，最终采用以上注入方式。这是因为其他注入方式或多或少有一些我们无法接受的问题，例如：

- 通过直接提交 commit 的方式来注入 Bug。这样做，注入很容易就会通过代码评审和比对 git 版本历史被注意到，而这两种方式是很常用的问题排查手段，在攻防中不应禁止。
- 单独拉一个代码分支来做攻防。这样虽然能确保被注入的代码不会被误发到线上，但同样很容易就在代码评审和比对 git 版本历史中被注意到，从而大大降低攻防演练的价值。
- 直接在线下环境进行运行时的代码注入。虽然直接做运行时的代码注入的技术是成熟的，例如 jvm-sandbox，但是线下环境以及在线下环境上运行的测试只是线下质量的一部分。如果只在线下环境做内存注入，就无法检验代码评审、单元测试和接口测试、代码扫描等质量保障手段的水平。另外，在线下排查问题时，工程师通常会进行代码走读，所以应该确保运行的代码和 git 里的代码是一样的。

（3）发现和计分。一次攻防演练活动可以持续几周（因为很多项目和迭代的时间跨度是几周）。对于演练中的每个变异，评分规则是：

- 在代码进入 remote 的项目分支或迭代分支前发现并修复的，得 10 分。
- 在代码进入 master 前发现并修复的，得 6 分。
- 在项目提交发布前修复的，得 3 分。
- 意外修复，不得分。

意外修复的情况包括：变异的代码随着其他代码一起被删除、重构。对于意外修复，如果红军给出证据（例如代码评审、CI 错误日志等），证明变异其实已经被发现了，可以算作主动修复。

（4）确保变异不被发布到线上。线下质量红蓝攻防的一个关键点是确保注入的变异不会被发布到线上（否则可能引起故障）。对此，我们采取的方案是利用 poison commit 的机制。poison commit（有毒的 commit）的大致原理如下：

- 变异注入成功、请求合并成功后，我们会把被注入的 commit 3db178cc 标记为一个 poison commit。只要 3db178cc 没有 antidote（解药），任何含有 3db178cc 的代码版本都不会被发布上线。

- 如果 3db178cc 里的变异被修复了，那么该 commit 会被记作 3db178cc 的 antidote。有了 antidote，代码发布就不会被阻拦了。
- poison commit 本身是一种常用的发布阻塞机制，例如，确保在 hotfix 分支的代码没有合并回 master 之前，master 的代码不会被误发布上线。在攻防演练的场景中，注入的变异被记在一个私有的 poison commit 列表里，用来防止作弊。

2. 报文注入

微服务架构里的服务之间是通过 API 和消息进行交互的。我们把 API 的 request（请求）、response（返回）及消息体统称为报文。过去的测试自动化对报文内容的校验做得不够，导致一些问题到项目晚期进行更大范围的集成和联调时才被发现，甚至有些问题被遗漏到了线上。

测试用例的操作过程如图 1-7 所示。在一个特定的用例中，我们希望当被测系统调用它的下游时，如果传递了错误的金额（Request Y 的里面的 cent 字段的值不是 100），用例就报错。有时候这样的问题可以被 E2E（端到端）的测试发现，有时候这样的问题在 E2E 测试中也会被遗漏。

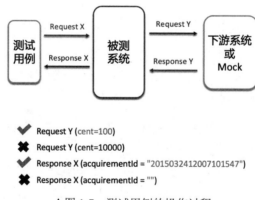

▲图 1-7　测试用例的操作过程

因此，我们想要回答的问题是：我们的自动化测试用例是否对报文做了充分的校验。我们希望通过技术手段，以一种全自动化的方式来客观量化地回答这个问题。

我们选择的技术方案是：用 jvm-sandbox 在用例的运行时对报文进行注入，改变某个字段的值，或者增加、减少字段。和上文的基于代码变异的手段类似，我们对报文注入进行工程化的注入和测试，得到测试用例集对报文注入的发现率。这个发现率也是一种测试有效性的度量指标。

单服务级别测试（单元测试、接口测试）的部分实际度量结果如表 1-3 所示。

▼表 1-3　单服务级别测试的部分实际度量结果

服　　务	有效性（%）	字段总数	注　入　数	发　现　数	未发现数
服务 A	25	1409	1409	348	988
服务 B	29	412	412	119	287
服务 C	50	880	880	441	419
服务 D	30	200	200	60	140
服务 E	19	257	257	48	209
服务 F	2.3	559	559	13	541
服务 G	61	918	918	562	356

在单服务级别，理论上我们希望对报文内容校验的有效性是 100%，即报文中的所有问题都会被发现。但实际工作表明：在单系统层面，无法判断某些字段的值正确与否。这些报文字段必须和上下游其他系统的状态结合起来才能判断。从经验数据来看，单服务级别测试的报文内容校验的有效性如果能达到 80%~90%，那么大部分的问题就能在 E2E 之前被发现了。

1.7　提升测试的充分性

围绕把测试做得更好的目标，除了实现更高频持续执行、更高的通过率、更低的噪声、更高的有效性等，还要解决测试遗漏的问题。

过去，我们的自动化用例主要靠测试人员凭借自己的测试分析能力来列举。但随着团队规模的扩大，越来越多的新人加入，团队人员的测试分析能力参差不齐、测试不充分、遗漏场景和用例，导致出现线上的问题。出现测试遗漏的一个原因是"不知道自己不知道（unknown unknowns）"。

我们可以从两个角度来提升测试充分性和解决"不知道自己不知道"问题。

- 用例自动生成：用技术手段减少测试人员的个人能力差异的影响，减少对个人经验的依赖。
- 业务覆盖率度量：用技术手段发现测试遗漏，为补充测试用例、提升测试充分性指明方向。

1.7.1　用例自动生成

对于人工枚举测试用例（Test Case Enumeration）来说，一方面人力的多少和水平的高低限制了测试用例的数目和质量，另一方面人工无法穷举所有的输入作为测试用例，也无法想到所有可能的业务场景。为了解决这些问题，用例自动生成技术得到越来越广泛的研究和使用。用例自动生成的重要作用是减少漏测、提效、节省人力成本。

自动生成测试用例赋能业务场景的情况如图 1-8 所示。

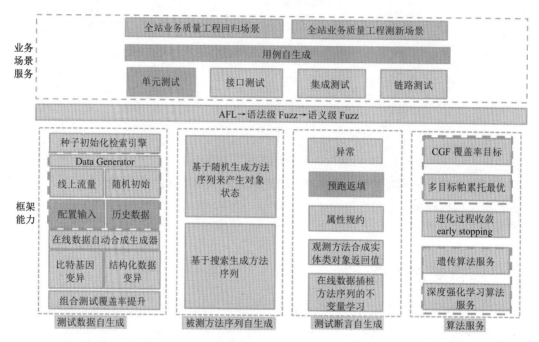

▲图 1-8　自动生成测试用例赋能业务场景的情况

1. 从测试用例自动生成技术的角度看

录制回放是一种运用比较广泛的用例自动生成技术。例如，阿里的双引擎自动回归平台是一个复制线上真实流量并用于自动回归测试的平台。除了录制回放，还有以下几类用例自动生成技术。

（1）基于符号执行（Symbolic Execution）。符号执行是一种经典的程序分析技术，它以符号值作为输入，而非一般程序执行的具体值。经分析得到路径约束后，通过约束求解器得到客户触发目标代码的具体值，如 JBSE、JDart 和 SUSHI 等。但是这种方法存在路径爆炸、路径发散、复杂约束求解难的问题。

（2）基于模型。这里的模型指能够形式化，程序可以理解和执行的行为描述，包括有限状态机（Finite State Machines）、理论证明（Theorem Proving）、约束逻辑编程（Constraint Logic Programming）、模型检查器（Model Checking）、马尔可夫链（Markov Chain）。目前，大多数模型仍需手动创建，在真正实现自动化创建模型之前还要克服较多的困难。

（3）基于搜索。基于搜索的测试用例自动生成技术（SBST）是基于搜索的软件工程（SBSE）的一个子领域。通过定义适应度函数，将测试用例自动生成问题转化为目标优化问题，进而用各类搜索算法来解决。例如，全局搜索算法包括遗传法、粒子群优化算法和蚁群算法等；局部搜索算法包括爬山算法和模拟退火算法（如 JTest、JCrasher、eToc、Randoop、EvoSuite 及 GRT 等）。近年来该技术得到较快发展，例如通过提高代码覆盖率、多目标帕累托优化、强化学习来指导测试参数的变异过程，如 Zest、RLCheck 等。基于覆盖率的模糊测试（Coverage-guided Fuzzing）也可以归入此类。

2. 从测试过程的角度看

用例的自动生成包含测试数据的自动生成、测试方法序列的自动生成和测试预言（Test Oracle）的自动生成。

（1）测试数据的自动生成。测试数据包括针对基本类型（如整数型、字符串型）的参数值及针对实体对象类的参数值。应用的技术主要为基于随机的技术、基于搜索的技术和基于程序语义的技术，如符号执行（Symbolic Execution）。目前，业界已经提出了很多为基本类型参数生成数据的技术，但是这些技术对于复杂的被测软件效果仍然不够好，取得的代码覆盖率不够高。另外，针对实体对象类参数生成数据的技术大多局限于通过随机生成方法序列来产生对象状态（如 Randoop、AgitarOne、Jtest）或基于搜索生成方法序列来产生对象状态（如 EvoSuite）。而最近有一些研究（如 JQF、Zest、RLCheck）通过人工撰写数据生成方法（Generator）生成特定的类型或格式的数据，并且和 Coverage-guided 方法结合起来，针对给定的种子输入参数，进行变异生成新的输入参数，保留覆盖新代码的变异结果作为新的种子，生成的新参数的语义覆盖率更高，在一些基本类型参数值的生成上做得较好，对于提升代码覆盖率和缩短问题发现时间效果明显，如图 1-9 所示。但是针对实体对象类参数值，完全依赖于人工撰写带参数的数据生成方法（其返回值类型是实体对象类），使得测试数据的生成并不是全自动化的，如图 1-10 所示。

我们将人工撰写数据生成方法改造成 XML 配置的自动化数据生成方法，将复杂的实体类对象生成器进行基于属性（Property）的改造，并且引入线上录制的流量数据，作为更有效的种子初参。通过这些操作，在真实业务系统中，测试人员手写的单元测试用例的代码覆盖率提升了 66%。经过变异后，自动生成的符合业务逻辑的入参数据增加了 5 倍，如图 1-11 所示。

Bug ID	Exception	Tool	Mean Time to Find (shorter is better)	Reliability
ant Ⓑ	IllegalStateException	Zest	(99.45 sec)	100%
		AFL	(6369.5 sec)	10%
		QC	(1208.0 sec)	10%
closure Ⓒ	NullPointerException	Zest	(8.8 sec)	100%
		AFL	(5496.25 sec)	20%
		QC	(8.8 sec)	100%
closure Ⓓ	RuntimeException	Zest	(460.42 sec)	60%
		AFL	✗	0%
		QC	✗	0%
closure Ⓤ	IllegalStateException	Zest	(534.0 sec)	5%
		AFL	✗	0%
		QC	✗	0%
rhino Ⓖ	IllegalStateException	Zest	(8.25 sec)	100%
		AFL	(5343.0 sec)	20%
		QC	(9.65 sec)	100%
rhino Ⓕ	NullPointerException	Zest	(18.6 sec)	100%
		AFL	✗	0%
		QC	(9.85 sec)	100%
rhino Ⓗ	ClassCastException	Zest	(245.18 sec)	85%
		AFL	✗	0%
		QC	(362.43 sec)	35%
rhino Ⓙ	VerifyError	Zest	(94.75 sec)	100%
		AFL	✗	0%
		QC	(229.5 sec)	80%
bcel Ⓞ	ClassFormatException	Zest	(19.5 sec)	100%
		AFL	(5.85 sec)	100%
		QC	(142.1 sec)	100%
bcel Ⓝ	AssertionViolatedException	Zest	(19.32 sec)	95%
		AFL	(1082.22 sec)	90%
		QC	(15.0 sec)	5%

▲图 1-9　人工撰写的数据生成方法

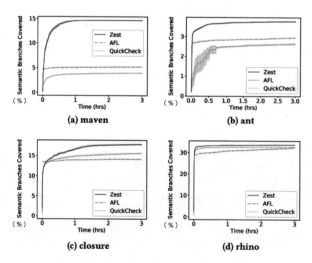

▲图 1-10　人工撰写带参数的数据生成方法

方法名	500次fuzz覆盖行	单测覆盖行	生成有效参数	成功用例	失败用例	覆盖率提升
AdPositionServiceFuzzTest.testupdate	331	101	9	2	7	227.72%
MediaAuditServiceFuzzTest.queryMediaAuditListTest	1121	317	4	4	0	253.63%
MediaAuditServiceFuzzTest.operateMediaAuditTest	385	206	6	0	0	86.89%
InspirePositionOperationServiceFuzzTest.updateInspirePositionByMediaTest	260	220	4	0	4	18.18%
InspirePositionOperationServiceFuzzTest.testQueryMediaArrangementContent	372	316	5	5	0	17.72%
	8327	5015	146			66%

▲图 1-11　XML 配置的自动化数据生成方法

后续工作：

- 根据已有（自动产生或者线上捕获的）参数值采用组合测试的技术，有效覆盖需要现有参数值特定组合才能覆盖触发的 Bug 或者未曾覆盖的语句。
- 在实体对象类参数值的生成上，利用 Randoop 和 EvoSuite 生产的方法序列来提取高效的方法子序列自动合成数据。同时利用在线数据学习得出实体对象类的不变量，然后直接构建可以覆盖但未曾覆盖的语句，且满足类不变量的参数对象状态。这里的研究问题是：生成的哪些子序列要放到数据生成方法里？答案是将收集到的子序列中每个方法调用的 reciever object states 都放到数据生成方法里。这样做会有很多数据生成方法。我们需要探索一些新技术来进一步减少数据生成方法的数量。

（2）测试预言的自动生成。测试预言的自动生成技术主要通过捕获方法返回值合成回归测试断言（预跑返填）和能推断出运行态状态遵循的属性规约的机器学习技术。业界商用工具 Parasoft Jtest 在自生成测试预言上主要采用捕获方法的返回值合成回归测试断言的技术，只适用于回归测试并且检测 Bug 能力有限的情况。Agitar 的 AgitarOne 主要采用能推断出运行态状态遵循的属性规约的机器学习技术，而且需要用户人工甄别工具所推荐的断言为真或假。

我们已经调用观测方法对产生的测试用例中的实体对象的返回值合成了回归测试断言，并且可以一键更新断言的期望值，如图 1-12、图 1-13 所示。

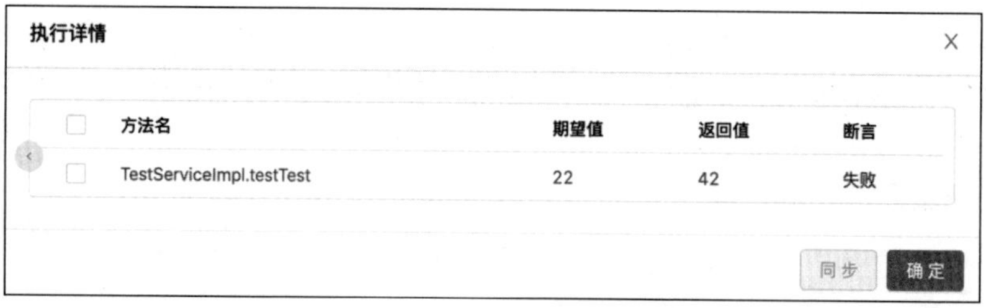

▲图 1-12　测试预言的自动生成（一）

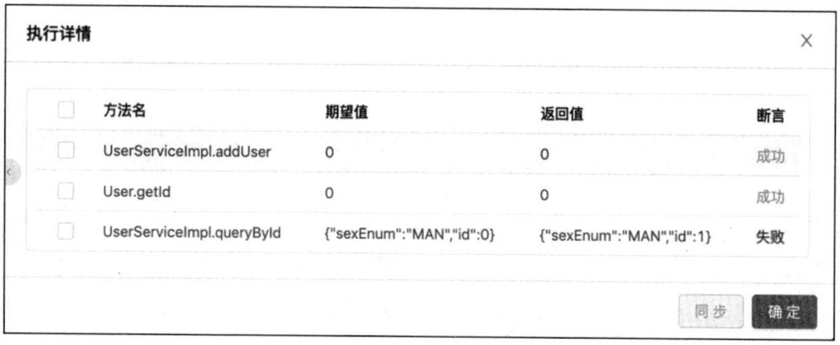

▲图 1-13　测试预言的自动生成（二）

后续工作：为解决测试用例和回归用例的覆盖率增长问题，我们利用自动生成的数据和在线数据，将学习出被测方法的属性规约作为测试预言，然后监控运行产生的测试用例。方法是在数据回放过程中，对被测公共方法通过 Daikon 插装来学习不变量，这里的问题是：目标属性太复杂，不在其模板覆盖范围内；学到的不变量的噪声可能比较高；运行态额外时间和存储开销很大。

1.7.2　业务覆盖率度量

如果测试可以覆盖 100%的代码（包括行覆盖、分支覆盖、条件覆盖等），是不是就测全了，不会遗漏曲线了？答案显然是"不"。以下面的代码为例：

```
public string Format(int month, int year)
{
    return string.Format("{0}/{1}", month, year);
}
```

这段代码要做的事情是把月和年转化为信用卡的过期时间字符串（例如，06/2020）。信用卡过期日的格式是 MM/YYYY，但对于 2020 年 6 月，这段代码返回的是错误的 6/2020。正确的写法应该是 string.Format("{0:00}/{1:0000}", month, year)。设计这段代码的测试用例时，如果只测了某些业务场景（例如 11/2020），就无法发现这个 Bug。

因此，我们除了度量测试的代码覆盖率，还必须关注业务场景的覆盖率。业务场景覆盖率的定义和业务形态相关度很大。信用卡过期时间转换的例子比较简单，在实际工作中有各种 String 类型或者复杂数据类型的参数，其取值和值的变化代表了业务对象的状态、状态的转移路径、事件序列、配置项的可能取值和取值组合、错误码和返回码等，有强业务语义并代表了不同的业务场景，需要从业务场景覆盖率角度去度量和覆盖。

1.8　从测到不测

前面已经讲了如何把测试做得更好，但我们也认识到，做测试不能只把测试做好。

《黄帝内经》一书提出："上工治未病，不治已病，此之谓也。"《孙子兵法》一书说："是故百战百胜，非善之善者也；不战而屈人之兵，善之善者也。故上兵伐谋，其次伐交，其次伐兵，其下攻城。攻城之法，为不得已。"做医生的最高境界是不需要治病。打仗的最高境界是不需要打仗。同样的道理，做测试也要思考如何做到不需要测试，只有这样才能变被动为主动，不再跟在项目和需求的后面疲于奔命，像打地鼠一样面对层出不穷的问题。

从测到不测的方法有很多，主要包括下面两类。

- 防错设计：在架构、代码、交互等层面优化和加固设计，减少人为错误发生的可能性，或者降低人为错误可能导致的影响。
- 代码扫描：不写任何测试用例、不执行任何测试，直接对代码进行分析，找到代码中的问题，甚至自动修复 Bug。

1.8.1　防错设计

测试的最终目的是让服务在线上不出问题、少出问题。人为错误是线上问题的一个主要来源。例如，某大型云计算服务在 2010—2014 年最严重的 10 个线上故障中有 4 个故障和人为错误有关：

- 2011 年 9 月，一个网络配置多了一个斜杠，引发大面积的 DNS 宕机。
- 2012 年 1 月，应业务人员要求，一个技术人员在生产环境里执行了一个脚本，清理过期账号。但由于业务人员给的数据有问题，导致这个脚本删除了一批真实用户的账号。
- 2013 年 2 月，SSL 证书忘记更新，证书过期导致存储服务大面积不可用。
- 2014 年 7 月，在一个 IaaS VM Agent 的紧急发布中，工程师为了省时间，用了一个非常规的方法，结果 IaaS VM Agent 被当成 PaaS Agent 发布，引起大量用户的服务中断。

所以，向以下列举的三个精益制造案例学习，做好"防错设计"，能从根源上杜绝一大批故障和线上问题，达到"上医治未病"的效果。

1. Poka-yoke

Poka-yoke 是精益制造（Lean Manufacturing）领域的一个概念，意思是"防错"。Poka-yoke 的概念最早是新乡重夫在丰田汽车引入的。

例如，笔者在欧洲国家自驾的时候，因为看不懂加油机器的文字，所以担心加错油，但马上发现，如果搞错了，那么加油管是插不进去的。柴油的加油管是插不进汽油车的加油口里的，汽油的加油管也插不进柴油车的加油口里。当时就觉得这个设计很好、很安全，能够防止出错。这就是一种典型的行为塑造约束（Behavior-Shaping Constraint）。

Poka-yoke 的反面案例也有。美版初代 XBox 刚刚出来的时候，只支持 110V 的电源，插到国内的 220V 的电源上，就烧掉了。这就是防错设计没做好的后果。如果 110V 和 220V 的电源插座的形状是不一样的，那么就能避免这种问题了。

2. 软件开发的 Poka-yoke

软件开发也有 Poka-yoke。拿支付系统来说，在预发环境做验证的人员在用小键盘输入"3"的时候，不小心触碰到了回车键，于是页面表单被提交了，放款成功。不巧的是，表单里面的手机号码是上一次操作填写的，虽然是一个测试账号的手机号，但有对应的线上真实用户。于是造成了一次资损。

这个故障的场景和汽车的一个 Poka-yoke 是类似的。很多自动挡汽车在行进中无法更换档位，这样就避免了在行进过程中，由于不小心碰了一下操纵杆档从 D 当变成了 N 档甚至是 R 档，造成事故。

3. 支付系统防错设计的六类常见问题

防错设计的核心思想是：人总是会犯错的。人会手抖、会忘记事情、会看错……怎么针对这些问题在系统设计时进行加固，减少人犯错的可能，或者减少人犯错的后果严重性。防错设计和容错设计（Fault Tolerance）不一样，容错设计更关注系统的错误，如网络问题、硬件问题等，而防错设计更关注人的错误。

笔者通过分析大量的线上问题，总结了支付系统防错设计的六类比较常见的问题。这六类分别是：没有第一时间校验输入值、线上线下权限隔离没做好、视觉辨识度不佳、代码容易写错、事情忘记做了、事情没按照正确的方式做。

第一类：没有第一时间校验输入值

案例 1：接到业务临时需求，通过增加配置实现。在实现过程中，少了一对中括号，导致配置值格式出错，收银台无法加载渠道信息，进而导致某业务支付成功率下降。缺少一对中括号的直接原因是技术人员使用的编辑器在格式转换时自动去掉了中括号。

案例 2：新需求要求在交易回执解析模板中新增两个参数。在修改后的模板中，两个新字段分别多了一对引号，导致模板无法正常编译，交易回执无法解析，交易处于中间态，不能依据回执内容向前推进。

案例 3：线上渠道白名单变更，因配置中的双引号采用了全角格式，导致收银台支付渠道不可用，影响了多笔交易。

案例 4：原有合约中的商户服务名称中无 "&" 字符，为符合监管要求，需要将服务名称更新为带 "&" 符号的名称。合约改签时通过属性调整工单工具将服务名称做了更改，在后续合约改签费率时，服务名称中的特殊字符被再次提交。由于特殊字符 "&" 在 XML 解析的时候未转义，且内部对转义出现 Exception 返回 null 处理，导致签约成功后全部属性丢失，业务无法继续，某业务交易量跌至 0。

案例 5：配置增加了新的渠道值，但渠道值存在空格，导致后期的对账脚本解析渠道值失败，影响了日切。

案例 6：商户入驻时，结算账号的 SWIFT code 填写错误，导致后期结算出错，结算滞留在系统内，未及时下发给调拨系统，影响商户结算 SLA。

对这类输入值没有第一时间做校验引起的错误，要考虑的防错设计关键点是：

- 需要人工输入的配置值，应尽量使用简单字符串，避免使用 JSON、XML 等复杂格式。如果配置值是一个很长的单行值，那么要设法拆成多行。总之，值要尽量简单，尽量可以在一屏/一页里面完整展示、一目了然，方便人工核对。

- JSON、XML 等格式的输入值，在第一时间就要校验是否是合法的格式，以便及早发现问题。在新的解析模板生效前，系统要先运行一下，确保可以编译。

- 含有非法字符的配置值，要在第一时间校验出来并拒绝，不能让它进入系统。如果已经进入系统，那么要在生效前做好校验。最好有这样一种设计模式：当发现配置值非法时，系统能够自我保护，不加载有问题的新配置，继续使用老配置；同时，为了确保新部署的系统能正常工作，配置要有多版本，否则，正在运行中的系统虽能自我保护，但一旦系统重启，就会加载有问题的新配置。

- 一定要避免复制/粘贴操作。复制/粘贴非常容易出现各种问题。尤其是把内容文本临时粘贴到一个文本编辑器的时候，很容易出现多字符、少字符，以及全角和半角转换错误的问题。

- 在案例 3 中，双引号从半角变成了全角。全角双引号是东亚开发者特别容易遇到的问题，很多富文本编辑器（包括 Microsoft Office）都会自动地把半角引号变成全角引号。所以，如果需要临时保存文本，要用 Sublime Text、IDEA 等代码编辑器。这些编辑器不会做半角或全角的自动转换。

- 容易发生半角全角问题的除了引号，还有逗号、减号、括号。文本编辑器里的字体要设置成比较容易辨识半角与全角的。这个道理和识别 0O 和 1lI 是一样的。增强视觉辨识效果，是防错的一个很有效的手段。

- 在进行各种解析和转义代码（例如，URL escape、Unicode 到 ASCII 的转换、XML/JSON/CSV 等格式在序列化和反序列化时对特殊字符进行处理等）时，尽量不要自己写代码，而选用成熟的二方或三方类库。要对转义有敬畏心，实现健壮完备的转义逻辑不是一件容易的事情，是需要投入一定的时间和精力去夯实的。宁可多花一点时间去找成熟的二方或三方类库，也不要为了节省时间自己写个简单的逻辑。

- 接口和数据模型的各种字段要定义清楚：支持什么字符、不支持什么字符。需求文档如果有关于特殊字符的处理逻辑，例如"不支持特殊字符"，那么必须要求需求文档定义清楚什么是"特殊字符"。后面要增加支持的字符，就要改需求、走一个完整的设计编码测试闭环。对于输入值，要第一时间做校验，如果有不支持的字符，则第一时间抛错。

- SWIFT code 的长度一定是 8 位或 11 位，并且有一定的格式。在商户和用户填写 SWIFT code 的地方，一定要充分做好校验，构筑好第一道防线，把长度和格式非法的 SWIFT code 挡在系统外面。如果等到结算的环节再发现 SWIFT code 非法，就太晚了。

- 对于其他类似的值也是同样道理。特定长度的、特定格式的、ISO 标准的，都要在值被输入的第一时间，对长度格式等做充分校验，校验发现不符合标准的，直接作为非法参数拒绝。

- 对于没有提供账号验证 API 的支付渠道，尤其在流出场景下，要做"小额验证"设计。即：用户输入账户信息后，先做一笔随机的小额打款，用户只有确认收到并且验证金额后，才正式接受用户输入的账户信息。

第二类：线上线下权限隔离没做好

案例 7：2017 年 11 月，线下环境的文件发送系统配置了线上 SFTP，导致线下测试文件误传到线上环境。

案例 8：2018 年 3 月，案例 7 的问题再次发生。

案例 9：数据质量团队在做线下环境清理时，调用 API 误删除了线上的正式任务，影响了 3 天的商户账单产出，以及部分 BI 报表/对账单和业务核对报表产出。

防错设计主要有以下 5 种。

- 网络隔离：生产环境的资源，例如数据库、SFTP、API 等，都要尽可能地配备 IP 地址白名单，只有白名单上的源 IP 地址可以访问。不过，IP 地址白名单本身也很容易出错，要非常小心，要有很好的防错设计和监控应急能力。IP 白名单一旦改错，网络就无法访问，可能引起大面积故障。

- 权限隔离：访问线下环境的账号和访问线上环境的账号必须是两个。同一个账号不可以同时有线上和线下的访问权限，防止出错、调串。在案例 7 和案例 8 中，如果做好了权限隔离，就只会导致文件上传失败，影响不会那么大。另外，对于工程师的生产环境访问权限，要做到授权范围最小、时间最短，必须是 JIT（Just In Time），即要用的时候申请，用完之后马上回收。对范围大、有效期长的修改权限（读权限可以适当放宽）要严格管控。

- 防错设计要充分重视。案例 8 和案例 7 是同一个问题，案例 7 发生后，SFTP 的网络隔离方案开始实施，但进展不够快，到 2018 年 3 月中下旬才落地。案例 8 的问题是在 2018 年 3 月初发生的。

- 在案例 9 中，我们的生产和测试任务都运行在同一个数据平台里，本身无法实现网络隔离，只做了租户级别的隔离。因此，这里的权限隔离尤为关键。如果数据平台的 API 对访问不同的资源（例如，生产的任务与测试的任务）有很好的权限检查，在运维层面遵循了对生产环境资源访问权限高度管控的原则，那么在这个案例里，就算测试脚本出了问题也没有权限修改生产环境资源，不会误删线上的正式任务。

- 所有的删除操作都要有一个"回收站"机制（虽然"回收站"机制在以上案例里并不能避免故障发生），要能快速恢复被删的内容。

第三类：视觉辨识度不佳

在案例 3 中，我们提到要用视觉辨识度比较高的字体作为编程和文本编辑器的字体，这样有助于肉眼发现 0O、1lI 及半角、全角等文本问题。

过去一两年里我们还遇到了以下几例和视觉辨识度有关的防错设计案例。

案例 10：新的配置界面在预发环境做验证时，操作人员在红包兜底金额的地方输入 0.33，并保存。保存后，页面回显，红包兜底金额显示为 33。操作人员没有及时发现这个问题，因为在支付系统里面，经常用以分为单位的整数形式来表示金额。但实际上，代码中有一个 Bug，会导致金额被放大 100 倍。页面回显 33 就是放大了 100 倍后的结果。由于预发环境和生产环境使用同一套数据库，虽然上述验证是在预发环境进行的，但是兜底金额 33 实际已经在生产环境生效了，造成资损。

案例 11：某 1688 商户反映未收到合约生效通知。原因是商服人员在后台进行授权签约确认时，误使用了预发环境确认协议生效。合约域的签约通知是通过定时任务发送的，而预发环境的定时任务平时是关闭的，因此该商户的签约通知未被发送。商服人员用的后台界面在预发和生产间的切换是通过修改 hosts 文件的方式进行的，很容易被忘记，操作页面也没有提示当前操作的环境信息。

案例 12：idds 是蚂蚁集团内部的管理数据库连接相关配置的一个运维平台。idds 在灰度环境（左）和生产环境（右）的用户界面相似度很高，只在右上角一个很小的地方显示了"灰度"和"生产"，区别不够明显，容易出错，导致应该在灰度环境中做的操作在生产环境中执行，出现线上问题。

此时，防错设计怎么做？

- 金额用户界面上要输入值的地方，要把单位和币种表示清楚。如果是时间，则要表示清楚时区。图 1-14 是原来的界面，显示金额的地方并没有显示单位。如果有单位"元"，那么操作的人员看到"33 元"的时候，就会引起警觉，及时排查问题。

- 预发环境和生产环境共用一套数据库，是不少线上问题的根源。其架构设计的难点在于：一方面，我们希望预发环境和生产环境尽量隔离，否则各种相关的问题层出不穷、防不胜防；另一方面，我们又不希望预发环境和生产环境完全隔离，因为我们就是想用预发环境做验证。预发和生产、隔离或不隔离本身不是问题，关键是要清楚什么是隔离的、什么不是隔离的，再正确地去做。把隔离的当成不隔离的，或者把不隔离的当成隔离的，都会出问题。要有简单清晰的架构设计原则，否则容易出错。

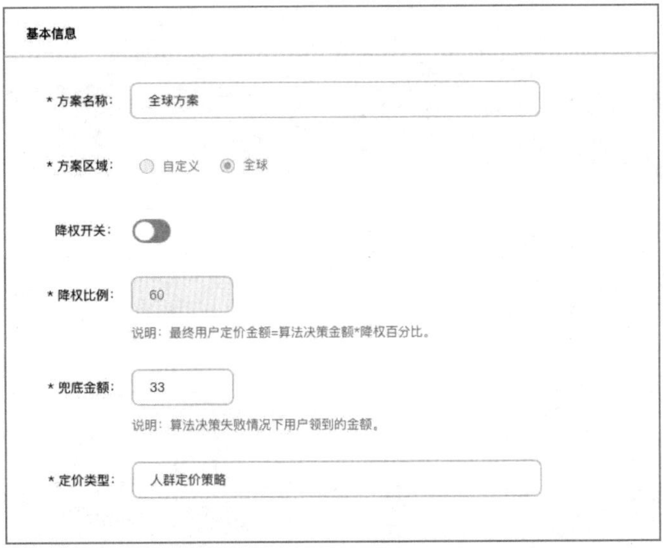

▲图 1-14　原来的界面

- 让预发和生产的后台界面有非常好的辨识度。例如，不同的配色、页面顶部的一个横条、浮动的水印，都可以让人一眼就识别出来。

- 不要用 hosts 的方式切换环境。只改 hosts 不改 URL，界面已经长得一样了，浏览器里的 URL 再长得一样，辨识度会更差。最初用修改 hosts 的方式切换环境，其实欠下了技术债。防错设计的技术债也要重视，否则很容易挖坑让后人踩。

第四类：代码容易写错

案例 13：在图 1-15 所示的这段代码里（摘自真实的应用代码），import 的是 springframework 的类库，但参数的顺序是按照 apache 的类库方式传的，于是出错了。org.apache.commons.beanutils.BeanUtils 和 org.springframework.beans. BeanUtils 两个同名的类有个同名方法 copyProperties，差别是前者的参数是 copyProperties (Object dest, Object orig)，后者的参数是 copyProperties (Object orig, Object dest)。

这段代码在我们团队内部引起了激烈讨论。有些人认为，可以依赖 IDE 的防错功能，这一功能是能提示当前对应参数名称的。但我们不能依赖 IDE 的功能，因为我们无法控制开发人员用什么 IDE。

最后的共识是：应该设计成如下形式的 Copiable 接口，也就是说，让方法名称更加容易辨识，copyPropertiesFrom 和 copyPropertiesTo 出错的可能性更小一些：

```
public interface Copiable {
    default void copyPropertiesFrom(Object src) {
```

```
    // 略
  }
  default void copyPropertiesTo(Object dest) {
    // 略
  }
}
```

```
1  public class DepositbackProcessor{
2      import org.springframework.beans.BeanUtils;
3
4      public                                                              (String depositId) {
5
6
7
8          if (depositbackListQueryResult != null) {
9
10
11
12          for (                                                                              ) {
13              DepositbackItem depositback = new DepositbackItem();
14              try {
15                  BeanUtils.copyProperties(depositback, depositbackFacade);
16              } catch (Exception e) {
17
18              }
19
20
21
22
23
24          }
25
26      }
27      return
28      }
29  }
```

▲图 1-15　容易写错的代码示例

案例 14：2018 年，某团队连续发生了两次类似的参数传错顺序的问题。

- 第一次，被调函数是 doSignSHA256(String privateKey, String content, String charSet)，但调用它的代码写成了 doSignSHA256(content, privateKey, charSet)，第一个参数和第二个参数传反了。

- 第二次，被调函数是 DAO 里的一个方法，是自动生成的，原来是 selectByBillDate(String MId, String contractId, String billDate, String bizType)，调用它的代码是 selectByBillDate(mid, contractId, billDate, bizType)，没有问题。但是某天开发人员调整了 SQL 参数的顺序，重新生成了 DAO，这个函数就变成了 selectByBillDate(String billDate, String contractId, String MId, String bizType)，而这个开发人员又忘记修改调用它的代码了，于是 mid 和 billDate 传反了。

这类参数传错顺序的问题非常严重，每处可能发生参数传错顺序的地方都隐藏着资损事故的风险。我们抽样统计了一下我们的代码，发现：

- 每个微服务系统的代码里都有几百个 public（公共）方法有两个或两个以上连续的 String 类型参数，其中大约 50% 是自动生成的代码（例如 DAO）。
- 每个系统都有几个到几十个 public 方法有四个或四个以上连续的 String 类型参数。
- 个别系统有几百个 public 方法有四个或四个以上连续的 String 类型参数。

为了防止此类问题再次发生，建议：

- 增强静态代码扫描，从入参变量名和函数定义的变量名之间的相似性判断是否有可能传错顺序了。
- 加强代码的健壮性，增加入参校验。例如，mid 和 billDate 的取值长度是不同的，而且是固定的。
- 测试增加更多的校验点，提高全链路测试用例的覆盖率，应该也能检查出相应的问题。
- 少用 String 类型，多用强类型（例如 Date 类型）。

像增强静态代码扫描、提高测试覆盖率、增加防御性代码这些想法是不错的，但往上游走得还不够。往上游走的意思是：当遇到问题时，不但要想"怎么解决问题"，更要想"怎么让问题不用解决"。少用 String 类型、多用强类型是很好的"往上游走"的思路，用了强类型，一旦顺序传错了，编译就报错了。

针对参数传错顺序的问题，最好的做法是对代码进行自动重构。

- 自动生成一个参数类，把多个 String 值包进去；
- 自动生成强类型，替换 String 类型。

如下所示，一旦参数传错次序，编译器马上就发现了。

```
-    return SignatureUtil.doSignSHA256(privateKey, content, charSet);
+    return SignatureUtil.doSignSHA256(new PrivateKey(privateKey), new Content(content), new CharSet(charSet));
```

案例 15：开发人员在写代码的时候，应该用 UrlEncoder 类的 encode() 方法，结果错用了 decode()。从中吸取的教训是：encode() 和 decode() 的函数入参定义要有差别，这样一旦用错马上就编译报错了。

案例 16：金额放大 100 倍。

```
String actualCurrency = map.get(PAY_ACTUAL_CURRENCY);
String actualAmt = map.get(PAY_ACTUAL_AMT);
return new MultiCurrencyMoney(actualAmt, actualCurrency);
```

上面代码的问题是：map 里的 PAY_ACTUAL_AMT 的单位是分，而 MultiCurrencyMoney 类的构造函数的第一个参数的单位是元。因此，上面的代码使得金额放大了 100 倍。

防错设计怎么做？在系统内部传递金额值，必须在所有场合都严格使用数额、单位和币种三元组。金额值在数据库里的存储也必须严格使用三元组，不要用"数据库里都按分来存"这种口头约定。只有在系统和外界交互的时候，才根据对方系统的 API 和文件格式约定进行定制的序列化和反序列化。

案例 17: 使用完 ThreadLocal，没有调用 remove 方法，导致内存泄漏。其实，这和 C/C++ 语言中的 malloc()没有 free()的问题类似。严格杜绝这种问题的关键就是在代码框架层面做到不需要程序员记住要调用 free()或 remove 方法。

第五类:事情忘记做了

案例 18: 某渠道新增 payChannelApi 时忘记通知账务团队配置 clearingChannelApi，导致渠道清算出错。

案例 19: 数据域人员在做完数据订正后，临时任务没有及时下线，导致后续任务运行冲突，引发后续 ODS 数据丢失，导致当日数个报表丢失部分数据。

案例 20: 技术人员在预发环境做验证时，创建了推送消息，但没有及时删除，导致推送消息被生产环境的定时任务捞起并发送给用户，给用户造成困扰。

为防错，请思考以下问题。

- 如何做到在渠道新增 payChannelApi 时，不需要通知账务团队配置 clearingChannelApi？

- 临时任务忘记下线了，怎么防？测试用的消息忘记及时删除了，怎么防？归根结底，在做系统设计的时候，要充分考虑到人的特点：人是会忘记事情的。要针对这点做设计优化：要有提醒能力，而且提醒能力要有双保险（就像早上的闹钟可以设定两个，防止一个被不小心按掉就睡过头了）。系统本身要有兜底设计：如果人把事情忘记了，什么都没做，那么最坏的情况会怎么样。

第六类:事情没按照正确的方式做

案例 21: 在线上变更时，技术人员没有按照正确的顺序推送两个配置开关，导致系统报错。

案例 22: 网关系统的设计是如果出现多个 SPI 以 https 开头，则会造成 https 上下文混乱。如果有多个以 https 开头的 SPI，则要用其他的前缀来命名。某业务人员不了解这个"潜规则"，配置了多个以 https 开头的 SPI，导致线上问题。

为防错，请思考以下问题。

- 如果两个配置开关必须按照特定顺序推送，那么如何确保它们不会被按照错误顺序推送？就像有些汽车不挂到 P 档是不能熄火的，不熄火是不能拔钥匙的。

- 能否做到两个配置开关无论按照什么顺序推送都可以工作？

- 案例 22 就是我们平时所说的"坑"。配了多个以 https 开头的 SPI，就是踩坑了。其实，有坑就是防错设计没做好的后果。在复盘故障的时候，遇到这类防错设计没做好，让别人踩坑的，一定要追究挖坑团队的责任。就算挖坑的当事人已经走了，这个团队也要背责。

- 另外，案例 22 也属于"输入值没有第一时间做校验"的问题，明知道不能有多个以 https 开头的 SPI，在配置时就应该及时报错并拒绝。

1.8.2　静态代码分析和 Bug 自动识别

1．静态代码分析

过去我们遇到了很多问题是很难通过测试发现的，但通过静态代码分析很容易发现和避免，例如：

- 有业务语义的时间都应该从数据库获取，不可以取本地服务器的系统时间。

- 从数据库获取时间必须使用 select now(6)，不可以用 select now()。

- 避免直接使用 get(0) 获取集合中的值，集合中元素顺序的改变可能引发问题。

- 存入缓存的对象避免使用 Map<String, Serializable> 或 Map<String, Object> 类型，否则可能出现类型转换错误。

- 总是使用 Calendar.HOUR_OF_DAY，而避免使用 Calendar.HOUR（除非有明确理由）。

- ORDER BY 必须确保排序唯一。例如，当 ORDER BY gmt_create ASC 存在多条记录 gmt_create 相等的时候，排序是不确定的。在 ORDER BY 语句中加入主键字段可以确保其排序是确定的，例如，ORDER BY gmt_create, detail_id ASC 中的 detail_id 为该表主键。

- getAmount().longValue() 会丢失金额精度，不应使用。

- 在 for 循环里，应避免出现 RPC 方法调用或事务方法。

- ThreadLocal 要调用 remove()，否则可能导致线程上下文错乱，引发问题。

我们会把以上这些代码问题类型沉淀为静态代码分析规则，再结合代码规范，用 FindBugs、PMD 等工具在每次持续集成和使用代码门禁时都对变更代码进行扫描，在第一时间拦截可能有问题的代码。

2. Bug 自动识别

如果从遇到的实际问题中不断总结积累经验，那么需要的时间比较长。我们希望有一种方法可以更高效地把过往代码历史中的 Bug 及其修复都提取出来，尽最大可能防止开发人员重蹈覆辙。

采取的做法是对代码仓库的历史提交进行聚类和模板提取，如图 1-16 所示。

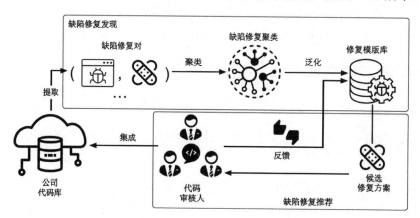

▲图 1-16　对代码仓库的历史提交进行聚类和模板提取

（1）找到代码仓库中 Bug（缺陷）修复型 commit。

（2）从这些 Bug 修复型 commit 中以文件级别提取删除内容和新增内容，即 Bug 修复对（Defect and Patch Pair，DP Pair）。

（3）对代码进行格式化和降噪。

（4）对代码进行归一化，解决两个相似的代码块由于变量名或对象名存在差异，而无法聚集到一起的问题。

（5）对 Bug 修复对进行聚类，提取出 DP Pair 模板，存入模板库。

有了模板库，每次有新提交代码时，就能扫描代码中是否存在与模板库中的某个 DP Pair 匹配的代码片段，并给出相应提示，也能根据 DP Pair 模板给出 Bug 的修复建议。

1.9　本章小结

很多测试团队都面临类似的问题：测试自动化难、测试结果噪声大、测试不充分、测试人员对自身成长的焦虑等。

为了以更少的时间、更少的人力、更少的资源，得到更好的质量，测试团队的努力方向是：

- 建立代码门禁，通过更好地持续集成和自动缩短反馈弧，以及"三斧子半"提升测试稳定性，减少测试结果的噪声。
- 通过变异测试、线下质量红蓝攻防、报文注入等手段提升测试的有效性。
- 采用多种手段自动生成用例，并对业务覆盖率进行多维度的度量，提升测试的充分性。
- 推行防错设计，并通过静态代码分析和自动识别 Bug 等手段，做到"上工治未病"，实现"从测到不测"。

第 2 章
大促质量保障

陈琴、李子乐、赵星星、郑红、李婵、王鹦鹉、金陈敏、
卢利佳、张天乐、黄滨、高凯

每年的电商大促是对技术体系的考验和"练兵",也是技术发展的促进剂,本章主要介绍大促中的质量保障技术。

2.1 大促全链路的风险与挑战

经过 13 年不断全民化、全球化的"双 11"购物盛宴是最关键的技术突破和质量保障成果的"大阅兵"。可能有人会认为,这么多年的"练兵"和"阅兵"下来,大促保障是不是由于经验沉淀和技术突破,会越来越容易?很想说是,可惜不是。

13 年来,"双 11"购物盛宴覆盖的行业从几个到 40 个以上;业务系统从导购、搜索、运营、交易、营销、支付延伸到供应链、履约、物流、配送、客服等;消费终端从 PC 演变到手机、POS、贩卖机、天猫精灵等 IoT 线上线下全覆盖;系统架构从分布式架构、数据库去 O 到大中台小前台、异地多活、全面上云。下面将从高可用、用户场景、用户体验几方面阐述大促的升级挑战及其应对思路。

2.1.1 全球最大流量洪峰下的高可用挑战

"双 11"零点的交易峰值不断地刷新纪录,2019 年的零点交易峰值是 2009 年第一届"双11"的 1360 倍。

在"双 11"的历史上,2012 年是超高并发下系统高可用被"吊打"得最狠的一年。当时的零点流量大大超出预期,一瞬间系统各种报错,显示交易成功率不到 50%,最后发现是商品中心系统的网卡被打满了,无法响应请求。当时还有一个支付宝的健康检查系统出

了问题，这个系统定时扫描线上机器并将超时严重的机器移出应用服务列表，因此大量机器因响应过慢被移出，问题进一步恶化。

正是经历了类似这样的不可思议的流量洪峰挑战后，团队加速破局创新。2013 年，"全链路压测"这个在行业中具有划时代意义的大促"核武器"在无数人的殷殷期盼下呱呱坠地，正是这套系统让"双 11"的高可用有了质的飞跃。

如果说 2012 年属于经验不足下的被动失守，那么 2018 年则是无比羞愧的"大意失荆州"。这年的零点，发生了一个严重的问题——收货地址不能修改。正当交易高峰顺利冲过目标线、各交易系统无异常报错，大家正要庆祝成功的时候，客服开始接到源源不断的投诉。这个问题给消费者和商家带来了非常不好的体验和损失。技术人员快速复盘，发现了问题根源：之前的压测方式有问题，导致设置的限流保护阈值远远大于系统的实际承受能力。这个用户链路不属于交易强依赖，因而没有被纳入整体的全链路压测范围。针对这次的教训，我们做了进一步的技术打磨，终于在 2019 年的"双 11"大考中交出了一份满意的答卷，具体细节详见本书 2.2 节。

全链路压测的目标是在上线前尽可能真实地模拟流量洪峰，进行高可用验证。在测试之前，我们的系统需要做很多准备。经过多年的探索，这些工作变得越来越有确定性且自动化。

2.1.2　纷繁复杂的用户场景

从 2018 年开始，"双 11"由阿里 40 多个事业部一起参与。阿里从 2015 年开始实施小前台、大中台战略，在大促中，每一笔交易、每一笔支付、每个包裹都会从各个小前台的入口流经中台躯干，完成一趟完整的旅程。

在这样的背景下，用例场景既要涉及横向的多样膨胀（域内行业通用+特殊玩法叠加），又要涉及纵向长链路的正确顺畅（完整旅程的顺畅）。

在横向的多样膨胀当中，交易环节可以作为一个经典的例子。阿里交易中台（星环）上有 380 多个业务身份，40 多种通用玩法，60 多种业务特殊玩法，各种场景必须完美叠加覆盖才能保障不会在大促放大镜下暴露系统的瑕疵。在大促前就曾经发现了一些特殊的叠加问题场景，比如飞猪的国际电子凭证使用购物津贴+飞猪红包+无门槛红包+门槛红包+商家红包下单，部分核销会打款失败；再比如汽车行业的轮胎+服务先加入购物车，同店非轮胎商品加入后，购物车不能撤单。

对于纵向链路，举一个某年 11 月 10 日晚上让大家冷汗直流的例子。在销售的全链路中，有一个核心的数据表达了货品的重要销售类型。这个核心数据由库存中心的系统打在交易订单的信息上，通过履约系统传递，并在后面的分销系统、物流订单系统中层层传递下去。发生的问题是，这个方案在大部分场景下是没有问题的，但是在预售+相对时间的销售计划下就出问题了。在这个场景下，这个数据信息是要变更的，但在整个链路中，库存是不管预售尾款的，自然就不会更新这个数据，所以结果就是交易订单信息里的这个数据是错误的，并且履约层层往下传递的都是错误的。后果就是消费者不知不觉地预约了早于货品到仓的时间，商家无法按时履约，必须赔付。幸好我们的测试人员查漏补缺到最后一刻，及时发现了这个问题。在零点前几个小时争分夺秒地完成了数据的修正。

随着商业竞争的愈演愈烈和大促高峰的逐年攀升，大促前基于业务和系统需求的紧急变更一定是不可避免的。2017 年的"双 11"当天就出现过飞猪预售订单无法支付尾款的故障，最后发现是由 11 月 8 日晚上的一个紧急发布引入的，由于太晚发布没有赶上功能回归的时间节点，于是遗漏到了线上。面对变更现状的残酷、用户场景的纷繁复杂，质量人能做的只有积极思考应对方案，让业务赢，因此，在后面的章节中，我们会跟大家分享面对这个挑战的一些实践。

2.1.3　无处不在的用户体验

前面两个小节重点还是在系统上，但是发现系统质量问题并不是我们质量人全部的价值，我们还是用户体验的捍卫者。

这两者之间有什么区别呢？举个例子：用户在购买产品之前很重要的一个行为是去导购区逛一逛，商家会以各种内容博取消费者的眼球。每年大促会出现大量素材问题：异常短标题、标题乱写、劣质图片、利益点虚假或者浮夸等，给消费者带来的购物体验非常不好。如果站在系统质量的角度，那么这不是系统 Bug，而是商家上传内容的问题。但如果站在用户体验的角度，那么这也是大促保障的内容。所以我们成立了素材治理专项小组，通过算法识别标题、图片等问题，闭环地让商家去修改素材，不修改的素材会被清退。

与用户体验相关的例子还有很多，比如高峰期限流的时候给用户的交互文案是否友好、App 在低端机上的用户体验、商家系统的操作防错性等。用户体验的保障问题无处不在，需要不断提升，因此我们一直在路上。

2.1.4　三位一体的保障体系

面对这些挑战，如何把所有质量保障工作集结在一起做好呢？

经过这么多年的大促保障实践，我们沉淀了一套三位一体的保障体系。三位指水平、行业、专项。"水平"包括交易中台、搜索中台、阿里妈妈等中台，"行业"指天猫服饰、天猫美妆、电器城、居然等，"专项"指资损专项、预案专项、强弱依赖专项等。

　　大家如果能看到阿里巴巴各系统之间密密麻麻的前所未有的错综复杂的调用依赖关系，就会相信现在已经不可能做到一个人或者一个团队独立防控全部风险了。在这种情况下必须所有人一张图、一颗心、一场仗，为了一个目标，互相信任、互相联系、互相补位。质量保障专项扮演的就是这样一个角色，连接"水平"和"行业"，抱团扫平一切风险。

2.2　全链路压测

　　全链路压测以全链路业务模型为基础，将整个业务系统完整地纳入压测范围中，模拟真实的用户行为，在线上构造出真实的超大规模的访问流量，并按照大促模型进行施压，以验证整个业务系统质量，发现性能瓶颈。

　　全链路压测增强了集团业务系统稳定的确定性，克服了以往单机压测、小集群压测无法全链路集群覆盖的缺点，为整个技术体系的基本盘提供了一种强有力的、精准的验证手段。

　　全链路压测技术包含全链路影子体系、全链路压测模型、全链路压测执行策略和常态化智能压测四部分，影子体系是整个压测运行的基础，压测模型决定了整个压测的质量，压测执行提供精准高并发的流量输出，常态化智能压测则进一步提升了压测的效率。

2.2.1　全链路影子体系

　　为了在生产环境中实现一套资源成本小、改造成本低的方案，借助中间件透传特性，阿里设计了一套全流程的影子流量隔离体系，只需升级中间件，不必改造业务代码，便可实现影子流量和线上流量隔离，同时又和线上流量走相同路径的效果，让全链路的应用和配置都被覆盖在压测中，不需要增加任何额外资源。

　　全链路影子体系流量图如图 2-1 所示，整个影子体系中具备三个特征：流量隔离、全链路贯通、资源共用。

- 流量隔离：压测流量会带有特殊标识，该标识一般会打在流量入口的 URL 上。
- 全链路贯通：流量到达 Web 服务器后，压测标识会在 Log filter 中映射到中间件的上下文中，然后压测标识便会通过中间件的透传特性，传递到整条链路中。
- 资源共用：影子体系的资源共用线上资源，影子表和正式表部署在一套数据库中，缓存中通过 key 的不同来区分压测数据和线上数据。

影子体系提供了一套可在线上执行全链路读/写操作的环境，同时将线上的数据迁移到影子表中并脱敏，可进行大规模线上数据的性能和功能验证，为业务提供了在线上进行真实用户行为验证的环境、数据和链路体系。

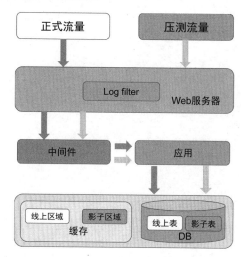

▲图 2-1 全链路影子体系流量图

2.2.2 全链路压测模型

全链路压测的质量高低（各个场景 QPS 是否到位、各个后端的数据比例是否合适等）由全链路压测模型决定。

第一，全链路压测模型是各个业务入口的集合，在整个交易链路中，要包含和覆盖商品详情、购物车浏览、确认订单、提交订单、订单列表、订单详情、二次付款、付款成功等入口，并确保各个入口场景中包含的子场景也被覆盖到，避免场景遗漏。

第二，全链路压测模型要包含各个后端模型（这里暂且把那些不是前端流量入口的模型称为后端模型），像购物车的组成（平均购物车商品数、店铺数等）、优惠的类型和组成、资金红包的类型和比例等，这些模型依附于数据上，但也会体现在业务流量中，并且不同的后端模型对系统的消耗是完全不同的。

第三，预测出各个场景的 QPS 和各个后端元素的比例。预测是一个重要的环节，会根据以往大促各个场景的数据将今年的各场景数据预测出来，形成一个模型初稿，在这个过程中让各个场景都有数据支撑非常重要。

第四，全链路压测模型要和大促玩法进行深度结合，用大促玩法对压测模型初稿中的数据进行修正，得到最终的压测模型。

第五，压测模型的构造。有了模型各个参数的数据后，需根据模型参数构造出可执行的模型流量。第一步是在生产环境中产出一份和"双 11"同等量级的数据，最基础的数据包含买家、卖家、商品，然后根据模型中的各个元素，完成构造优惠、领取红包、添加购物车等操作，最后根据各流量入口的请求规则构造出可执行的压测流量，将所有的场景构造出来后，整合在一起即形成压测方案，图 2-2 展示了全链路压测模型构造过程中的各层结构。

全链路压测方案准备就绪后，便可执行压测。

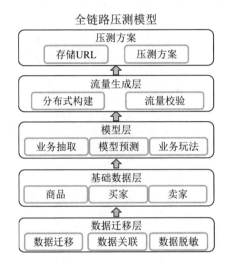

▲图 2-2　全链路压测模型构造过程中的各层结构

2.2.3　全链路压测执行策略

全链路压测要具备千万级别的施压能力，并能模拟用户的真实行为，模拟大促当天的峰值模型，在执行过程中验证全链路系统的容灾能力。

1．千万级的施压能力

为了能够发出每秒 1000 万次以上的用户请求，全链路压测构建了一套可以发出超大规模用户请求的流量平台。流量平台由一个控制节点和上千个工作节点组成，每个工作节点上都部署了自研的压测引擎。压测引擎除了需要支持阿里巴巴业务的请求协议，还需要具备非常好的性能，否则对于秒级 1000 万次的用户请求，将无法提供足够多的工作节点。上千个压测引擎彼此配合、紧密合作，就能像控制一台机器一样控制整个压测集群，随心所欲地发出 100 万次/秒或者 1000 万次/秒的用户请求。

压测引擎的结构图如图 2-3 所示，全链路压测引擎部署在 CDN 节点上，从外网向内网施压，这也是模拟真实用户行为的关键一步。

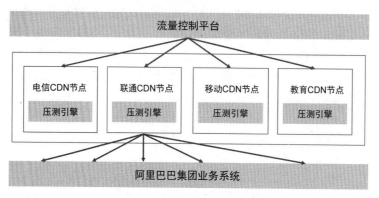

▲图 2-3　压测引擎结构图

2. 压测执行策略

在压测过程中，为确保大促的各个节点验证到位，需要执行特定的策略，主要分为以下 4 种。

（1）脉冲压测： 所有系统以大促态配置，按照设定模型，脉冲至最高点，模拟大促当天零点流量脉冲，观察各系统表现是否满足预期。

（2）摸高： 关闭限流，往上摸高，直到系统抗不住为止，验证当前全链路系统的极限。

（3）限流验证： 在摸高稳定状态下，打开限流，看各个系统限流能否将当前流量限制为预定值。

（4）破坏性测试： 保持系统大促态，压力保持在峰值状态，执行各个紧急预案，验证各个紧急预案的效果是否满足预期。

通过以上 4 步，可将当前系统的各个环节验证到位。

2.2.4　常态化智能压测

常态化智能压测，在非大促态下全链路压测系统将化身为智能压测机器人，对全链路系统进行固定频率的压测，沉淀全链路性能基线，及时发现系统瓶颈并定位原因，将业务应用瓶颈发现并消灭在平时状态中，图 2-4 展示了常态化智能压测流程。

（1）总控：调控整个压测链路中的各个节点，并采集各个节点信息，以做决策，确保整个压测流程的准确性和稳定性。

（2）智能环境及报告：常态化压测在压测环境（在生产环境中，有独立的一套和线上系统相同的配置环境）中进行，对线上流量无任何影响，操作时可一键将目标应用集群按比例隔离到压测环境中。

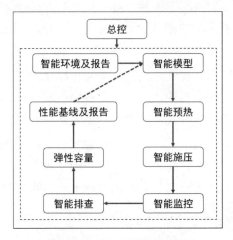

▲图 2-4 常态化智能压测流程

（3）智能模型：压测模型采用大促模型，按照大促要求设计并执行压测策略。

（4）智能施压：按照压测模型和策略自动施压。

（5）智能监控：监控当前压测链路中的各个业务元素，分析各业务指标是否正常，一旦出现异常情况，立即反馈给总控，总控综合各信息决定是否继续执行压测。通过该步骤，增强智能压测的异常处理能力。

（6）智能排查：当出现压测压不上去，或者系统报错的情况时，快速定位和排查当前问题，并给出对应的解决方法。

（7）弹性容量：在压测过程中，可根据当前系统表现进行弹性伸缩，确保在达到目标量级时，各系统按照预期性能指标调整到准确的容量。

（8）性能基线及报告：在达到目标量级后，采集各系统性能指标和容量数据，沉淀性能基线，和以往基线进行对比，快速发现问题，并通过业务埋点监控定位问题，最终将压测数据、对比结果和问题原因自动录入并发送给业务方。

通过以上步骤，可实现无人值守的常态化压测，业务方在收到报告后，可根据报告中的问题和解决方法做系统调整，下次压测再做验证，将全链路系统中的问题消灭在平时。

2.3　全链路功能

全链路压测诞生后，产生的影子体系具备了在线上进行读/写操作的能力，这也意味着可以把更多的测试场景、更大量的测试数据从线下、预发环境迁移到线上，开拓功能测试的疆域，全链路功能也由此诞生。

全链路功能基于影子体系，提前将线上业务数据同步至影子表中，而后将机器时间修改为大促时间点，模拟真实用户行为，执行业务链路，验证数据的可用性和准确性。这个过程相当于提前让数据和链路模拟大促，提前保障大促功能不出问题。

全链路功能包含统一环境隔离、全链路影子数据、大促用例精简等部分，统一环境隔离用于隔离环境和修改时间，全链路影子数据用于同步大批量的线上数据至影子表中，大促用例精简用于精简用例，减少回归和排错成本，全链路的功能结构图如图 2-5 所示。

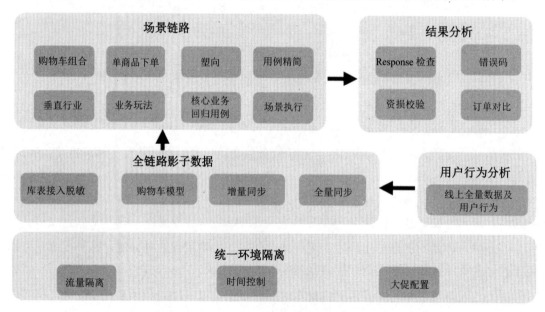

▲图 2-5　全链路的功能结构图

2.3.1　统一环境隔离

全链路功能的一个核心诉求是提前模拟大促，是不是修改机器时间就可以了呢？这里有一个很大的风险：如果有线上用户流量进入，那么像优惠价格这类敏感大促数据就会泄露到线上去，提前按"双 11"价格下单还会造成资损。因此，我们需要一套完全隔离的环境，让同步好的影子用户和商品提前过大促。

1. 流量隔离

统一环境隔离，会详细梳理各个流量入口，包括 HTTP 前端入口、接口 RPC 调用、消息入口、定时任务等，推动各个系统进行升级改造，对流量进行隔离分治，只允许满足条件的测试流量进入环境，确保线上用户流量的绝对隔离，流量隔离示意图如图 2-6 所示。

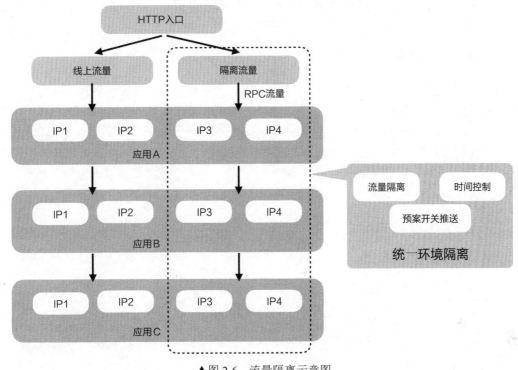

▲图 2-6　流量隔离示意图

保险起见，我们配套开发了一个用于展示隔离环境流量的平台，以准实时和离线两种方式展示隔离环境中的异常流量。此外还增加了兜底保护措施，在隔离环境的数据库接入层和缓存中增加异常流量拦截功能，避免产生脏数据。

2. 时间控制

对于时间的修改，由于大部分应用都部署在虚拟机上，直接修改物理机的时间会影响物理宿主机上的所有虚拟机应用。而直接通过 date 命令修改虚拟机系统时间不仅会影响机器上运行的主应用，还会影响机器上的各种代理，导致应用无法正常提供服务。因此，改用修改 JVM 参数的方式来支持应用时间的修改。

修改 JVM 参数，只影响当前 Java 的应用，而集团 Java 基础设施相对统一，隔离和保护也容易进行。针对时间的修改需求，阿里 JVM 团队在阿里 JDK 的最新版本中增加了根据参数控制 JVM 时间偏移的功能。在应用升级到指定版本的 JDK8 后，可以通过对 JVM 本地方法类库的修改，将 Java 应用的时间修改为未来的时间，对于 JVM 所有获取时间的操作都可以生效。

统一环境隔离平台通过配置同样的时间偏移参数，将数百台机器修改为未来的同一时间，来满足未来大促验证。

3. 预案开关推送

随着"双 11"涉及的业务范围越来越大，用户场景日益复杂，为了确保大促稳定，技术人员准备了大量的预案来应对突发情况，包括性能及功能降级。为了真实模拟大促当天的业务表现，全链路功能在执行时也必须推送相应的预案和开关。但是这些预案如果直接推送到有线上流量的机器，会影响用户的体验。统一环境隔离平台也可以进行预案隔离推送，让预案开关仅在隔离环境中生效。

统一环境隔离平台通过流量隔离、时间控制和预案开关精准推送，搭建了一套安全的真实的未来大促环境，为全链路功能的执行奠定了坚实的基础。

2.3.2 全链路影子数据

1. 影子数据

全链路功能根植于影子体系，按照之前的介绍，影子体系是通过影子标来标记影子流量、通过影子表保存影子体系数据的。影子表和正式表同库，表结构和线上保持一致，只是表名加前缀，如同影子一般，因此，存储在影子表中的数据被称作影子数据。

2. 影子数据的生成

全链路功能要提前验证大促招商的所有数据，涉及的影子数据是上亿级的，且是各库表的各种类型的数据，如何圈定线上数据，将线上数据迁移成可用的影子数据，并且不会对线上数据造成影响，就成为首先需要解决的问题。

影子数据平台是在解决这个问题的过程中诞生的，它构建了一条通道，将正式表的数据搬运到影子表中，产生可用的影子数据，影子数据的生成过程如图 2-7 所示。

影子数据的生成过程，并不是完全的复制过程。虽然有了影子表，有了中间件作为媒介透传影子表、识别影子流量，但面对复杂的应用系统，为避免影子表在透传的过程中丢失导致影子数据污染线上正式数据，同时为了保障线上用户信息的安全，影子数据平台在迁移数据到影子表的过程中，增加了脱敏转换和数据区间映射的逻辑，其作用主要有两个：其一，用户的电话、地址等敏感数据在线上已处于不可见状态，在迁移影子表时，会二次脱敏，只根据字段名生成测试数据值；其二，将商品 ID、用户 ID 等核心数据偏移映射到另一个数据区间，这个数据区间与线上正式的数据区间无交集，且预计在相当长的一段时间内都不会有相交的可能性。

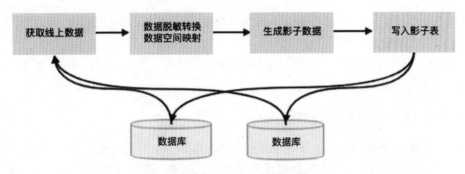

▲图 2-7　影子数据的生成过程

影子数据和普通测试数据的区别有以下几点。

- **真实**：影子数据是经过脱敏及映射转换处理的线上正式数据，而这种脱敏转换可以看作一个映射，只改变了数据的范围空间，本身是可对线上正式数据进行仿真的。测试数据出于各种原因，都无法完全仿真线上数据。

- **海量**：影子数据是将线上正式数据复制到影子表中得到的，在拥有快速同步方法的情况下，可以认为，线上所有正式的数据都可以迁移成影子数据，成为被测数据，这样影子数据就是一个海量的数据池。

- **准备成本低**：构造数据，最困难的点在于准备上下游的数据，线上数据已经拥有这样的上下游关系，而影子数据平台将数据的上下游关系进行了关联，要准备影子数据非常方便。比如想测试某个业务商品的下单功能，只需要提供线上商品 ID，影子数据平台就可以将商品相关联的所有域的数据（包含库存、店铺等信息）一起同步到影子表中。

3. 影子数据的使用

影子数据为全链路功能提供了充足的"弹药"，在类似"双 11"这样的大促时，会将千万种商品及其关联数据，脱敏转换后迁移到影子链路中，构建模拟大促真实场景的影子数据模型。拥有了这些"真实"大促场景数据，再基于修改环境时间的功能和用户行为分析功能，全链路功能就可以提前模拟"双 11"真实的用户行为，实现提前过"双 11"、提前发现线上的潜在问题的目的。

全链路影子数据用于功能测试起源于全链路功能，但是随着影子体系的不断完善，影子数据也开始在更多的测试场景中发挥更多的作用。

2.3.3 全链路大促用例精简

在每次大促前，全链路都会执行千万级用例去测试交易链路在大促期间的功能。但是随着用例数量的增加，用例执行时间成本和错误排查成本急剧增加。全链路大促用例精简（RBC）提供了链路级用例精简功能，将 3000 万用例精简至 40 万左右，用于全链路持续回归，减少回归时间和排错成本。

1. "双 11" 链路级用例精简方案

首先，提前将 RBC agent 部署在交易链路的核心应用上，在全链路执行 "双 11" 用户下单场景用例时，将每个应用中用例请求经过的代码信息采集下来，并发送给 RBC 服务端。RBC 服务端框架图如图 2-8 所示。

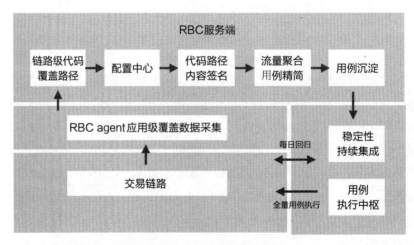

▲图 2-8　RBC 服务端框架图

服务端接收代码覆盖信息后，将用例的请求信息转化为链路级代码覆盖路径，通过配置中心，排除缓存、路由规则等对稳定性的影响，保证精简后用例回放的稳定率在 99% 以上。

接着，将覆盖代码路径转换成唯一的内容签名，根据内容签名进行聚合，将 3000 万 "双 11" 全链路购物混合下单场景的用例精简为 40 万左右。

将精简后的用例进行数据固化，在交易链路核心应用变更发布后进行稳定性回归，保证"双 11"交易系统的稳定性。

2. RBC 针对全链路用例执行所进行的改造

在全链路用例执行时，有几个难点，需要 RBC 进行改造才能满足。

一是全链路执行的是跨应用链路级的应用，RBC 需要将覆盖率采集能力从应用级提升至链路级。

二是全链路执行 QPS 会达到数千量级，转换成请求峰值 QPS 会成倍地增长，故对于 RBC 客户端采集、服务端实时处理覆盖率信息的性能有很高的要求。

三是全链路全量用例有 3000 万，转换成请求有数亿条，如此庞大的请求数量，对 RBC 服务端的存储能力，以及数据库读/写响应时间有很高的要求。

改造方案对比图如图 2-9 所示。

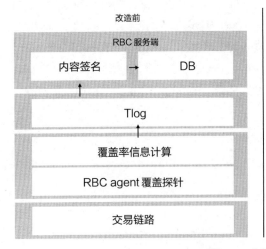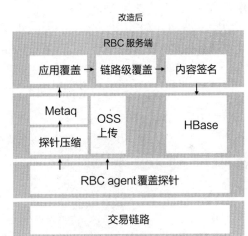

▲图 2-9　改造方案对比图

（1）在原有方案中覆盖率信息的采集和计算都是在 RBC agent 中完成的，会在很大程度上降低客户端的性能。改进方案将代码覆盖计算任务全部迁移到了 RBC 服务端进行离线计算，改造后单机压测承载的 QPS 提高 3 倍。

（2）在原有方案中，agent 与服务端通过数据实时处理平台（tlog）进行通信，但是 tlog 存在采集速度慢、丢失数据等问题。所以，使用消息中间件（metaq）代替 tlog 进行通信。为了保证 metaq 能够承载交易高峰期带来的压力，在 agent 中，将原始探针数据上传至服务端，在 metaq 中只发送存储地址，并通过算法将探针数据大小压缩为原来的十分之一，大大降低了 metaq 和阿里云对象存储（OSS）资源的开销，同时保证了用例信息的采集成功率达到 100%。

（3）服务端接收到 metaq 消息后，从 OSS 中拉取对应的原始数据，计算出链路级覆盖信息，为了保证覆盖率采集的实时性，对 jacoco（一个开源的覆盖率工具）原生覆盖率算法中耗时较多的行覆盖率算法进行改造，将服务端单机计算能力提升到原来的 7 倍。

（4）RBC 服务端通过鹰眼（阿里的一套监控产品）将用例在交易链接各应用中的请求串联起来，把覆盖率采集和精简能力从应用级提升到了链路级。

（5）为了保证大数据背景下数据库的存储能力和读/写效率，用 hbase 替代 mysql 作为覆盖率信息存储的介质。

3. 精简效果

RBC 根据覆盖的代码路径聚合全链路购物车混合下单场景用例，产出精简用例，覆盖"双 11"行业天猫商品、淘宝商品。在"双 11"预热期间，每天对交易链路核心应用进行持续回归。从图 2-10 中可以看出，用例总数从 3000 万降至 46.4 万；从图 2-11 可以看出，执行时间从 3.5 小时降至 30 分钟，覆盖业务精简前后一致，减少了回归时间和排错成本。

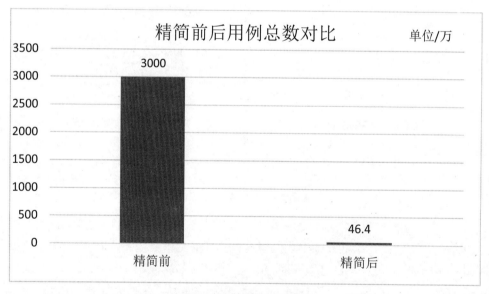

▲图 2-10 精简用例对比图

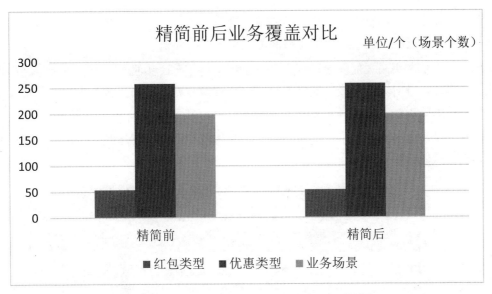

▲图 2-11　精简用例执行时间及覆盖业务对比图

2.4　全民预演

在介绍全民预演前，先来看一下全民预演服务的对象——大促。大促表面上看是消费者购物需求在极短时间内快速释放的营销活动，在一定时效内完成人货场急速匹配。每次大促都是不同的，比如"618"区别于"双 11"，今年的"618"区别于去年的"618"等，这在很大程度上是因为每次大促都给消费者构建了不同的心智，而这些心智的构建大多是基于为每次大促定制的各项产品功能的。正因为有这样的时效性和大量的功能定制，所以，要保证大促的成功，保障业务功能的正确性才尤为重要。而经过多年大促的探索，在业务功能保障领域给出的核心解决方案就是全民预演。

2.4.1　什么是全民预演

电商提供的基础服务就是交易能力，随着阿里电商体系的越庞大，支撑起电商体系的各类系统也越复杂，链路上下游的应用关联度越紧密和复杂，优惠应用的调整可能影响上游的导购、投放，下游的交易、支付，乃至购后的服务、履约、供应链等方方面面。在单点的变更中识别影响全局的点是非常困难的，因而测试的链路协同需求和成本越来越高。

除此之外，整个大促准备和执行周期中的迭代量也异常巨大，涉及至少几十个事业部、上千个应用、上万次发布，单链路的测试无法在效率和成本上满足全局质量保障的诉求。

另外，由于大促的特殊性，大促核心玩法在大促到来之前并不会在线上生效，如何进行提前保障也是摆在大促质量保障策略面前一个很大的问题。

因此，我们在历届大促保障过程中，逐步探索出了全民预演，一方面用全链路视角，拉动集团资源，针对大促上线功能进行有侧重点的整体测试回归；另一方面通过持续集成的多种策略消除用例覆盖盲点并提升整体效率。

由此可见，全民预演不单是传统意义上的测试回归项目，而是融合多种手段，以业务覆盖为出发点的完整的大促业务保障策略。全民预演框架图如图2-12所示。

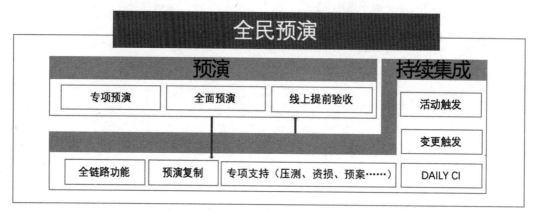

▲图2-12　全民预演框架图

2.4.2　全民预演的核心目标

全民预演的价值体现在三个方面：提前全链路验证业务功能正确性、大促产品验收、探索性测试。

1. 提前全链路验证业务功能正确性

大促之于消费者最重要的是购物行为的完整性和正确性，从最基础的交易确定性，到导购的体验一致性都包括在内。而在系统依赖关系越发复杂的情况下，是很难由单一应用测试低成本地将全链路环境调整至大促态进行仿真测试的。除了全链路大促态测试环境准备，交叉业务梳理和覆盖完整度，未来业务线下及线上提前生效都是单点业务测试面临的挑战。全民预演以全局视角，重点关注用户在购物链路上必然和可能用到的营销、资金、物流、服务、氛围心智、价格表达等交易和导购链路上的功能，并将这些功能集中演练，统一准备环境，联动各事业部、各行业、各应用测试人员梳理上下游业务场景、系统及运营层面，解决业务提前生效问题，共同保障大促业务功能的正确性。

2.　大促产品验收

众所周知，产品设计自市场需求文档（MRD）起到最终上线，中间经过多轮评审，或多或少会存在"设计是 A，实现是 B"的情况，而这些偏差的部分是否会影响大促目标的达成是一个非常大的问号。另外，整个大促的产品体系是由横向和纵向各类产品错综复杂交汇而成的，在大促之前有必要对大促产品进行全局性的检查。除了产品设计，大促整体的视觉、交互在各个产品上是否统一，也会对消费者"双 11"心智的形成有非常大的影响。

因此全民预演不仅仅有测试人员参加，还邀请了横、纵向的产品经理、视觉和用户体验（UED）设计师、用户研究设计师、客满、内控等大促全域相关的同事共同参与。全民预演可以看作一次大促产品的集中检阅，各域产品、视觉、运营人员可以从自身业务和职责角度出发对本次大促产品提出基于自身经验的建议和意见，从用户体验侧保障大促的顺利开展。历次预演都能发现上百例产品设计问题或设计实现偏差问题，为提升用户体验做出了非常大的贡献。

3.　探索性测试

线上业务的复杂性带来了线上问题和 Bug 的增多，在大促这样的聚光灯下，任何一个微小的 Bug 都可能带来灾难性的后果。而全民预演功能受用例量的限制，无法覆盖所有的场景。因此全民预演的另一个目的在于借助参与预演的多角色、多视角，发现分支路径上容易被忽略的问题，全民预演所承载的探索性测试在很大程度上成为系统大扫除的重要手段。

2.4.3　全民预演如何实施

全民预演保障大促业务质量，要考虑的方面非常多，仅就预演的目的来讲，除了保障存量和增量业务，也需要从全局的时间、系统环境、用户环境、数据联动、用户行为等方面进行覆盖，相应的保质提效手段如稳定的测试环境、时间穿越能力、多单元账号体系、内外网环境、模拟"双 11"大促的数据构造能力、用户操作路径等都需要进行验证。如何在紧迫的大促准备期和执行期内，将全民预演的一次性收益转变成长期收益呢？

1.　预演人员构成

全民预演中的"全民"是全民参与的意思，除测试人员外，在整个研发流程中所涉及的产品经理、用研、视觉、UED、研发、客满、内控等人员都应该参与进来。以 2019 年"双11"为例，共有超 400 人次参与。

2. 预演业务范围

经过多年的实践，全民预演涵盖的范围（如图 2-13 所示）被确定为交易和导购链路两部分（包含线上线下），以测试回归和产品验收相结合的方式落地，在用例维度需要覆盖大促各个时间段系统侧表现出的差异。

测试回归通过梳理预演用例覆盖、构造测试商品，确保全面覆盖交易和导购链路重要的功能点。产品验收协助产品经理和运营人员利用时间穿越等技术完成大促造势期、预热期、正式期等时间段的线上真实商品交易和导购链路的提前回归，保障消费者表达和体验符合预期。

预演用例覆盖聚焦交易和导购的核心场景。交易侧重点关注自商品详情起至逆向交易为止的产品链路上价格、库存、用户限购、资金、资产、物流、服务等核心交易信息的披露及计算。导购侧重点关注基础导购、导购产品、推荐链路上的营销表达及价格透出。

产品验收重点关注不同时间节点切换时，线上产品表达上的变化，如造势期切换为预热期、预热期切换为造势期后，各价格透出、营销产品、氛围表达、核心业务功能是否符合预期。

▲图 2-13　全民预演涵盖的范围

3. 用例梳理策略

如前面说到的，全民预演用例覆盖梳理从两个维度进行：核心业务场景和用户行为路径覆盖。

（1）核心业务场景。

- 横向通用用例：大盘新增和存量的通用的大促期间使用的营销、优惠、资金权益等在交易链路的叠加使用及表达。
- 行业维度用例：行业等垂直产品及服务在交易和导购链路定制化及通用化的使用和表达。

（2）用户行为路径覆盖。

用户行为路径通过线上核心路径产品分析和埋点分析，将用户可用的产品操作沉淀在预演用例中，如 2019 年"双 11"中通过前期用户行为路径分析，在预演中覆盖了交易导购链路中上百个产品的近百个用户操作。

横向业务及行业业务评估一直是大促预演的痛点，如何避免用例遗漏一直是比较难解决的问题。

全民预演用例来源分为三部分：①核心链路业务人员梳理及往届大促用例沉淀。②本次大促线上报名数据分析。③历史交易订单分析。以此三部分保障功能用例梳理全面，并使用独立的业务覆盖统计模块计算业务覆盖率。

4. 预演环境准备

全民预演回归范围确认后，需要明确预演覆盖的环境。由于全面预演是对大促态的全面回归，因此具体覆盖范围需要根据线上系统部署环境确定，同时还要保障大促态下执行的预案开关等影响环境因子能够在测试环境中同步执行。除了应用部署环境，无线客户端测试包、无线网络环境等也需要提前准备。

以网络环境为例，内网环境、外网隔离环境、Wi-Fi、4G 等在用例执行策略上都要进行覆盖。

以应用部署环境为例，需要考虑多地多单元部署、云与非云环境部署等问题。

2.4.4 预演执行策略的制定

当用例、环境、参与人员确定好之后，下一个重要环节是制定预演执行策略。以 2019 年"双 11"全民预演为例，整体的全民预演执行策略包含一轮专项测试（10 月 16 日）、两轮全面测试（10 月 22 日、10 月 28 日）、两轮验收回归（11 月 4 日、11 月 8 日），并结合持续集成完成整个大促周期测试覆盖。

多轮次的预演安排旨在重点覆盖造势期的预售、预热期开门红售卖、正式期上线售卖。如保证在造势期（10 月 25 日）、预热期（11 月 1 日）、正式期（11 月 11 日）等大促节点业务上线前，能够在内外网环境、线上三地五单元完成正式、测试商品的充分覆盖。

全民预演轮次及内容如图 2-14 所示。

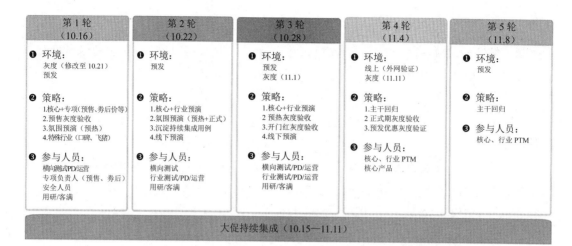

▲图 2-14　全民预演轮次及内容

2.4.5　预演问题的收集和跟进

预演执行过程中必然会发现 Bug，在实际操作过程中，为了使发现的 Bug 能够得到更快的处理，一般在每轮预演中都会组建一个由交易和导购链路上的横向核心产品的测试及研发人员组成的支持小组，以便进行 Bug 的筛选和归并。每轮预演发现的 Bug 将以当日复盘的模式进行通晒，参与复盘会的人员包括大促研发、产品、客满等角色的 PM（项目管理者），以便对整体大促质量有一个较为直观的判断，同时对本轮发现 Bug 做出影响面和修复紧急程度的判断并推动高优先级 Bug 尽快修复。

当小组评估某个 Bug 修复成本或风险过高时，各 PM 会综合 Bug 影响面当场决定是否修复，若决定不修复，则由在场的客服人员记录并后续整理用户安抚手段，避免对用户造成严重影响。以 2019 年的全民预演为例，共发现可延迟修复 Bug 140 多例，客服提前介入，很大程度地降低了用户影响。

2.4.6　大促持续集成

全面预演虽然通过用例梳理、多角色投入在大促业务回归覆盖上满足质量要求，但在大促准备过程中，线上的迭代和变更会持续发生。一方面可以将全民预演中的用例沉淀为接口，将 UI 层面的大促持续集成用例，通过高频的执行填补全面预演空窗期，提升预演收益；另一方面大促准备和正式期中各个重要业务节点及系统变更等，也需要持续集成进行低成本的覆盖，除此之外，以人工梳理用例为基础的全民预演必定会根据业务重要性进行用例裁剪，因此在覆盖广度上会有一定的缺失，大促持续集成也需要制定相关的策略予以补足。

图 2-15 是 2019 年"双 11"大促中全面预演—持续集成的执行策略。一是预演前提前验证环境数据、验收预演自动化反哺预演，预演使用的接口及 UI 脚本，自预演当日起进行核心业务的持续集成，在过程中无感沉淀。二是结合专项脚本，在全链路验收、业务上线等关键节点进行自动化执行和验收。三是通过全链路功能结合购物车仿真，利用线上数据实现对大促线上全量业务兜底验证。

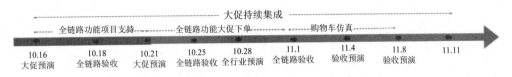

▲图 2-15　2019 年"双 11"大促中全面预演—持续集成的执行策略

2.4.7　全民预演平台化支撑

全民预演是一个体系化的项目工程，涉及巨量的组织协调工作及大量的业务经验支持，如何将全民预演这个项目更加高效地组织和运作，如何使全民预演更加具有延续性并持续提升是我们自预演第一天起就在思考的问题，预演平台由此而生。自 2016 年我们写第一行代码开始，预演平台的使命就是让全民预演更加高效便捷，同时将全民预演中投入的大量资源和支撑业务更好地沉淀和延续，让参加和组织预演的人员更加聚焦在业务逻辑的验证和执行上，降低预演投入的业务门槛，实现真正的全民参与。预演平台示意图如图 2-16 所示。

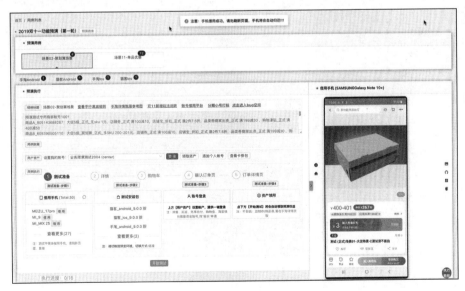

▲图 2-16　预演平台示意图

正如前面所讲，预演平台为预演过程提供平台化支持，重点是高效化打造平台功能。

1. 准备过程自动化

从上文提到的全民预演准备过程来看，在如此复杂的业务背景下，测试分析、测试用例准备（用例编写、数据准备）、环境准备这几个环节都相当占用精力，因此预演平台提效要从准备过程自动化开始。

预演平台上沉淀了大量的用例，以交易链路用例为例，我们将历年沉淀下来的用例按照业务域归并后，对聚合后的用例做了特征化提取，逐步沉淀下 100 多个营销、资金、资质等维度的特征。原有文本化的用例就可以按照特征组合转义为以特征点为最小单位的结构化组合。与此同时，针对执行步骤，我们将原有用例中涉及的交易和导购链路上的产品沉淀为 20 多个执行步骤和校验模板，模板除了支持多种特征组合的叠加，也支持各个特征点对应校验内容的叠加。这样，每次预演的用例梳理就转变成了梳理特征点最优组合，而特征化也是预演用例能够自动生成的基础。

生成用例描述之后就是准备数据。得益于用例的特征结构化和根据特征点构建的以商品、用户为中心的数据构造中心，当用例生成后，根据用例所包含的特征组合，便能够一键完成用例数据的构造，从而实现零成本编写用例和生成测试数据。

以 2019 年"双 11"大促为例，约 90% 的用例（近 550 条）自动生成，超 8900 个预演数据一键生成，自动领取资产 5.2 万次，综合节省成本 169 人日。同时结合预演平台测试数据自修复能力，预演前提前检测、自动修复无效数据 2000 多个，至少节省了 100 小时的数据整理时间。

2. 环境确定性

环境问题是影响预演过程的一个重要因素，只要环境不稳定就会产生阻塞级的问题，会影响所有参与人员的执行过程，进而打乱整体预演的节奏。

全民预演涉及的环境可以简单地分为两类：服务端环境和客户端环境。

服务端环境指提供底层接口等服务应用的测试环境，而客户端环境指浏览器、App、H5 等消费者端的用例执行环境。

针对服务端环境，预演平台整合环境平台、预案平台等底层功能配合环境封网机制，提供独立稳定的预发和线上隔离执行环境，让预演平台用户无感使用，有效提升了环境使用效率，避免了环境对执行效率的影响。同时配合执行环境检测能力，自动化完成失效环境的修复，为全民预演提供了稳定的环境支持。

针对客户端环境，预演平台提供一站式解决方案，用户需要执行的 PC、H5、App 环境可以在预演平台一站式建立，平台提供在线手机借用功能，省去安装被测 App 的麻烦，全程一站式操作，极大地提升了执行效率。

3. 无缝对接大促持续集成

前文提到的大促持续集成作为全民预演的补充手段，共同保障了大促的稳定性。然而，持续集成用例的收集本身就是一项极其耗费精力的工作。因此预演平台也通过与各类持续集成工具打通、全民预演数据同步、全民预演过程流量采集等手段将预演执行过程无感录制成为持续集成用例，并通过接口断言、对比及图像校验完善校验能力，将全民预演的一次性投入转化为持久化的测试能力。预演平台无缝对接大促示意图如图 2-17 所示。

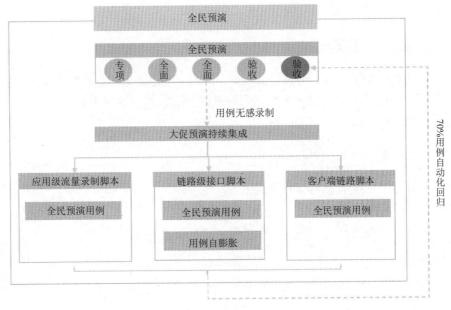

▲图 2-17　预演平台无缝对接大促示意图

以 2019 年"双 11"为例，基于全民预演，自动录制 1.1 万条应用级流量脚本，录制客户端链路脚本 70 多条，覆盖 1000 多个交易组件，自动化生成链路接口用例 310 条，整体脚本自动化率超过 90%，并在最后一次验收预演中通过自动化图像验收，完成近 70% 核心域手淘 Android/iOS 用例执行和验证工作，极大地降低了人力投入成本。

整体来看，全民预演现阶段完成了由手工测试到半自动化的转变。随着后续预演平台及持续集成在提效和保质两方面的不断投入和提升，未来全民预演必将向全自动化甚至智能化的方向发展。

2.5 预案开关

预案，即根据评估分析或经验，针对潜在或可能发生的突发事件的类别和影响程度事先制定的应急处置方案。按照常规理解，预案分为提前（定时）预案与应急预案两类。

提前预案，也称为定时预案，指提前预估大促期间的系统状况与业务状况，为避免大促的业务峰值影响而进行的缓存预热、机器重启、有限降级、磁盘清理或者业务下线等，一般对业务无影响或影响可控。

应急预案，针对可能存在的应急情况，如超出预期的异常流量、系统依赖超时及不可用、本系统的非预期不可用等采取的应急手段，一般对业务有损，同时可能带来客诉、资损等，需要对应的技术、业务等兜底，执行需慎重。

2.5.1 预案的使用场景

预案可以降低可预估或不可预估的风险，而当下面临的大多数风险，都来自各类变更，例如应用发布、网络切换、配置推送、DB 结构调整等，还有在重要的大促场景下，大流量所带来的系统、业务压力。

1. 大促预案

针对上述风险，基于预案的能力，在大促态下，可以考虑通过事前、事中、事后，三个时间段来分别处理。

（1）事前：一般提前制定预案，设定固定的执行恢复时间。

- 预热相关操作，例如热点商品的预热。
- 系统、业务相关操作提前，例如禁写、对外公告、活动氛围渲染、新功能定时上线等。
- 降级占用系统资源过大、非核心依赖的功能，例如应用的某些日志。
- 降级无法承受大流量压力的下游服务调用，例如购物车系统对某些影响购物车性能的功能进行降级，以便大促峰值时，在不影响用户体验的情况下保证系统性能稳定。
- 对于某些大促期间无法持续的业务，由业务人员提前评估并降级，例如某些行业的时效服务，无法在"双 11"履行的，会提前做下线处理。

（2）事中：一般采用应急预案，根据系统、业务指标的反馈进行决策执行。

- 当系统性能受到影响时，需要决策执行某些功能的降级，以缓解系统压力，而这些功能的降级顺序需要由应用、业务相关人员决定。

- 当系统依赖的某个服务发生较多错误导致无法正常工作时，可决策执行服务降级。
- 视活动具体情况将某些功能下线。

（3）事后：一般用来做回补或将功能的大促态切换为日常态。

- 补偿机制。针对系统前置的降级所导致的有损结果进行补救，例如数据同步追回。
- 功能恢复。一般情况下，预案恢复即可将大促态切回正常态，但仍然有部分功能的恢复需要采用其他方式，如定时预案或应用预案。

2. 日常预案

日常预案，是线上风险及故障发生时的高效、便捷的止血、快速恢复方式之一，如图2-18 所示，可以基于预案的提前关联维护，在问题发生时进行快速应急处理。

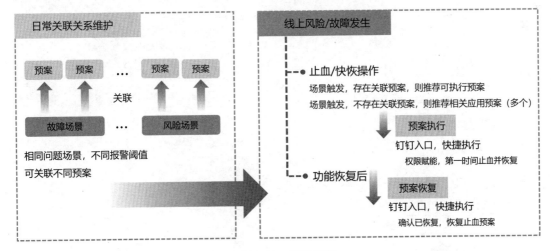

▲图 2-18　日常预案

2.5.2　预案评估方式

大促预案可以依据三个时间段来评估，日常态的预案则需要做好系统的稳定性评估，根据已梳理的风险/故障场景，提前整理好对应的止血、快速恢复预案，做好关联，有以下两点可参考。

第一，强弱依赖是服务降级预案的必要条件。应用的强弱依赖关系梳理清楚，才能确定哪些外部服务可能要降级，基本上，强依赖的外部服务，都可以被纳为预案对象。

第二，预估流量，压测验证，确定外部服务是否需要提前降级。高压态下的服务降级非常常见,主要是因为下游服务无法承受巨大的流量压力,做好提前评估与沟通,能够更好地保护下游系统,同时增强系统自身的健壮性。

同时,在做预案评估时,需要特别注意,在大多数情况下,预案的开启都是有损的,针对有损的场景,必须做好对应业务场景下的用户引导。

有损降级需做好用户体验工作,降低客户投诉与公关风险。所有有损的降级,都需要提前公告,准备好应对话术,通知到客服,做好布控。

2.5.3 预案流程

日常预案,是一个持续化评估、增量维护的过程,大促的预案可以考虑按照活动的前、中、后来做整体的保障,而且在整个过程中需要多个角色的参与,如图 2-19 所示。

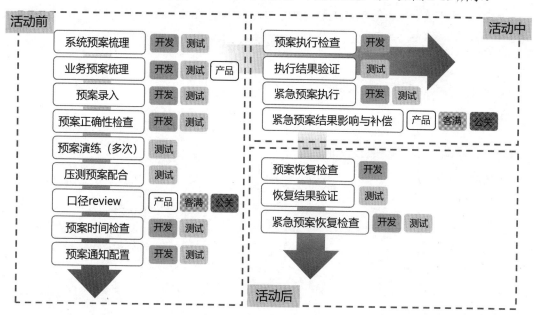

▲图 2-19 大促预案流程

2.5.4 预案平台

1. 平台简介

预案平台是安全、高效地进行线上应用配置变更的管控平台,并且支持配置管理中间件(Switch、Diamond、Orange)等多种主要配置推送方式。通过一个平台,秩序化地进行所有的预案操作,大大降低了多平台、多角色操作带来的成本和风险。同时,平台配置化的消息机制，也能做到预案关联人、关联业务、关联部门的信息触达，提升了整体预案链路的沟通效率。

2. 平台功能

一直以来，预案平台都是以高可靠、低成本为目标的，从 2015 年的初期版本，到 2018 年的重构，再到后期的持续优化，平台在集团安全生产与新零售技术质量团队的共同保障下，功能逐步强大和完善，当下的预案平台功能，可参考图 2-20。

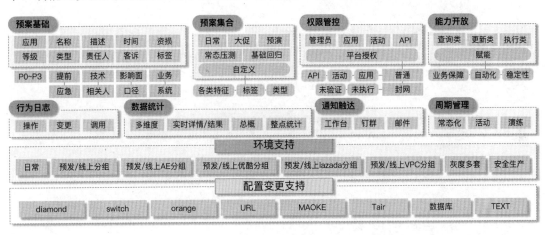

▲图 2-20　当下的预案平台功能

在大促态问题发生的前、中、后期，以及日常态问题发生的前、中、后期，详细的预案平台功能如图 2-21 所示。

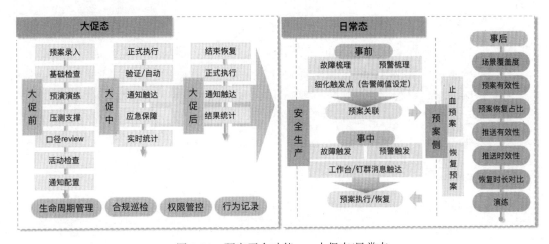

▲图 2-21　预案平台功能——大促态/日常态

71

2.5.5　预案与攻防

2019 年，集团突袭战役的枪声响起以后，攻防演练成为验证系统稳定性的强有力手段，而预案也成为整个演练中不可缺少的核心部分。在模拟故障发生后，需要按照预案来做第一时间的止血和快速恢复，预案与攻防关系图如图 2-22 所示。

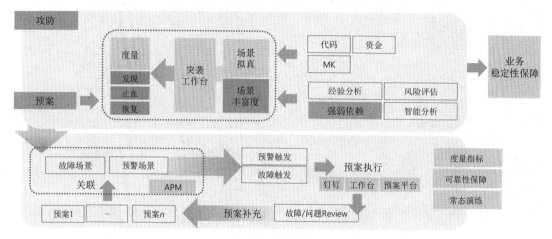

▲图 2-22　预案与攻防关系图

2.5.6　预案的目标与展望

每年，集团预案的数量都在飞速增长，到 2019 年的"双 11"，已经达到 1.3 万多个，作为支撑整个集团业务的平台，必须具备高可靠、高安全、低成本的特性。

1. 大促态目标

- 高可靠：确保高频预案的即时可用性（支撑演练各类环境下的大促态模拟）。
- 低成本：降低预案各时间段内资源投入（大促过程中的各类预案资源投入减少）。
- 透明与可视：数据透明化、可视化（各时段预案数据分析与操作动态情况）。
- 安全性：确保大促生命周期中不同时间态预案变更/执行的安全性（正确权限、合理管控）。

2. 日常态目标

- 高可靠：预案的及时可用性（支撑各类问题场景以及演练情况下的有效止血及快速恢复）。
- 低成本：日常预案的维护成本，自动化能力，平台的开放性。

- 安全性：常态化管控，遵循变更规范。

整体的预案保障工作基于逐渐强大的平台，面向这些目标，再配合恰当的管控，成了有序、安全、高效的武器。同时，只需要更少的人力投入，预案平台便可更加可靠和智能化，在理想情况下，可以期待日常态的工作就能覆盖大促，让大促预案更轻，但更有力！

2.6　全链路预热

有过压测经历的人员很可能遇到过这样一种情况，应用在重启后刚开始执行压测时，交易成功率很低、请求响应时间很长；数分钟后，交易成功率和响应时间才慢慢恢复到正常范围。

某年的一次重要大促脉冲时刻，交易成功率下跌比较多，后来才恢复到正常水平。之后复盘发现，某原因是核心交易链路某应用的数据库未经预热，脉冲时刻的请求 RT 上涨，最终导致交易成功率下降。

随着混部技术的日趋成熟，混部机房承担了大促越来越多的流量。通过快上拉起在线应用，撑过高峰流量之后，再快下归还，极大降低了机器使用成本。然而，快上的应用导致混部机房没有足够时间通过线上用户的流量访问充分预热，在峰值时刻比非混部机房更容易产生对瞬间流量支持能力不足的问题。

一些核心应用针对自身需求开发了一些脚本或者小工具，但这不是值得推广的做法。因为一方面，小工具的运行有效性难以保证，没有全局观，而且需要耗费业务开发人员额外的精力去维护；另一方面，小工具也不具有通用性，无法推广到其他有类似需求的应用上，各个应用只好分别定制"轮子"。

2.6.1　解法

1. 系统预热

全链路中最常见的问题是系统的新发布，代码运行时间不长，导致流量请求刚开始到达时，代码是解释执行的，请求响应时间长，系统负载高，15～20 分钟后情况才好转。有时也会遇到调用远程服务，客户端和服务端新建连接耗时长的问题。这一系列的问题可以通过系统预热进行解决。目前的做法是使用较小的压测流量持续运行 20 分钟左右，完成系统预热。

2. 数据预热

我们的业务系统目前拥有强大的并发处理能力，缓存是提高系统响应速度、提升系统吞吐的有效手段之一。缓存预热流程图如图 2-23 所示。

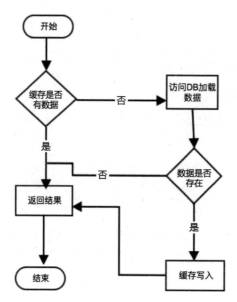

▲图 2-23 缓存预热流程图

缓存中起初没有业务数据，所以通过线上流量从数据库获取数据，然后写入缓存，在后续的请求中，相同的数据请求可不再访问数据库，而通过缓存实现。

某一瞬间（典型时刻如大促零点），超高并发流量涌入系统，而大部分 key 都尚未在缓存中有数据，轻则导致响应时间延长，重则导致数据库宕机、系统雪崩，这就是大家熟知的缓存穿透（缓存的 key 对应的数据不存在，大量请求到数据库）。另外，即使大部分 key 都已经通过线上流量进入缓存，但只要个别极热的数据没有进入缓存，那么在超高并发的时刻，也会有洪峰流量到数据库，造成同样的后果，这种情形是缓存击穿（个别极热的 key 没有命中缓存，大量请求到数据库）。缓存穿透对比图如图 2-24 所示。图中左半部分表示缓存正常运行时，只会有少量流量（深色箭头表示）达到 DB；图中右半部分表示缓存被击穿后，会有大量流量（深色箭头表示）达到 DB。

所以，预热系统是将核心系统的热点数据，提前放入缓存中，防止系统发生缓存穿透、缓存击穿等问题，通过主动防御的方式来保护系统。因此，这个过程也被称为数据预热。

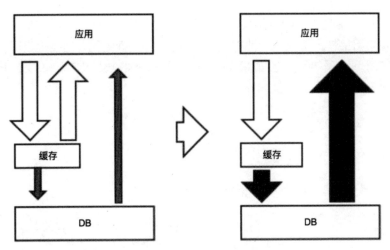

▲图 2-24　缓存穿透对比图

3. 预热场景编排和调度

应用间可能存在前后依赖调用关系，因此通过优先预热底层热点数据，再预热上层数据，可以提高预热的有效性。也有一些应用的预热，需要在特定时间后才能执行。因此，预热系统应统筹考虑各种应用预热场景的特性，对所有场景进行编排和调度，从而推进各应用的预热有序进行。

2.6.2　适用的业务场景

1. 分布式缓存预热

这里主要指 TAIR（阿里内部的缓存中间件）缓存的预热，支持所有单元的 TAIR 实例同时预热。对于同单元、双机房独立 TAIR 集群的情况，也能保证两个实例分别预热到完整的热点数据。另外，对于 TAIR 缓存容量不够的应用，可以根据用户的单元规则，将数据预热到对应单元的 TAIR 实例中。

2. 本地缓存预热

有些业务会在分布式缓存前面再加一层本地缓存，将极热的数据放入应用机器的本地内存中。在本地部署的 TAIR 中，预热系统也支持这种本地缓存的预热。

3. DB 预热

SQL 查询过程的示意图如图 2-25 所示。数据库执行 SQL 查询的时候，会先在缓存池

（Buffer Pool）中查询是否已经有结果，如果没有则会进入下面长长的解析、优化和计划执行等过程。因此如果能提前向缓存池中放入热 SQL 的执行结果，则能大大降低请求到数据库的处理响应时间。预热系统也可以同时预热多个单元的数据库实例，支持按照用户单元规则将热点数据进行路由。

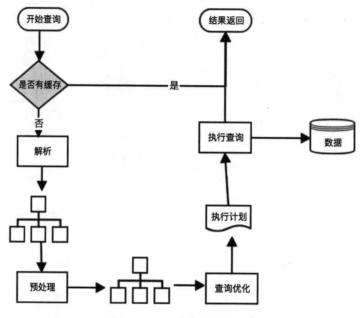

▲图 2-25　SQL 查询过程的示意图

4. 缓存文件分发式预热

缓存文件分发式预热通过预热系统提前生成一个热点的数据文件，然后根据业务需求分发到指定业务机器上，最后通知业务机器加载缓存文件到内存中。本质上这也是一种本地缓存预热。

5. 缓存失效场景

通过预热系统，既可以主动预热缓存，也可以主动让缓存失效。

2.6.3　核心应用场景

上面介绍了预热的背景、概念和解法，预热主要应用在大促预热、全链路压测预热、建站验收、全链路功能测试、日常数据清理等场景中，包括以下几种常用的方式。

1. 热点商品的 TAIR 预热

第一步：配置接入，核心配置项说明如表 2-1 所示。

表 2-1 核心配置项说明

配置名称	内容/选项	配置类型	举例
方案名称		基础信息	
预热应用	需要进行预热的目标应用	基础信息	
请求类型	http/hsf：提供的预热接口的类型	基础信息	
入口类型	PC/无线：无线入口协议请求格式不同	基础信息	
预热维度	机房维度/单元维度：根据业务需求，或者 TAIR/DB 实例的部署情况选择	基础信息	
预热方式	分布式存储预热/本地缓存预热/本地 TAIR 预热/文件分发式预热	基础信息	
ODPS 表名	热点数据产出后放置在指定的 ODPS 工程对应的表名中	基础信息	
调速方式	手动/预设置/自适应	执行配置	
预热 URL	配置对应的预热接口	预热接口	
校验方式	不校验/同步校验/异步请求采样校验	校验信息	

第二步：热点数据准备。

在离线数据处理控制台申请权限，并且发布一个周期任务，使用周期任务指定周期，定时产出热点数据。周期任务里面执行的内容与业务相关。

第三步：调试并投入使用。

完成配置和热点数据准备后，便可以开始在预热系统执行了。在执行过程中，可关注预热集群和流量及 TAIR 集群的数据报表，也可动态地调整预热速度。根据统计的成功率等数据，对预热的整体情况有一个掌握。

2. 数据库预热

配置过程与分布式缓存预热类似，其中有一个选项"数据是否跟单元相关"，数据库预热一般选择"是"。通过这个配置，在预热过程中，预热系统会按照热点数据中的用户信息，将热点数据按照单元规则分别预热到各个单元的数据库中。由于该"单元规则"是通过提前了解大促的最终单元分布配置在预热系统中的，故不受线上切流的影响。

3. 本地缓存预热

本地缓存预热，是将一份数据预热到该应用的所有机器的本地缓存中。

4. 本地缓存预热——GCIH 预热

GCIH 预热是应用文件分发方式进行预热的一个非常典型的场景。主要步骤如下。

（1）利用预热系统在预热流量前生成一个完整的预热文件。

（2）将预热文件进行一些处理，如合并、压缩等。

（3）将完整的预热文件分发到指定的应用机器上。

（4）通知应用机器将预热文件加载到内存中，完成预热。

5. 大促预热活动编排调度

如果业务稳定性负责人不是关注具体某一个应用的预热情况，而是关注整个事业部所有核心应用的预热情况，并且对整体进行掌控，那么可以在预热系统创建预热活动，在活动上关联具体的预热方案，并且根据以下两个规则，对预热方案进行编排。

（1）该预热是否依赖其他预热的完成。

（2）该预热是否需要在特定时间内触发。

在活动中也可以指定活动的触发时间。在预定时间活动开始执行后，会根据编排规则，通知应用开发进行预热，负责人也可以通过活动的执行大盘，了解预热活动整体的进度。预热系统有巡检和报警机制，自动识别可能延迟的预热方案，并在预热流量过高时报警，通过全面的监控，自动对预热流量进行调控。

6. 其他应用

在线上系统运行过程中，或者经过多次的压测，应用数据库会产生大量的数据需要清理。在这种场景下，预热系统能通过主动失效缓存、清理 DB 中的无效数据和脏数据来完成大量业务数据的清理，并可以定时周期性地执行需求。

2.7 快速扩/缩容

2018 年"双 11"零点峰值，一个应用因容量不足导致用户无法修改收货地址，且扩容耗时长，前后扩容耗时超过半小时，这期间用户购买体验受损，造成了较大的负面舆论影响。

应用在大促零点峰值容量不足的根本原因还是前期风险评估不够、链路梳理有遗漏，但交易涉及的应用数量庞大、业务逻辑复杂多变，大促备战容量评估难免百密一疏，作为超过预期流量与负载下的实时容量补充，水平扩容的效率就变得非常重要。

之后，阿里巴巴集团在"双 11"复盘时确定扩容提效项目，希望通过弹性扩容最大化提效对瞬时流量压力下应用容量准备不足的情况进行兜底。

2.7.1　分析

从表 2-2 中的数据可以看到，在两个扩容工单同时执行的情况下，会有互斥锁，而这并非是一个必要条件；生产容器的耗时有时会很长，主要是因为每次申请容器都要等全部容器就绪才执行下一步，只要一个容器没有就绪就会延长整体的耗时，这不合理；应用启动耗时差距并没有那么大，但耗时的占比不小，且优化难度很大。

表 2-2　2018 年 11 月 11 日零点 4 次扩容耗时记录

工　　单	整体耗时	等锁耗时	生产容器耗时	启动耗时
扩容 100 台	14 分	0	2 分 53 秒	6 分 33 秒
扩容 100 台	17 分	4 分 38 秒	3 分 51 秒	5 分 33 秒
扩容 200 台	25.5 分	0	12 分 39 秒	7 分 2 秒
扩容 200 台	31.5 分	16 分 16 秒	2 分 53 秒	6 分 33 秒

由表 2-3 可以看到，互斥锁的干扰很大，耗时占比也高，而优化方案并不复杂；容器生产有一定的优化空间，实施难度不小；应用启动的优化并不好做；核心应用推送 HSF 规则的占比较大，但是大部分应用不需要推送 HSF 规则，所以即使不做优化，影响面也可控。

表 2-3　核心应用日常工单耗时统计

关键扩容步骤	耗时占比
Normandy 获取基线互斥锁	29.6%
容器生产（包括拉镜像）	10.5%
应用启动	34.7%
同步 VipServer	1%
VIP Member 挂载、enable	1%
推送 HSF 规则	17.7%
合计	94.5%

日常扩容一个完整的工单包含 28 个步骤，就算每个步骤的切换时间都为 1 秒，也会增加将近半分钟的时间，步骤的压缩也是优化的方向。

2.7.2　方案

评估了目前的扩容速度后，针对扩容提效，我们主要考虑了两个方案：水平伸缩和垂直伸缩。

- **水平伸缩**：通过并行增加或者减少实例数，增强系统的处理能力。

- **垂直伸缩**：通过调整 CPU、内存等组件的规格，增强系统的处理能力。

两种方案各有优缺点：

水平伸缩，确定性大，可以应对超大流量，能有效地降低系统的压力，但是伸缩的时间较长，分钟级起步。

垂直伸缩，可以在秒级内完成调整，受限于宿主机空闲的资源，能全部或部分降低系统的压力，但是需要提前预留资源，即使预留资源也会有不确定性，规格调整对资源账单也有影响。

2.7.3　优化

1. 垂直伸缩的优化

垂直伸缩部分需要通过对资源的重新分配来完成系统整体的提升，实现的基本原理是利用 cgroup 对资源进行重新分配。

比如，一个应用的 CPU 规格是 4core，目前集团采用绑核的模式（share 模式的较少）。例如，底层实现是设置 cpuset.cpus=0,1,2,3（绑定 96 个核心中的第 1 到第 4 个），当发起宿主机资源扫描时，查到这个宿主机上还有 4 个空余的核心（假设还有 92,93,94,95 这 4 个），就可以开启 CPU 的垂直伸缩，利用 cgroup 管控设置 cpuset.cpus=0,1,2,3,92,93,94,95，从而临时将 4 核的资源调整成 8 核的资源，使更多的 CPU 核心和时间切片用于计算。

目前并没有针对内存实现垂直伸缩，相对于 CPU 这种可抢占资源，内存为非可抢占资源，这意味着内存一旦被分配出去并被使用，就不好回收，也就意味着内存是无法回滚的。

垂直伸缩是秒级生效的，但是需要有一定的资源预留，而资源预留本身和资源的合理调度是背道而驰的，结果也具有不确定性，有些宿主机可能只有 2 核的空余资源，有些可能没有，如果对某个机房的某个分组进行调整，结果可能是 70%的容器从 4 核调整到了 8 核，20%的容器从 4 核调整到了 6 核，10%的容器没有变化。如果是 K8s 的管控，还可能造成资源账单的不一致。另外可能对线上流量调度产品产生一定影响，需要提前控制风险。

不过垂直伸缩的秒级响应确实是对线上业务的一种有力保障，适合用于风险较大的大促场景。

2. 水平伸缩的优化

水平伸缩的优化，归纳起来主要有三个方面：第一，扩容步骤的简化；第二，新技术架构的演进；第三，串行到并行的演进。

3. 扩容步骤精简

将扩容步骤从 28 步精简到 8 步（如图 2-26 所示）。

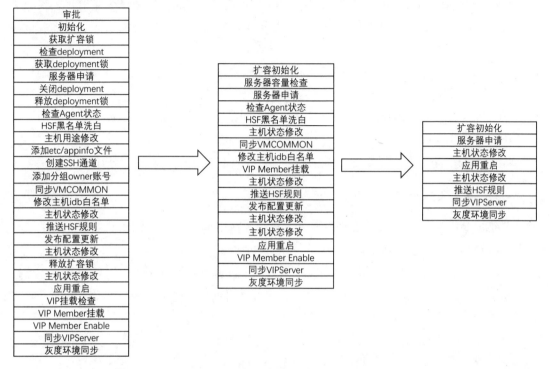

审批
初始化
获取扩容锁
检查deployment
获取deployment锁
服务器申请
关闭deployment
释放deployment锁
检查Agent状态
HSF黑名单洗白
主机用途修改
添加etc/appinfo文件
创建SSH通道
添加分组owner账号
同步VMCOMMON
修改主机idb白名单
主机状态修改
推送HSF规则
发布配置更新
主机状态修改
释放扩容锁
主机状态修改
应用重启
VIP挂载检查
VIP Member挂载
VIP Member Enable
同步VIPServer
灰度环境同步

扩容初始化
服务器容量检查
服务器申请
检查Agent状态
HSF黑名单洗白
主机状态修改
同步VMCOMMON
修改主机idb白名单
VIP Member挂载
主机状态修改
推送HSF规则
发布配置更新
主机状态修改
主机状态修改
应用重启
VIP Member Enable
同步VIPServer
灰度环境同步

扩容初始化
服务器申请
主机状态修改
应用重启
主机状态修改
推送HSF规则
同步VIPServer
灰度环境同步

▲图 2-26　扩容步骤精简示意图

为什么很多步骤可以精简？这是由于目前线上正常的扩容链路还是初始的这 28 个步骤，精简后的第 1 个版本和第 2 个版本是目前恢复故障或者大促态下在用的，能精简的前提是平时的普通扩容的场景本身和故障恢复、大促态有区别。

审批。为了防止误扩。普通扩容需要审批，而紧急扩容不需要。

扩容锁。针对镜像的一致性，普通扩容需要考虑该应用是否处于发布态，若在发布时进行扩容，最终线上的镜像会不一致，这就需要在扩容步骤中考虑互斥锁，至少在全面 K8s 之前是需要考虑这个问题的，光是这个考虑就增加了多个步骤。

账号、通道。弱依赖，紧急扩容时可以通过异步的方式进行添加，不需要在扩容结束前将账号打通。

主机用途修改。流程规范化后并不需要做这个修改。

修改主机 idb 白名单。当前只有一个应用在扩容过程中可能发生抖动，因此增加了这一步，但紧急扩容的场景是为了应对系统性能更加恶化（系统可能已经发生了抖动并在加剧）的情况，因此该步骤不再保留。

Agent 的检查。Agent 的部署成功率很高，容器申请成功后很少有 Agent 检查失败的情况。另外，就算 Agent 检查失败，最坏的结果就是这个容器最终没有提供线上服务，目前可以接受这种情况的发生。

VIP 的操作。考虑到目前阿里巴巴集团大部分核心业务已经使用 VIPServer 进行入口流量负载均衡和分发，并且 VIP 的挂载条件非常苛刻（只有机房、单元完全对应才会进行挂载），所以第 2 个版本已经完全去除和 VIP 相关的步骤，目前线上的紧急扩容还未遇到需要对 VIP 进行操作的情况。

将这些扩容的步骤进行精简并调整顺序后，收益约有 20%～40%的提升。

4. 新技术架构演进

扩容时很重要的一个环节是容器申请，决定容器申请时长的关键因素是镜像的下载和解压，而 DADI 可以解决这个问题。

DADI 是 Data Accelerator for Disaggregated Infrastructure 的首字母缩写，旨在为计算存储分离架构（Disaggregated Infrastructure）提供各种可能的数据访问加速技术，因此 DADI 也可以叫作 DADI Accelerator。

普通 Docker 容器之所以启动得慢，是因为在容器启动之前，需要把每层镜像数据（layer.tar.gz）都下载到本地，再把 layer.tar.gz 解压到 Docker 指定的目录中。

采用 DADI 的技术方案，只下载容器启动必要的数据（这部分数据较少），便可加速容器的启动过程，这种方式叫作 OnDemand Read。

DADI 容器下载的是 layer_meta.gz，这个文件里保存的不是 layer 的实际数据，而是实际数据所在的地址，也就是元数据。这个文件非常小，只有 1～2KB，所以 docker pull 非常快。

DADI 容器在启动时，仅先把 layer 的元数据下载下来（非常小），容器启动需要什么数据，就从 zroot 读取什么数据，由于数据读取量大大减少，所以容器启动得非常快。普通镜像则需将镜像全部内容经过几次 I/O 下载到本地解压后才能读取。

在 DADI 容器运行期间，容器启动一段时间之后，后台会以 10MB/s 的速率，从 zroot 把没有下载的数据下载到本地，然后 DADI 容器不再从 zroot 上读取数据，而是直接从本地磁盘上读取数据。这样，DADI 容器就可以同普通容器一样独立运行了。

DADI 的技术架构图及链路图如图 2-27 所示。

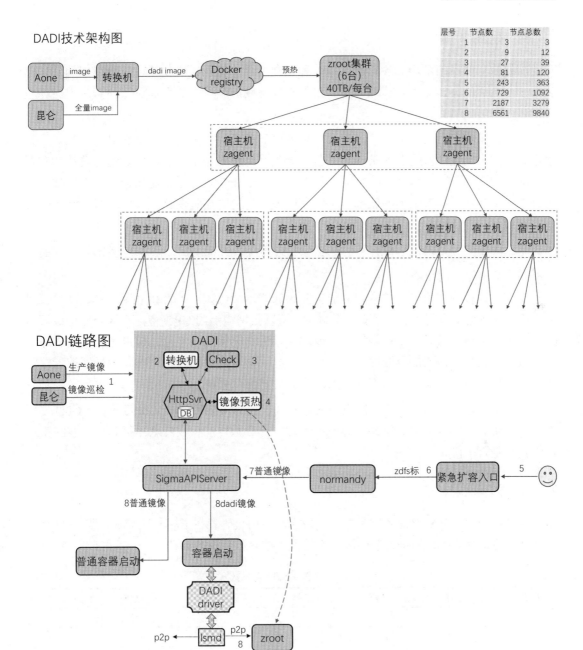

DADI技术架构图

层号	节点数	节点总数
1	3	3
2	9	12
3	27	39
4	81	120
5	243	363
6	729	1092
7	2187	3279
8	6561	9840

DADI链路图

▲图 2-27　DADI 的技术架构图及链路图

　　DADI 技术方案上线后，容器申请这一步的平均时长 90% 以上能控制在 30 秒以内，提升幅度非常明显。

2.7.4 演练

演练的主要目的是增加各方的协同性和相互配合，另外，可以通过监控指标的变化确认指令下达后的具体效果。演练会暴露很多没有想到的风险，从而在后续的真实大促环境中能有更强的把控力。

比如，虽然通过数据分析看，垂直伸缩的时间是秒级的，若应用重启时间不长，那么水平伸缩的时间也能控制在 5 分钟内，但是初期演练结果并不理想，光是信息传达就需要一定的时间，通信员还可能将扩容需要的信息弄错造成低效。在大促场景中，很多技术方案都进行了降级，扩容依赖的服务也可能被降级，需要将这些依赖关系梳理得非常清晰心里才有底。

基础环境的复杂性，也增加了扩容演练的必要性，混部、K8s、普通业务都有不同的扩容链路。

在演练过程中，建议将扩容和其他工具一起联动，比如，扩容和限流一起联动的效果会更好。针对前端应用限流，在安全系统中，可以根据线上的 URL 特征不区分应用或域名服务来配置限流，开启这个服务后可对前端流量进行无差别限流，之前也遇到过因为线上流量过大导致扩容出来的容器继续被打挂的情况，但若前端先用限流控制流量，等后端完成扩容并稳定后再将前端入口流量放大，那么稳定性会更好。

在演练的过程中，先将某个请求的流量打高，使对应服务的响应时间变长、CPU 使用率变高、负载升高，当服务已经部分不可用时，开启垂直扩容或者水平扩容，扩容结束后观察指标是否下降。

2.7.5 效果

这是最新的一次针对业务的紧急扩容，当时应用代码存在 Bug，发布后导致 CPU 使用率飙高，进而使得响应时间延长，表 2-4 是紧急扩容各步骤的数据。

表 2-4 紧急扩容各步骤的数据 单位/s

扩容批次	容器创建	更新状态	应用重启	更新状态	推送规则	同 步
1	30	1	215	1	1	1
2	26	1	216	1	1	1
3	23	1	247	1	1	1

从以上数据可以看出，容器的创建时间已经被优化到半分钟内，当然，容器的创建时间也和镜像的大小有一定关系，并不是每次扩容都能控制在半分钟内，但 99%不超过 50

秒，应用重启时间并没有优化，目前整体占比最高，其余的动作都在 1 秒内完成，整体扩容速度得到了有效保障。

2.7.6 展望

以上讲述的是针对快速扩/缩容的优化和取得的效果，目前来看，对于水平伸缩的优化，除应用启动耗时不受控制外，其他步骤已经达到最佳状态，如果还要更快的速度，那么还有以下两点可以考虑。

第一，对于应用启动速度的优化，这里有一个正在尝试的技术——类数据共享（Class Data Sharing）。从 JDK 7 开始，Java 有一个选项让用户可以使用 CDS 功能来节约 Java 程序启动时间。CDS 的原理是，Java class 在被 Class Loader（class 类加载器）加载以后，在内存里以 Meta Data 的格式存在，数据结构里的数据大部分不再变化。可以把这些性质利用起来，把数据 dump（转储）成一个文件存入磁盘。当下次运行同样的程序时，可以直接使用这个文件读入 Class Data。依据这个原理，可以在预发镜像发布后，将内存数据 dump 出后和原来的镜像重新打造成一个新的镜像，这个新的镜像在应用重启时可以减少读取 Class 的时间，达到优化应用启动时间的目的，从而缩短发布时间，发布结束后，新的镜像还可以用于加速扩容。从目前实验阶段的数据看，应用启动时间可以节约 20%～50%。

第二，Serverless。这是目前一个很热的话题，有很多的优点，如秒级启动、高度弹性、按需分配等。目前的设计方式应对日常态没有问题，应对大促场景还有不少问题有待解决，也给调度和容器的编排带来很大挑战，整体上看离大规模应用还有一段距离，但确实是一个非常有希望的技术方向。

2.8 风控识别引擎压测

在每次大促中，风控系统都承担了电商业务中海量请求的风险防控工作，包括但不限于交易防控、营销活动防控、内容安全防控等，海量的请求会给系统带来巨大的性能挑战，例如在 2019 年"双 11"中，风控系统面对零点每秒 54.4 万笔的交易洪峰，在百万级消息吞吐的压力下，不仅保障了交易如丝般顺滑，还把大量非法交易拦截在了下单之前，让黑灰产无处遁形。

作为主链路中的一环，风控平台也参与了阿里巴巴每次大促的全链路压测（风控系统工作示意图如图 2-28 所示），但是在往年的全链路压测中，风控系统的性能评估或多或少有所偏差，从而导致机器成本的浪费或容量不足，其原因有以下 3 个：

- 风控的压测模型与交易的压测模型有冲突，在数据构造上无法做到兼容。

- 风控对数据是强依赖的，交易压测模型的压测数据与实际防控数据不统一，两份数据的存储成本巨大，无法完全实现数据的物理/逻辑隔离。

- 每年的风险防控规则都会调整变化，这些变化会影响系统的性能。

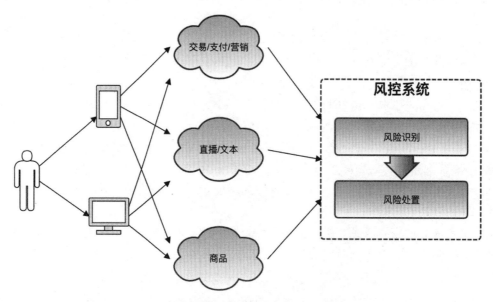

▲图 2-28　风控系统工作示意图

针对风险防控的业务诉求，需要分析业务需求和业务请求的数据特征，模拟出风控识别规则执行过程中逐层校验与命中的数据漏斗（识别规则是从粗粒度到细粒度逐层筛选，呈漏斗状）模型，而大量的防控规则和逻辑计算条件相乘，得出的逻辑分支是天文数字级别，这个问题很难解决。经过很多技术调研和设计工作后，我们最终解决了这个难题，并在实战中得到了检验。

2.8.1　分析问题

首先对风控系统的压力模型进行分析，简单来说，就是执行以下一条条的风控规则：

- 规则是由一个个的表达式及表达式的逻辑运算组成的，规则和表达式都会有一个ID，表达式逻辑使用类似"表达式 1 & 表达式 2 | 表达式 3 "这种逻辑关系表示。表达式的结果及表达式的逻辑运算决定了规则是否命中。

- 表达式的逻辑存在短路执行，例如 1&2&3，如果表达式 1 的结果为 false，那么 2、3 不必执行；1|2|3，如果表达式 1 的结果为 true，那么 2、3 不必执行。

- 规则与规则之间存在关联关系，可以配置规则之间的流转策略（命中继续、未命中继续、任何情况继续）。

根据对风控规则引擎执行方式的分析可知，影响性能的因素有以下两个。

- 单个表达式对性能的消耗。

- 每个表达式的执行结果。

单个表达式对性能的消耗基本是一个确定的值，这里不需赘述；一个规则的表达式的逻辑运算是恒定的，表达式的执行结果会直接影响一个规则里执行表达式的条数（短路执行）和整个规则（表达式的逻辑运算），从而影响流入下一条规则的请求数。

依据风控性能消耗坐标图来抽象整个系统的压力模型，如图 2-29 所示。

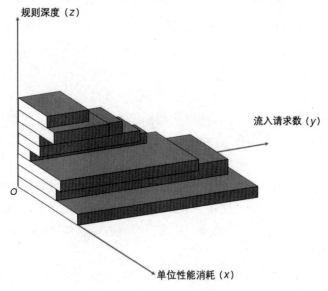

▲图 2-29　风控性能消耗坐标图

我们简单抽象，每个规则的性能消耗都是恒定的，随着规则深度加深，流入的请求数会逐步减少。那么从单位性能消耗、流入请求数、规则深度三个维度来看，每个规则产生的压力是图 2-29 中每个立方体的体积，而系统的整体压力，则为每个立方体体积之和，公式如下：

$$\sum_{\substack{1 \leqslant i \leqslant m \\ 1 \leqslant j \leqslant n \\ 1 \leqslant k \leqslant q}} x_i \times y_j \times z_k$$

问题很明确：如何控制表达式的结果，让流量走过的规则符合预期。解决这个问题，有两个关键点：

- 将每个表达式结果 true/false 的比例作为预期结果。
- 在执行过程中改写表达式的执行结果或通过数据构造让表达式结果符合预期。

对于第一个关键点，所有风控数据都会通过系统回流到大数据平台上，一段时间内的数据都会被保存，在这些数据中，也包含表达式执行的数据。因此可以基于保存的历史数据，对表达式执行结果的比例进行特征的挖掘和提取。

有了表达式结果的特征，就可以思考第二个关键点。我们还是期望通过数据构造去解决，经过反复论证，由于与交易压测模型上的数据冲突确实已无法解决，因此抛开数据构造的枷锁，从改写表达式结果入手。有两点是必须做到的：

- 只对压测流量进行干预，对真实流量不做处理。
- 干预生效不用进行发布，做到对应用的无感。

只对压测流量进行干预。由于在压测流量中会带有压测标准，只要在运行态中对压测标准进行识别即可。但是实现应用的无感干预是比较麻烦的，经过多次调研，最终采用了使用 javaagent 挂载，并对接口方法以字节码增强的方式进行干预。类似的工具有阿里已经开源的 jvm-sandbox，可以用其编写 module，通过 attach 和 active 操作完成 Agent 挂载和字节码增强。

综上所述，基于历史数据，可以学习并获取大促期间表达式执行的特征，抽象出一个个三元组（规则 ID、表达式 ID、结果为 true 的预期比例）；使用 jvm-sandbox 编写 module（模块），可以实现对表达式结果的改写，从而影响流入每条规则的请求，实现压力模型与大促期间保持一致。

在大体功能实现后，我们发现对于表达式维度的结果改写有时过于细致，较难从业务角度进行场景描述，需要增加规则的结果改写；同时，可能出现多个场景的叠加，例如营销活动和交易成交有时是同时进行的，有时是错峰进行的。为了支持这两个场景的压测，也需要从业务层面灵活配置两个场景的特征。

最终的方案是基于历史数据学习出的表达式特征（三元组）及规则特征（二元组），通过控制台，根据不同场景写入配置中间件。压测人员在控制台操作 Agent 的挂载，在过程中加载这些配置。在压测人员激活插件、压测流量流入时，可根据配置中的特征，对表达式结果和规则的执行结果进行干预。

后续基于压测的上云数据以及监控数据，对压测结果做更详细的度量及分析，逐渐形成压测的闭环。

2.8.2　延伸

压测人员可以更加专注于压测场景。压测模型由离线分析部分抽象成三元组和二元组的配置，对于不同的场景和性能压力，只需通过历史数据提取出对应的特征进行配置，即可大大提升效率。

最终形成压测需求分析、配置数据准备、压测执行、结果分析的闭环，同时压测平台和业务需求分离，测试人员在压测控制台白屏操作压测流程，更加便捷安全。

2.9　本章小结

本章对整个阿里大促质量保障体系的核心产品进行了介绍，全链路压测、全链路功能、全民预演、预案开关、全链路预热、快速扩/缩容、风控识别压测等在整个大促的性能、功能、用户体验、风险预防等方面发挥了很好的作用和价值，并在整个大促保障中形成了完整、有序、标准的实施流程，让大促更稳、更高、更强。

第 3 章
移动 App 测试

郭小溪、阳际荣、邱燕、乔瑞凯、唐小路、潘会佳、
张锐、王大鹏、许肖、徐杨、沈柯、崔婧

在移动互联网时代的近十年，变化的环境、激烈的竞争、高速发展的业务都给技术带来了各种各样的挑战。在应对这些挑战的过程中，阿里巴巴移动技术从 App 慢慢演化到生态化的移动商业操作系统，在端侧架构的弹性与张力、效率与体验的平衡之道、无线网络治理的快准稳、移动中间件的沉淀与建设、研发支撑与质量保障、面向生态的开放与连接等很多方面，都形成了独特的技术演进路径。

本章主要介绍阿里巴巴移动 App 测试，首先介绍移动 App 测试的主要类型、方法和工具，主要包括功能、专项、稳定性、兼容测试等；然后介绍同步移动测试的标准、流程和工具，包括移动发布的标准、卡口流程；最后介绍线上质量保障，包括性能监控与性能分级降级体验。

3.1 移动 App 测试的主要类型、方法和工具

3.1.1 功能性测试——从手工到自动化

在移动 App 发展的初期，业务数量较少，手工测试可以满足绝大多数业务需求。随着业务发展速度的提升，这种低效率的重复操作逐渐给测试人员带来巨大压力，如何提升测试效率被提上了日程。

于是，越来越多的来自官方或者社区的自动化测试工具，如 MonkeyRunner、Robotium、UIAutomator、Appium 等，成为通过自动化提升测试效率的基础。然而，在从手工测试到自动化测试的转变过程中，存在两大难题：第一，自动化测试对测试人员的能力和经验都有很高要求，包括对测试流程的理解、对自动化工具的掌握、对不同类型设备适配的了解

等；第二，在不影响现有业务迭代的前提下，将大量的手工测试用例快速转化成自动化测试用例并进行合理妥善的维护并不容易。针对这些问题，我们形成了一套解决方案，主要包括云测平台、自动化框架、自动化用例生成和数据 Mock。

1. 云测平台——快速高效的用例执行能力

随着 STF（远程真机管理平台）的发布，云测平台如雨后春笋般兴起，其集中化的用例设备管理和自动化任务调度能力，将测试人员从测试机房中解放了出来，工作效率大幅提升。测试人员不需要再关心设备的申请、维护，编写好用例后上传到 Git 仓库，稍等片刻就可以收到执行结果。另外，云测平台统一管理维护设备，并进行任务调度，极大地降低了设备的闲置率。这样，云测平台可以让以往动辄几天的全量回归任务，在一夜之间全部执行完毕，前一天晚上触发执行的回归任务，第二天一大早便可收到邮件等形式的执行结果。

另外，针对不同类型的功能性测试需求，云测平台还提供了有针对性的测试方案。云测平台主要界面如图 3-1 所示，可以让用户快捷使用，减少额外的用例开发成本。比如，用户关心在较差网络环境下的使用体验，那么可以使用弱网测试模式，检测在弱网环境下的功能可用性。

安装卸载测试　　　用例调试　　　功能性测试　　　兼容性测试　　　稳定性测试　　　H5性能深度测试

功能性测试

批量，快速执行用例，发现功能性问题

▪ 用例只会在选择设备上执行一次，执行设备数量不能超过用例数量，用例会均等分布在选择的设备上执行

▪ 快速得到测试结果

▪ 执行结束后，得到测试报告

 案例DEMO　　 案例DEMO

▲图 3-1　云测平台主要界面

2. 自动化框架——专注于业务核心逻辑

随着各种自动化测试框架的面世，测试人员可以将原有的手工测试用例改写为自动化

测试脚本，大大减少了测试成本。但随着自动化脚本逐渐积累，在云测平台上的执行量越来越大，加之部分开源框架存在部署复杂、接口不稳定、用例执行准备烦琐、维护不及时等问题，自动化执行的高可用诉求越发强烈。于是，对一套稳定可靠、贴近业务场景的自动化框架的需求也越来越迫切。

目前，阿里巴巴集团内部已开发了一些上手简单、功能强大、被广泛使用的自动化测试框架，如 Totoro 和 Macaca，一方面可降低自动化框架的部署成本，另一方面由于封装了内部常用逻辑，可避免测试人员重复"造轮子"。

其中，Totoro 除了封装常规的 UIAutomator，还扩展了 H5 和小程序操控、图像查找、OCR、深度学习等功能，同时提供了完备的技术支持，以满足不同场景下的业务诉求，Totoro 的各类系统安装提示如图 3-2 所示。除此之外，为了提升自动化用例在不同机型上运行的稳定性，Totoro 在框架层进行了封装，统一拦截处理不同机型上的应用安装、权限处理、系统弹窗，让测试人员专注于核心业务逻辑的实现。

▲图 3-2　Totoro 的各类系统安装提示

此外，各框架通过与云测平台的合作，从软、硬件层双重保障了用例执行的稳定性，减少了测试框架与硬件原因造成的执行稳定性问题。

3. 自动化用例生成——显著降低用例生成成本

手工编写自动化脚本的方式需要测试人员在代码编写、框架、用例分析等方面有比较丰富的经验，而且用例编写和后续维护也需要耗费不少精力。

因此，阿里内部测试团队试图寻找一种能够快速生成用例的方式，既能像手工测试一样快速上手，又能生成可靠的自动化用例，SoloPi 录制回放功能便应运而生，其自动化用例生成流程如图 3-3 所示。

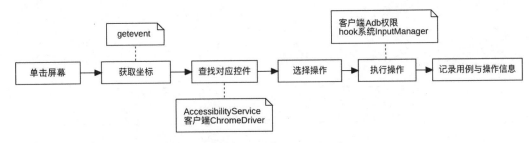

▲图 3-3　自动化用例生成流程

由图 3-3 可见，自动化用例生成的流程是，用户单击屏幕上需要操作的控件，SoloPi 通过 getevent 工具，获取用户操作屏幕的具体坐标，以及手指落下、抬起的具体时间。

获取用户操作屏幕的坐标后，SoloPi 会通过它来查找对应的控件。这里简单提一下 Android 系统的 UIAutomator2，UIAutomator2 在底层通过与系统 AccessibilityService 通信，获取整个屏幕的控件结构。SoloPi 也采用类似方法，不过这种方法也存在局限性——对 H5 页面支持性较差。为此，在 H5 与小程序场景下，SoloPi 在客户端内实现了一个轻量化的 ChromeDriver，通过其与 Chrome 内核进行通信，来获取 H5、小程序页面的完整控件结构。

在事件驱动上，SoloPi 一方面通过 Adb 执行类似 input text、input tap 等操作，另一方面，通过 hook 系统 InputManager 的形式，直接向系统发送操作事件，可以实现类似双指缩放、手动滑动等复杂动作。

虽然录制用例的方式减轻了编写自动化用例的负担，却存在执行成功率低的问题。由于缺少以往人工对各控件定位信息的校验比对，SoloPi 无法准确掌握控件定位的最佳属性信息，部分控件甚至完全没有可用于定位的属性。为了保障用例回放时控件查找的准确性，阿里团队研发了一套智能控件查找算法，能够根据控件的文字模式、图像、XPath、ID、子控件、兄弟控件等信息，对页面上的所有控件进行综合打分，挑选出最为匹配的控件，从而保证用例执行的成功率。

在录制完毕后，生成的用例可以在云测平台一键执行，减少用户的交互成本。如果在执行过程中出现了问题，SoloPi 则能够自动分析用例执行失败的原因，将失败信息推送给用户，提示哪些步骤可能存在问题，辅助用户排查。

SoloPi 的整体流程如图 3-4 所示。

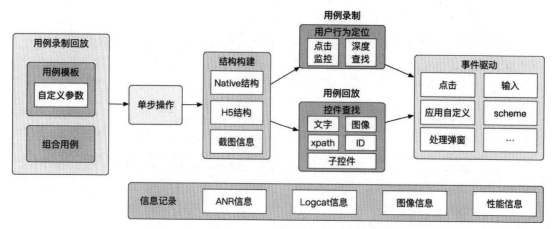

▲ 图 3-4　SoloPi 的整体流程

4. 数据 Mock——解决数据易消耗问题的利刃

在测试前，需要准备大量的测试账号及测试数据，与开发、运营人员沟通准备数据费时费力不说，数据消耗也很快。为了解决这个问题，我们采用了 Mock 测试：对于某些不容易构造或者不容易获取的对象，通过构造一个虚拟对象来辅助测试。

为了满足各类数据的准备需求，阿里巴巴集团内部针对各类测试场景，研发了一系列便于使用的 Mock 工具，可以支持 App 内的各类请求，不管是与服务端交互的 RPC、Sync、HTTP 请求，还是小程序内的 JSAPI 调用，都能够在本地进行 Mock。

不同场景的各种 Mock 工具导致数据统一性和可复用性差，需要一个统一的 Mock 数据中台。开发、测试人员可通过不同终端、平台、工具进行原始 Mock 数据的上报，同时数据中台提供模板化和数据二次编辑的功能，使研发人员能够在端上直接使用 Mock 数据中台的数据（各类 Mock 数据如图 3-5 所示），也能够在自动化脚本中直接调用它们，有效提升了自动化数据的使用效率。

除此之外，Mock 数据中台还与 SoloPi 打通，在 SoloPi 录制过程中，各类 RPC 请求数据和录制步骤被一并保存，

▲ 图 3-5　各类 Mock 数据

在回放时用录制的 RPC 数据直接进行 Mock，确保录制与回放时数据的一致性，实现脱离服务器的纯客户端测试，以提高执行的成功率。

5. 小结

功能测试是保证产品质量的重要一环，也是具体质量保障实操中的第一环。本节简单回顾了功能测试由手工到自动化的历程，并基于 SoloPi 提供了一整套包括用例编写、数据 Mock 和回放执行的移动端自动化解决方案。目前 SoloPi 已经在 GitHub 上开源。

设想一下：当需要编写一个用户注册流程验证的自动化用例时，我们可以利用 SoloPi 的录制回放功能，按正常流程进行注册，这时 SoloPi 会同步生成一份 UI 操作自动化脚本。为了能够重复利用其间的注册信息，我们可以利用 Mock 功能将当次的请求数据保存下来，同步关联到上述录制的脚本中，完成注册流程验证的自动化用例编写。同时为了后续能够定时执行，我们还可以将用例放置在云测平台上，设定定时执行时间和结果通知方式，这是一件多么惬意的事呀！

3.1.2　专项测试——从简单到专业好用

随着移动时代的到来，移动端 App 的各种复杂问题（如启动慢、崩溃、卡顿、发烫等）接踵而至。移动质量团队针对每一类问题，都会投入大量的精力进行相应的测试、排查、定位、解决、监控等，同时会沉淀出解决问题的经验和工具。我们习惯将每一类问题的体系化的测试和解决方案称为专项测试。本节主要介绍我们在专项测试领域取得的一些成果。

1. 性能测试工具 TMQLite

性能测试是专项测试领域中很重要的一块，随着业务的发展及对用户体验的更加重视，移动测试出现了各种问题：

（1）测试工具种类纷繁复杂，例如 Adb、Android Studio、Instruments，以及各种其他工具，每个工具的数据产出口径不一致，导致产出的报告无法进行横向对比。

（2）有些工具只支持自动化，有些工具只支持手工操作，同一个场景数据不一致，经常要耗费时间重复测试数据。

（3）很多工具不支持多指标同时测试，每个指标换一个工具，导致测试成本翻倍。

（4）很多工具仅支持 iOS 系统或者仅支持 Windows 系统，不能跨平台。

（5）两端测试工具体验不一致，很多不熟悉客户端的人员学习工具成本高，学完 Android 的工具还要学 iOS 工具。

（6）不同机型数据差距大，没有验收，通用机型无法产出可对比的报告。

（7）常规测试工具进行性能测试时，需要人工同步记录数据，没有可视化报告。

为了帮助各个业务的测试人员快速有效地完成性能测试、发现性能问题，把更宝贵的时间放到性能优化上，一款轻量级的性能测试工具 TMQLite 应运而生，其特点如下。

- 一键安装。跨平台方案支持 iOS 和 Windows 系统一键安装，无须配置环境。
- 一键测试。操作简单易懂，非技术人员也会用，真正实现人人会做性能测试。
- 一键产出云端性能报告。报告保存在云端，不怕对数据、不怕对口径。
- 两端体验一致。Android 系统和 iOS 系统测试交互体验一致，学习成本减半。
- 支持自动化调用。秉持 API First 的理念，先开发了支持各种场景调用的 API，保证全场景性能测试数据的一致性。
- 支持专业性能问题分析模型。目前支持页面级和链路级的性能验收标准问题分析模型，可以直接输出不符合验收标准的性能问题。

例如，在页面的内存占用上，原来测试一个页面的内存占用，需要开启 Android Studio 或者执行一个脚本连续 dumpsys meminfo，记录过程数据，计算峰值/均值/增量，但是当用户拿这个数据去写报告的时候，发现完全不知道峰值是由于什么操作导致的。现在，TMQLite 会帮助用户打理一切。用户只需要把手机连接到计算机上，进入页面，TMQLite 就会将 memory、cpu、fps 等信息自动收集起来并进行处理。

又例如，在 Android 测试内存泄漏（Memory Leak）时，首先需要通过 Adb 或 Android Studio dump 给出一个 hprof 文件，然后通过 Hprof-conv 转换成 MAT（Eclipse Memory Analyzer）格式，再通过 Eclipse 打开该文件进行分析。现在，TMQLite 可以直接产出内存泄漏的具体堆栈。

TMQLite 支持采集的数据包括：响应时间（首屏时间、可流畅交互时间等）、CPU 使用情况（支持多进程采集）、内存使用情况（支持多进程采集，Android 支持 Total PSS/Native Heap/Java Heap/vmsize 等维度）、流量、流畅度（FPS、丢帧等）、页面（Activity/Controller）切换信息、实时截图、内存泄漏（需要 debug 包）和卡顿分析（需要 debug 包）。TMQLite 性能报告如图 3-6 所示。

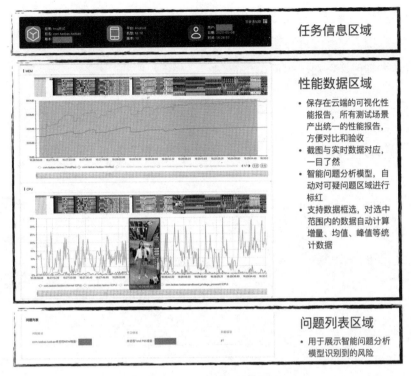

▲图 3-6　TMQLite 性能报告

2. Native 内存分析工具 TMQ-NativeFinder

通过持续验收和回归等手段发现性能问题以后，需要定位问题的根源并解决。而 Android 的 Native 内存问题无疑是客户端上最复杂的性能问题之一，Native 内存使用不规范会直接导致客户端在使用过程中崩溃，而且业务叠加得越多，问题就越严重。

NativeFinder 利用 ELF Hook 的原理，对 malloc、free、realloc、alloc、mmap、munmap 等操作进行 hook，在 hook 函数中做一些智能分析和统计，最后调用系统内存操作函数，不破坏 so 原本发起的 malloc 等操作，NativeFinder 技术方案如图 3-7 所示。

在研究历史数据及问题、认真分析 crash 的关键问题和痛点并找准方向后，我们发现，内存问题是最痛的点。NativeFinder 问题治理过程分为 5 个阶段，如图 3-8 所示。

（1）Native 标准化，整理手淘内部 so 进行归一化、重复治理及符号化，为定位内存问题打好基础。

（2）Monkey 驱动，通过线下的 Monkey 测试，发现并上报问题，线下 Native crash 治理过程如图 3-9 所示。

（3）线上灰度，结合用户真实操作场景 crash 复现。

（4）发现根因，Native 内存治理，通过对可疑场景进行本地排查，快速定位问题。

（5）治理大量问题，对上报问题进行归类、分析和解决。

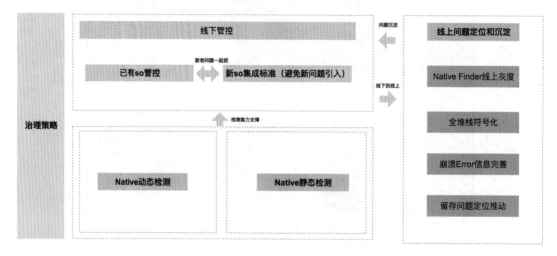

▲图 3-7　NativeFinder 技术方案

▲图 3-8　NativeFinder 问题治理过程

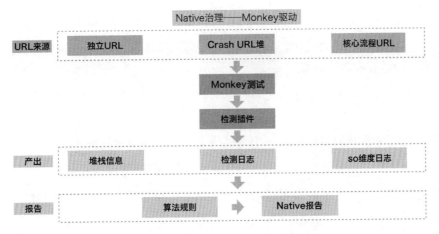

▲图 3-9　线下 Native crash 治理过程

3. 小结

经过多年的技术沉淀，我们在 Native 治理上有所突破，首先解决了 root 问题，避免了烦琐的 root 手机操作流程，同时通过堆栈信息的透明化保证能快速发现并定位 Native 相关问题，为客户端稳定性和用户体验保驾护航。

3.1.3　稳定性测试——智能化测试的初次尝试

稳定性测试用于验证 App 在正常和极端条件下使用的稳定性。如 App 闪退会打断用户正在进行的操作，根据业界的统计，App 闪退率越高，活跃用户数下降趋势越明显。像支付宝、淘宝这类涉及金融或交易的用户基数庞大的 App，在版本发布之前，对 App 进行稳定性测试至关重要。

在引入智能化的稳定性测试方案之前，在我们内部的专项测试平台——格鲁特上，已经支持多种稳定性测试的方案，包括简单 Monkey 方案、入口 Schema 方案、用例回放方案等。

（1）简单 Monkey 方案：是系统原生的 Monkey 方案的优化版，主要包括对 Monkey 源码进行一些定制化的改进，对登录及一些核心业务场景的跳入逻辑进行针对性处理。

（2）入口 Schema 方案：针对 App 中某特定业务进行测试的方案，在指定入口 Schema 地址后，跳入对应的业务，并最大限度地限制跳出业务界面，持续在对应业务中进行 Monkey 方案压力测试。

（3）用例回放方案：针对某个特定路径或操作进行测试的方案，将云真机上的用户操作过程录制下来，在稳定性测试执行过程中回放，并在回放过程中执行 Monkey 方案压力测试。

以上几种方案的核心是通过 Monkey 方案生成随机操作事件对 App 进行压力测试，但 Monkey 方案本身也存在以下问题。

（1）无效操作较多，测试效率较低，在一般情况下需要执行较长时间才能覆盖到一定比例的页面。

（2）发版过程中重复的多轮任务无相关性，无法利用之前的测试数据。

（3）压测操作事件完全随机，和用户的实际操作行为相差较大。

针对以上问题，结合业界和学术界的理论，我们决定通过以下两种途径对稳定性方案进行优化。

- 稳定性测试事件的优化。
- 引入线上用户行为数据。

前者通过对测试事件生成算法的优化，让原来完全随机生成的事件向更优化的方向演进；后者通过引入用户实际操作的路径数据，让压测更贴近用户行为并尽可能地覆盖用户访问较多的核心页面路径。

第一种途径是对稳定性测试事件的优化，我们最终选择了通过遗传算法（Genetic Algorithm，GA）改进操作事件，提升测试效率，并利用多轮任务测试不断优化测试结果。

第二种途径主要用在小程序的测试场景中，因为小程序承载的业务多种多样，操作行为和展示样式也千差万别。同时随着小程序业务的不断增长，种类也会越来越多，只有将线上用户行为作为输入，才能较好地选择满足不同小程序的方案。

1. 基于遗传算法的稳定性测试方案

学术界有很多与自动化测试相关的研究，比较经典的有 Ke Mao 等人在论文 *Sapienz: Multi-objective Automated Testing for Android Applications* 中提出的基于遗传算法的自动化测试，从覆盖页面个数、序列长度和崩溃数目三个方面对测试序列进行优化。可以总结为希望用尽可能少的时间（短序列长度）覆盖尽可能多的页面，并找到尽可能多的崩溃数目。该方法有两个主要特点。

（1）使用基于搜索的遗传算法指导自动化测试，而不是使用传统的随机算法或者基于模型的方法。

（2）设计合适的"适应度函数"（Fitness Function）指导 GA 进化，同时考虑了以上三个方面，将问题转化成多目标优化问题，每次成功的进化都必须满足这个多目标。

通过借鉴遗传算法的基本思想，我们根据自己的实际场景设计了独特的目标，并成功应用到了内部专项测试平台的稳定性测试上。

基于遗传算法的稳定性方案整体框架如图 3-10 所示，主要包括工程端和 GA 服务端两部分，其中 GA 服务端的作用是根据工程端的执行结果返回更好的操作事件序列，而工程端则执行算法服务端生成的操作事件序列并返回结果。

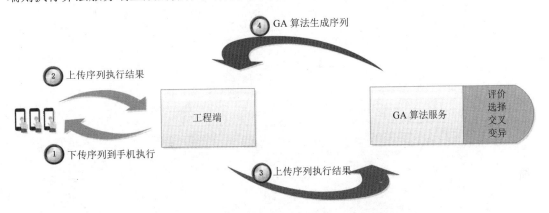

▲图 3-10　基于遗传算法的稳定性方案整体框架

可以看出，遗传算法整个流程可以简单描述为：在工程端不断回放事件序列，并将执行的结果回传给算法端，算法端根据结果对事件序列进行 GA 进化，生成更优的序列供工程端继续执行。

GA 起源于对生物系统进行的计算机模拟研究。它是由模仿自然界生物进化的机制发展起来的随机全局搜索和优化方法，借鉴了达尔文的进化论和孟德尔的遗传学说。其本质是一种高效、并行、全局的搜索方法，能在搜索过程中自动获取和积累有关搜索空间的知识，并自适应地控制搜索过程以求得最佳解，遗传算法整体流程如图 3-11 所示。

GA 在求解不同的问题时需要定义不同的个体格式和适应度函数，针对稳定性测试，相关的说明如下。

测试序列： 测试序列指给定时间段（例如 20 秒）的 Monkey 序列，根据具体的应用场景设置不同 Monkey 事件数量的序列长度，我们设置的平均长度为 700 个 Monkey 事件，每个测试序列都要从入口开始执行。

个体： 由多条测试序列组成（默认为 5）。

种群： 由多个个体组成（默认为 4）。

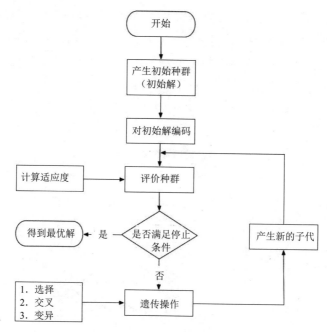

▲图 3-11　遗传算法整体流程

因此我们的一个种群默认包含 20 条测试序列，测试序列、个体和种群的关系图如图 3-12 所示。

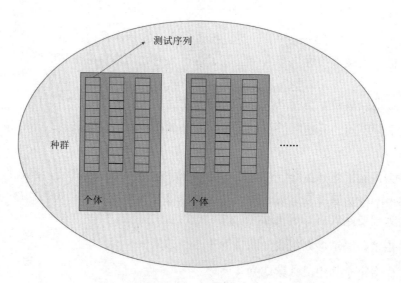

▲图 3-12　测试序列、个体和种群的关系图

我们根据实际场景将**序列适应度函数**的目标设定为：

（1）覆盖尽可能多的有效页面。如果当前测试的业务入口是蚂蚁森林，但是在测试的过程中，跳转到了蚂蚁庄园，那么这时候得到的页面就是蚂蚁庄园，该页面对于蚂蚁森林来说是无效的。

（2）尽可能多的有效事件。假设现在有 100 个 Monkey 事件，并且触达了 3 个有效页面，那么这 100 个事件有一部分是在这 3 个有效页面上发生的，还有一部分发生在别的页面上，发生在有效页面上的事件被称为有效事件，我们需要提高这部分事件的占比。（注：在有效页面上的 Monkey 事件都算有效操作，不管这些事件是否真正操作了某个具体页面控件。）

（3）尽可能多的闪退数目（去重）。闪退数目是我们最关心的，（1）和（2）的目标也是发现尽可能多的闪退服务，因为从概率上来说，有效页面覆盖得越多，发现闪退的概率也就越大，这也是合理的。

因此，最终的计算公式为

序列的适应度 ＝ weight1 × 有效页面数 ＋ weight2 × 有效操作事件比例 ＋ weight3 × 闪退数

通过适应度公式，可以计算出序列在三个目标上的优劣，从而将问题转化为多目标的优化问题。

选择：根据适应度计算函数，保留适应度值高的个体。

交叉：交叉即繁衍后代，用当前保留的优秀个体生成后代。常见的交叉方案有单点交叉（One-point Crossover）、两点交叉（Two-point Crossover）及均匀杂交（Uniform Crossover）。我们选择均匀杂交。如图 3-13 所示，假设有两个父代个体，它们分别含有三条测试序列，在交叉生成后代时，每个后代都随机等概率地从父代个体中选出序列。

变异：变异等价于人类进化过程中的基因突变，它能够有效地降低陷入局部最优解中的概率。和通常的遗传算法变异操作不同，在我们的任务中，变异操作主要包括两个方面：第一，个体内序列之间的变异；第二，个体内某条序列的变异。如图 3-14 所示，其中变异 1 指个体内序列之间的变异，表示随机选出两条序列，按照和单点交叉一样的方式变异，变异 2 指个体内某条序列的变异，表示按概率打乱某条序列的事件顺序。

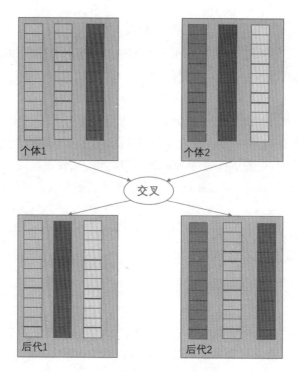

▲图 3-13　均匀杂交示意图

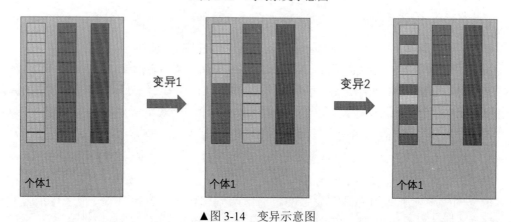

▲图 3-14　变异示意图

工程实现

工程端的主要实现逻辑如图 3-15 所示。

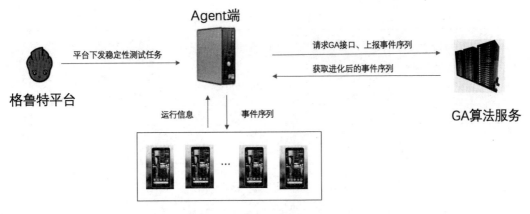

▲图 3-15　工程端的主要实现逻辑

图 3-15 中的运行信息主要包括闪退信息、页面信息、事件序列。

（1）闪退信息：通过内置在 App 中的模块对闪退信息进行收集和上报。

（2）页面信息：页面信息分为原生页和 H5 页，原生页采用 Appid+Activity 的方式命名，H5 页采用 Appid+url 的方式命名。通过这种规则基本可以唯一标示一个页面，并且通过页面中的 Appid 信息可以很好地区分该页面属于哪个业务，方便算法端进行数据聚合。

（3）事件序列：当次运行的事件序列会再回传给算法端，用于进化下一次序列。

实验结果

我们依托格鲁特平台开发的 GA 稳定性测试功能，进行了任务的对比实验。

在格鲁特平台上，任务分为两种：一种是日常稳定性测试任务，通常在发版前每天用最新的集成包进行多轮测试；另一种是用户提交的业务任务，针对某个具体的业务进行一段时间的测试。业务任务通常有一个入口（例如蚂蚁森林），配置好这个入口以及稳定性测试的时间，通常两小时的执行时间基本上能够完成 GA 的稳定性迭代。日常稳定性任务则不同，包含若干个重点业务的入口（日常发版有几十个），每次测试运行 6 小时。由于每次任务分配到每个入口的时间都很少，所以我们在算法服务端缓存了算法生成的中间结果，一方面能够保证日常稳定性任务不断进化，另一方面也能根据实际情况选择曾经跑过的最优序列作为初始化序列，提升测试效果。

为了更好地对算法进行验证，我们分别对两种任务做了多组实验。

表 3-1 为业务任务的实验结果，每个业务分别用 GA 方案和常规 Monkey 方案（后面简称 Monkey）运行 3 小时，使用的手机设备为格鲁特平台的设备池，通过对多个设备的运行结果取平均值来消除个别手机设备噪声的影响。

▼表 3-1　业务任务的实验结果

业　务	平均有效覆盖页面增加数（GA-Monkey）	平均有效覆盖页面相对增加（GA-Monkey）/Monkey	平均有效操作事件比例增加（GA-Monkey）	平均有效操作事件比例相对增加（GA-Monkey）/Monkey	闪退数目增加（GA-Monkey）
小程序收藏	2.6−2.3=0.3	13%	4.2%−2.1%=2.1%	100%	6−5=1
生活号	46−23=23	100%	28%−14%=14%	100%	4−4=0
蚂蚁庄园	14−15.6=−1.6	−10%	59.4%−29.6%=28.7%	100%	2−3=−1
蚂蚁森林	27.2−27=0.2	0.7%	28.9%−28.3%=0.6%	2.1%	3−3=0
饿了么	120−128=−8	−6.25%	67.8%−69%=−1.2%	−1.7%	5−2=3
优酷	46−41.5=4.5	10.8%	58.2%−61.8%=−3.6%	−5.8%	3−3=0
每日必抢	64−53.3=10.7	20%	65.1%−68.4%=−3.3%	−4.8%	5−2=3
红包	5.4−5.4=0	0%	50%−53.7%=−3.7%	−6.9%	2−5=−3
城市服务	25−25=0	0%	28%−19%=9%	47.3%	4−2=2
生活缴费	18−17.5=0.5	2.8%	62%−66%=−4%	−6%	1−0=1

从上表的 10 个业务数据可以看出 GA 方案：

（1）在平均覆盖页面数上，除了蚂蚁庄园与饿了么，其他 8 个业务都不低于 Monkey。

（2）在有效操作事件上，有 5 个业务的有效操作事件稍微降低，另外 5 个业务相对提升较多。

（3）在闪退数目上，某些业务的闪退数目降低，但整体上有 5 个项目闪退数目增加。

由于我们将测试任务转化为多目标优化的问题，在算法迭代过程中，只能保证整体的适应度是增加的，而不能保证其中的某个指标一定增加，所以会出现某个业务任务的一个指标提升、另一个指标下降的情况。从上面的结果来看，在业务任务上，GA 方案的效果优于 Monkey 方案。

表 3-2 为日常稳定性的测试结果，运行时间 5 天，共有 24 个任务，每个任务运行 6 小时。从平均结果上看，GA 方案在 3 个指标上都优于 Monkey 方案。

▼表 3-2　日常稳定性的测试结果

设　备　池	平均有效覆盖页面增加数（GA-Monkey）	平均有效覆盖页面相对增加（GA-Monkey）/Monkey	平均有效操作事件比例增加（GA-Monkey）	平均有效操作事件比例相对增加（GA-Monkey）/Monkey	闪退数目增加（GA-Monkey）
日常设备池	4.2−3.8=0.4	10.5%	39.5%−38.7%=0.8%	2.1%	81−77=4
业务设备池	3.96−3.76=0.2	5.3%	35.6%−35.2%=0.4%	1.1%	84−66=18

当前的方案将所有的闪退都作为 GA 方案的进化目标,相比于历史闪退(线上一直存在的遗留未解决闪退),稳定性测试更倾向于发现新增闪退。未来可以考虑对闪退进行分级,不同的级别对应不同的 GA 进化权重,直接忽略无效闪退,调低上个版本已出现的闪退的权重,调高新增闪退的权重。通过闪退分级,可以让 GA 有针对性地进化,从而实现更好的测试效果。

2. 基于用户操作的稳定性测试方案

在对小程序进行稳定性测试时我们发现,由于小程序种类繁多,业务形态和展示样式也多种多样,纯粹的随机遍历方案在短时间内比较难覆盖到所有的核心页面,导致对小程序重点路径的测试强度不够。对于这些不同类型的小程序,前述算法难以在短时间内生成比较有效的遍历策略,唯有依靠线上用户的操作才能对每个小程序都进行有针对性的遍历压测。

为了提升遍历的效果,考虑在以下三个方向上优化。

(1)遍历有效性:组件点击后尽可能触发事件,如跳转、弹窗、局部刷新等,减少无效组件点击及重复事件的发生,如进入重复页面等。

(2)执行效率:单位时间内去重后覆盖的页面情况,遍历有效性会影响此指标,执行效率过低也会影响整体遍历效果。

(3)核心场景覆盖:基于 80/20 法则,优先考虑覆盖核心场景。我们希望:在规定时间内整个遍历流程是足够智能化的、更贴近真实用户使用习惯的。

因此,针对小程序的业务特点(相对统一的开发规范、开发框架、DSL 等),我们制订了一套代码分析与线上埋点数据分析相结合的小程序智能遍历解决方案。

我们将遍历执行过程分为两个阶段:查找组件和触发事件(能跳转到新页面或导致界面刷新动作的事件)。在整个遍历过程中,查找组件和触发事件循环往复,直到遍历完所有元素。上述过程的本质是:梳理关联组件与事件、事件与页面行为的关系,按照一定顺序串联整个事件。页面与事件遍历的过程如图 3-16 所示。

从图 3-16 中可以看出:组件事件绑定和页面的关系错综复杂。那么如何提高遍历的有效性呢?首先,我们需要得到关系网,这可以通过对小程序的源代码进行 AST 语法树解析,建立页面与组件事件的绑定关系实现。然后,通过组件事件绑定分析,过滤掉无效操作,我们目前主要是通过核心场景分析来完成事件绑定关系分析的。对于不同业务,核心场景可能不同,具体情况要结合实际业务来定,以下列举一个简单操作案例的示意流程。

我们将用户大概率经过的路径所覆盖的页面定义为核心场景(页面)。为了得到核心页面,需要得到具体的数据(如通过收集线上埋点获取的页面 PV)来进行分析。假定页面

PV 越大，其重要性越高。我们可以以上述页面与组件事件关系网为基础进行裁剪，即可根据页面 PV 权重标记出核心页面操作路径，如图 3-17 所示。

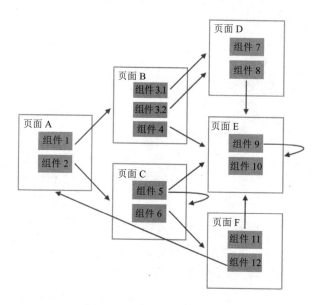

▲图 3-16　页面与事件遍历的过程

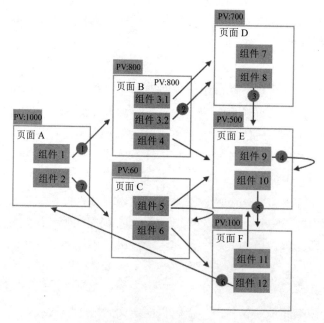

▲图 3-17　根据页面 PV 权重标记出核心页面操作路径

实验结果

基于以上方案，经过大量的线下与线上验证比对，5000 个任务样本的统计结果如表 3-3
所示。

▼表 3-3　5000 个任务样本的统计结果

方　　案	单个小程序平均遍历时长	页面覆盖率分布任务占比			
		>85%	50%～85%	25%～50%	<25%
普通方案	12 分钟	13.95%	25.58%	41.87%	18.60%
新方案	8 分钟	80.77%	7.69%	7.69%	3.85%

从表 3-3 中可以看出优化效果还是比较明显的，原方案在遍历时长和覆盖率上都较差，
而新方案的绝大部分任务（80.77%）可以覆盖小程序 85% 以上的页面。

总结

常规 Monkey 方案在特定的业务场景下并不能发挥最大效用，通过分析线上用户行为
数据，得出核心路径后，再结合 GA 算法，稳定性测试的效率得到了极大提高。上述优化
实践希望能为各产品业务后续定制稳定性测试提供思路。

3.1.4　兼容性测试——智能推荐

本节探讨的兼容性测试主要是测试软件（APK、IPA）在不同的设备、平台版本和屏幕
上的可用性和用户体验。兼容性专项的主要目的是在上线前充分挖掘潜在的兼容性风险，
保障软件上线后的稳定运行。其主要涉及两大部分：一部分是日常测试相关的智能机型推
荐、兼容性测试提效、兼容性经验沉淀反哺机型推荐算法优化；另一部分是厂商联动、新
系统和新机型适配、精准灰度等风险感知与管控。

1. 智能机型推荐

在日常工作中，我们经常会收到这样的提问：我这次要测哪些机器呢？测这些机器够
么？市面上的设备品种太多了，我应该怎么挑选兼容性测试机型呢？覆盖面窄了可能漏掉
一些潜在的适配性问题；覆盖面宽了又会造成用机成本高和测试工作量的增加。

对于不同的业务、页面，受众人群分布不同，导致用户的机型分布也会有所差异。不同业务使用的技术特性（例如动画、游戏、视频等）不同，需要关注的覆盖点也会有所不同。这些因素决定了我们推荐的机型列表不可能长时间保持不变，它需要跟随业务受众的机型分布、技术实现特性、手机市场动态等自适应更新。

综上，我们构建了基于大数据的线上用户设备画像，结合业务使用的不同技术栈（Native、H5、小程序等），制定了针对业务不同技术特性的定制化、精准化机型推荐策略，如图 3-18 所示。

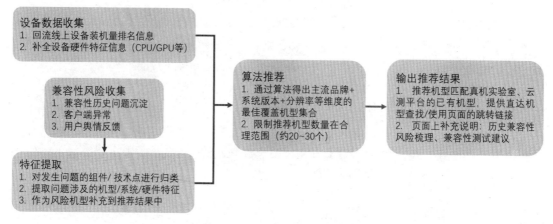

▲图 3-18　兼容性机型推荐策略

通过数据埋点，自动上报机型、品牌、系统版本、分辨率等信息，结合阿里的 MaxCompute 大数据计算服务，可分析得出机型、品牌、系统版本、分辨率等维度的排名，作为后续推荐算法的数据。基于线上机型的排名，我们建设并输出了兼容性大盘。在活动兼容性保障、技术预研等场景下，技术人员结合数据大盘（见图 3-19）的数据进行线上用户机型分析，重点适配和验证排名靠前的机型。

有了线上机型排名数据，如何提供推荐机型的列表供业务进行兼容性测试呢？该问题的本质是：如何使用尽可能少的测试机型列表，覆盖尽可能多的品牌、系统版本和分辨率。不同的技术栈对维度覆盖的要求不一样，需要做定制化的推荐，技术栈与覆盖维度的对应关系如图 3-20 所示。例如，动画、视频等功能要额外考虑 CPU、GPU 等硬件的覆盖情况，而纯 H5 页面一般关注系统版本、分辨率等维度，对品牌的覆盖并不太关注。

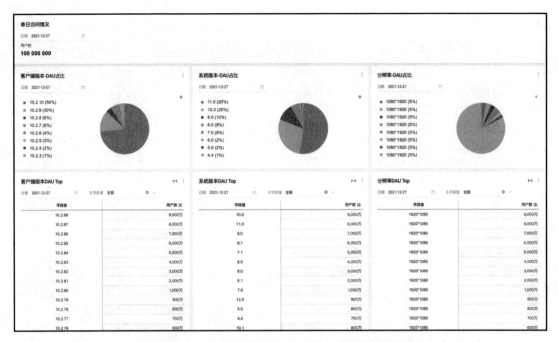

▲图 3-19　线上机型数据大盘（图中数据均为样例）

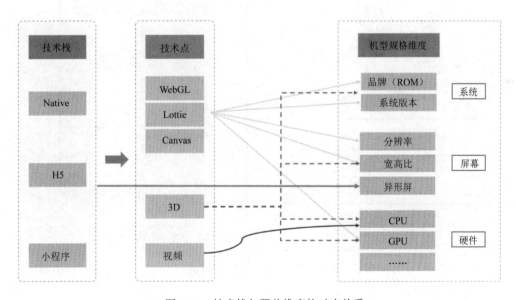

▲图 3-20　技术栈与覆盖维度的对应关系

基于此，我们在算法选型时使用了集合覆盖问题（Set Covering Problem，SCP）构造模型。目前的算法理论认为，如果要找到最优解，其时间复杂度会高于多项式时间复杂度，那么这意味着：随着样本的增多，其计算时间将变得无法接受。一般倾向于使用近似解法对问题进行求解，而遗传算法作为 SCP 的一种近似解法，是非常适用于兼容性机型推荐场景的。该算法主要有 3 个步骤：

步骤 1：使用排名最靠前的 N 个机型依次初始化 N 个种群（机型作为种群的首个个体）。

步骤 2：依次遍历线上机型，并加入种群中，同时剔除一个机型价值低于阈值的设备（设备的各维度在当前种群出现的次数越多，其价值就越低）。

步骤 3：遍历完成后，精简种群的冗余设备，并最终选择一个评价最优的种群，作为推荐结果。

推荐算法的详细流程如图 3-21 所示。

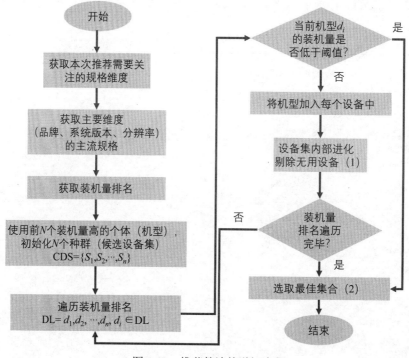

▲图 3-21　推荐算法的详细流程

2. 设备集进化

对应于遗传算法中的"种群的选择/交叉/变异，产生新的后代"步骤，设备集进化的目的是不断吸纳新设备，摒弃冗余设备，使候选集通过不断迭代，整体适应性评价（维度、规格的覆盖率）达到最佳。

设备集进化的伪代码如下：

```
foreach 候选设备集 in 所有候选设备集:
  // 1. 添加一个机型，例如华为 Mate 30 Pro
  候选设备集.添加(Mate 30 Pro)

  // 2. 将当前机型的所有规格计数+1
  品牌.华为.count++
  OS版本.Android_10.count++
  分辨率.1176x2400.count++
  CPU.麒麟 990.count++
  GPU.Mali-G76.count++

  // 3. 重新计算涉及规格的最新分值，公式 score = (1 / count(spec))2
  // 规格计数越大，分值越低
  刷新规格分值() --> {
    品牌.华为.分值 = (1 / count(华为))2
    OS版本.Android_10.分值 = (1 / count(Android_10))2
    分辨率.1176x2400.分值 = (1 / count(1176x2400))2
    CPU.麒麟 990.分值 = (1 / count(麒麟 990))2
    GPU.Mali-G76.分值 = (1 / count(Mali-G76))2
  }

  // 4. 在候选机型集内部对所有机型进行评价（计算机型总分）
  foreach 设备 in 候选设备集:
  设备.分值 = 设备.品牌.分值 + 设备.OS版本.分值 + 设备.分辨率.分值 + 设备.CPU.分值 + 设备.GPU.分值

  // 5. 剔除一个评价最低的机型
  候选设备集.按设备分值排序()
  候选设备集.剔除最低分值设备()
```

选取最佳集合：遍历完毕，若存在多个设备集，就需要从中选取一个最优的设备集并返回。择优策略为

硬件规格覆盖率 > 机型数量 > 机房已有机型数量 > 用户占比

遗传算法存在两大优点：一个是多个种群择优，理论上机型覆盖率和数量的平衡近似完美；另一个是算法整体较为稳定，当线上设备数据定期更新时，产生的微弱变化不会造成推荐结果的较大改变。

借力于遗传算法推荐，测试设备列表中机型、ROM、分辨率等维度冗余明显减少，测试设备数量优化效果显著（缩减幅度为30%~40%）。例如 Native 机型在保证机型、ROM、分辨率和 GPU 等维度的覆盖率不变的前提下，推荐的机型数量由过去的 68 台减少到 49 台。

3. 兼容提效

以往的基于人工单设备的兼容性测试需要在重复找设备、设备初始化联网、安装客户端、配置环境和测试前置准备环节上花费大量的人工成本。怎么样才能让重复的兼容性测试更加高效（释放重复的人工成本）呢？答案是通过智测实验室的云测平台来找设备。

（1）智测实验室：兼容性设备通过剃刀平台进行管理，为每个设备特性打标，并设计了手机"自动定位"功能，从而快速、准确地推荐特定的标签设备，如图 3-22 所示。

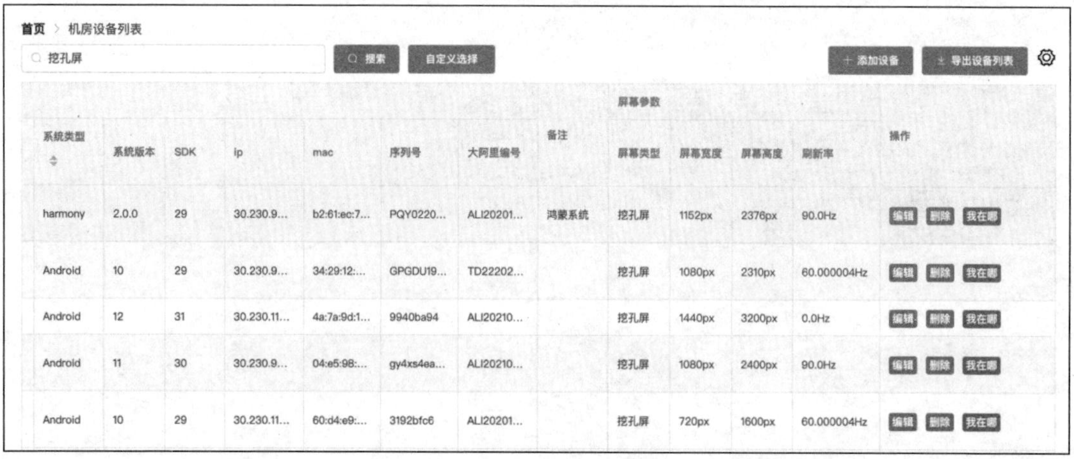

▲图 3-22　设备特性打标

"自动定位"指测试设备通过与存活在设备内的服务通信的方式，结合亮屏和声音实现自动查找设备的功能。在剃刀平台页面中输入型号，单击"找机器"，对应的机器将自动亮屏并响铃，可以在众多的机器中一眼就被分辨出来，快速便捷，如图 3-23 所示。

▲图 3-23　自动定位

（2）云测平台：云测平台设备筛选界面如图 3-24 所示，以蚂蚁云测平台为例，可以通过平台、版本、品牌、分辨率等特性过滤所需的测试设备。

平台：	ANDROID	IOS					
版本：	8.1.0	10	7.1.1	9	6.0.1	7.1.2	7.0 ∧收起
	11.2.5	11.0.2	11.2.6	12.1.4	12.0	13.2.3	11.0.3
	12.0.1	8.0.0	5.1.1	10.3.3	5.1	13.3.1	6.0.1
品牌：	Google	securitySDK	HUAWEI	Meitu	Xiaomi	OnePlus	nubia ∧收起
	OPPO	samsung	vivo	smartisan	Meizu	samsung	ZTE
	Apple						
分辨率：	1440x2880	1080x2244	1080x1920	1080x2340	1080x2160	720x1520	720x1544 ∧收起
	1080x2280	720x1280	1080x2316	720x1440	1440x2560	414x736	375x667
	375x812	414x896	1080x2310	1080x2264	1080x2220	1440x2960	

▲图 3-24　云测平台设备筛选界面

兼容性智能推荐平台已同阿里巴巴集团内各云测平台打通，用户得到业务维度精准机型推荐时就可直接在云测平台进行兼容性测试，实现了真正的"所见即所得"，如图 3-25 所示。

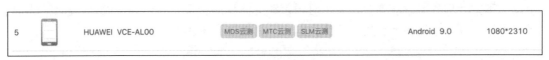

▲图 3-25　推荐平台同云测平台打通

解决找设备问题后，如何快速完成前期的准备工作呢？具备措施有以下几项。

4. 一机多控

在以往的兼容性测试中，测试人员往往需要在多台设备上重复操作，这种操作既费时费力，也容易产生纰漏。为了提升兼容性测试的效率，我们在 SoloPi 录制回放功能的基础上，通过主机录制、从机回放的方式，实现了一套一机多控的兼容性测试方案。通过一机多控，可以不用在意设备的型号、分辨率或是系统版本，只需要操作一台机器（主机），其他所有设备（从机）都会按照用户的指令行动，如图 3-26 所示。

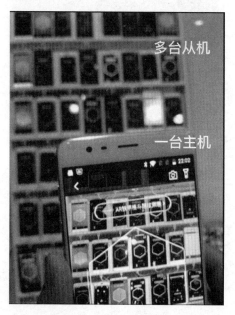

▲图 3-26　一机多控

一机多控功能的核心是不同种类设备的兼容，即如何能让在一台机器上录制的步骤，兼容各类系统版本，以及各式各样的分辨率？为此，我们做了一系列的优化。首先，通过 SoloPi 的智能查找算法，我们能够根据控件的主要信息对屏幕上的所有控件依次进行打分，找到最优控件；其次，面对不同的分辨率，我们增加了主动查找模式，能够主动滑动，在屏幕四周查找可能的控件；最后，不同系统可能存在各式各样的定制功能，查找模式能够主动识别并处理各类系统弹窗，减少对正常业务流程的干扰。通过这些优化，我们保障了一机多控在各类型设备上查找控件的稳定性，其算法如图 3-27 所示。

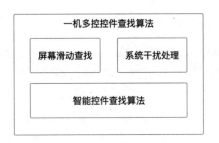

▲图 3-27　一机多控控件查找算法

5. 云测一机多控（进阶版）

通常，测试人员测试兼容性需要前往机房一台手机一台手机地测试。虽然有了一机多控功能，可以减缓一部分的测试压力，但由于机房设备有限，而测试需求往往是集中出现的（如版本发布前），这就导致测试人员需要等待很长时间，才能够进行兼容性测试。

随着云测平台的出现，云端真机大大减少了测试人员等待资源的时间，为了进一步降低兼容性测试的成本，我们将一机多控功能与云测平台结合起来，打造了一套能够在云测平台使用的一机多控兼容性测试系统，测试人员只需要在工位上操作网页上的机器，就能够像在机房一样使用一机多控功能进行兼容性测试，让兼容性测试触手可及，如图 3-28 所示。

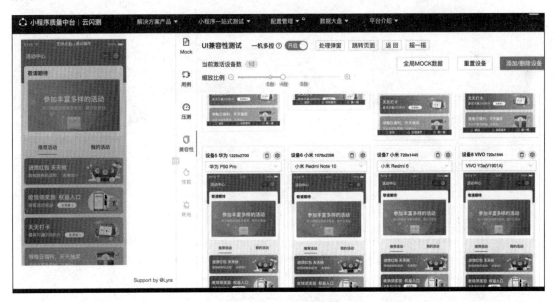

▲图 3-28　云端一机多控

6. 基于图片算法比对的兼容性自动化测试方案

客户端兼容性自动化通常采用自动化截图加人工比对图片的方式，其人力成本往往比较高。阿里蚂蚁云测平台的算法团队经过长期探索，研发出了一套结合端侧和服务端深度学习算法的异常检测框架，并与 SoloPi 录制回放相结合，能够快速准确地完成 App 兼容性测试。如图 3-29 所示，蚂蚁云测平台自动化兼容性测试机器学习模型在链路上可以分为前后端模式。

（1）前端模式：异常目标检测前置。算法人员将 UI 常见异常（如白屏、加载失败和截断）作为异常目标，设计并训练了一套可以在端上运行的目标检测算法模型，通过 so 库和 model 文件植入手机，可以保证业务人员在编写用例的过程中，根据场景的需要随时进行截图分析。另外，通过这种手机端的异常检测，在有效降低服务端计算压力的同时，可以过滤掉置信度较高的异常样本，从而更好地满足后续图像聚类算法对输入数据中异常样本"少而不同"的要求，提高了整体检测的精度。

（2）后端模式：异常图片聚类分析。异常图片聚类分析主要包括基于 CNN 的图像特征提取，以及在此基础上基于 isolation forest 的离群点检测，负责快速识别同场景下不同手机上的截图异常，即"少而不同"的样本。

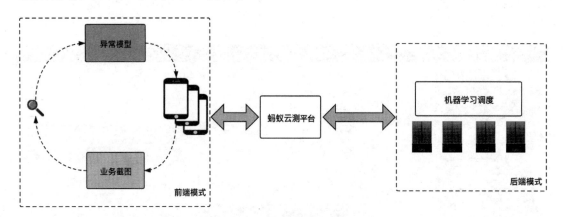

▲图 3-29　蚂蚁云测平台机器学习模型

7. 问题感知

线上问题的原因多种多样，通用的原因定位排查流程是相对成熟的（通过单个 Case 的堆栈信息、用户行为定位到问题模块，再进一步尝试复现分析）；但具体到兼容性问题，定位排查过程会变得相当复杂。兼容性问题通常只会在一部分机型、Rom、软硬件中存在，复现路径复杂，问题定位难度高，如果没有进行深入分析，经常会被误归类为偶现问题。

因此，对兼容性问题的感知识别是十分重要的。

我们重点关注如下两类问题：一类是因设备硬件、Rom 等软硬件适配问题引起的 App 闪退、卡顿等稳定性问题；另一类是文字显示不全、界面渲染异常，组件展示异常（过大或过小、比例异常）、控件点击无反应、动画效果异常等页面兼容性问题。

如何快速感知这两类典型兼容性问题，做到提前识别兼容性风险呢？

1）闪退、卡顿等异常问题

- 问题感知：通过 sdk 将客户端异常数据（crash 日志、anr 日志等）收集并上报至平台；在平台端将上报的每个异常进行特征分组，将同一类问题整合，并统计同类问题的发生次数。

- 风险识别：$T+1$ 查询前一日的所有问题，当某一问题累计发生次数达到需要监控的阈值时（例如发生了 1000 次），判断问题是否存在规格聚合因素（判断机型、OS 版本等因素，某一个因素的占比是否特别高），如果存在，则将该问题标注为兼容性风险，将聚合因素作为兼容性风险的特征。

基于聚合因素判断的兼容性风险识别方法如图 3-30 所示。

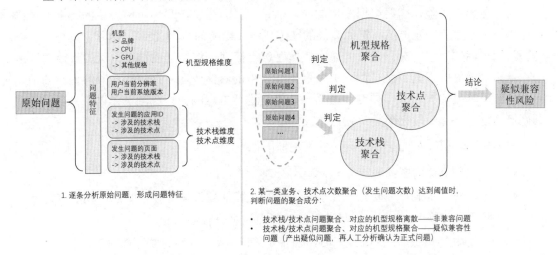

▲图 3-30　基于聚合因素判断的兼容性风险识别方法

引发闪退、性能问题的常见原因可以总结如下。

- 依赖升级兼容性问题：targetSdkVersion、三方 SDK 等依赖的版本升级，导致 API 调用异常。

- 开关兼容性问题：系统设置中的开关（例如硬件加速）导致的兼容性问题。

- 降级策略兼容性问题：针对低端机，降级代码缺失或不合理。
- 新的定制 OS 的兼容性问题。
- 硬件兼容性问题。

2）页面兼容性问题

- 问题感知：一种方法是借助页面矩阵数据进行分析；另一种方法是依赖用户的舆情反馈（包括描述和截图）。
- 风险识别：对于矩阵数据收集方案，可以通过页面控件的曝光/点击、长宽比等数据快速聚合分析发现兼容性风险；对于舆情反馈方案，可以查询一个周期内的所有用户反馈，对问题描述进行词组拆分、分组，从而发现兼容性风险；对于同一业务下的同一类词组，可以分析这段时间内用户所使用的品牌、机型、OS 版本等是否存在规格聚合因素。如果符合，则将该问题标注为兼容性风险，将聚合因素作为兼容性风险的特征。

通过重点关键词的方式对用户舆情进行过滤，例如"显示不全""错位"，并结合用户上传的截图进行综合判断。

对于兼容性风险，需要根据发生的异常信息、页面信息，联系对应模块的技术人员排查问题根因，完善问题描述，例如涉及的缺陷代码、影响的机型/系统、修复方案等，作为经验沉淀在问题库中。对已确认的兼容性问题进行梳理，将兼容性特征出现的次数进行排序，选出最常见的 N 种特征风险，并关联问题库中的具体问题。在后续的兼容性验证中，对涉及的最常见的 N 种风险要至少覆盖一款机型进行重点测试，在测试建议中引用相关问题库链接进行参考，避免同类问题再次发生。

根据梳理，引发页面兼容性问题的常见原因如下。

- 样式兼容性问题：界面布局代码不合理。
- 自适应屏幕兼容性问题：在动态切换时（底部虚拟按键弹出收起、横竖屏切换、折叠屏切换），由于屏幕尺寸引起的界面显示兼容性问题。
- 在使用 WebGL、3D 等技术时，由特定 GPU 型号引起的兼容性问题。

8. 厂商联动

国内头部手机厂商在发布新款机型或新 ROM 时均会做适配验证。用户、阿里巴巴集团、厂商三者间建立了良好的沟通机制，阿里巴巴集团、厂商默契的配合，给用户带来了最佳的实用体验。三者的沟通机制如图 3-31 所示。

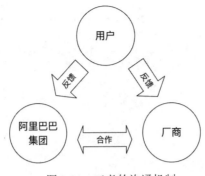

▲图 3-31　三者的沟通机制

1）用户

同时是阿里巴巴集团和厂商的用户，在遇到 App 端问题时，基本无法判断是 App 问题还是产品缺陷导致的，用户会依据自己的习惯向阿里巴巴集团或厂商反馈问题。

2）阿里巴巴集团

- 提供几款航母级应用的兼容性用例。端上业务极其复杂，在经过严格筛选及过滤后，阿里巴巴集团梳理了一份精简且完备的兼容性用例供厂商做预装验证。
- 反馈系统兼容性缺陷。收到用户反馈，在排除应用自身实现问题后，会将问题反馈至厂商做进一步定位排查。
- 提供适配版本。基本保持每月一个版本的更新频率，为避免引入新的兼容性问题，版本在全量上线前会将安装包同步至厂商进行适配验证。

3）厂商

- 告知我们适配 ROM 新特性。手机厂商在 ROM 有重大更新时，会联系我们做相关特性适配验证。
- 告知我们适配新机型。手机厂商在发布旗舰机型时，会同步我们重大更新并联动做新机型验证。例如在华为 mate X 发布前，华为与我们联动做了多轮验证。
- 反馈兼容缺陷。收到用户反馈，若排除是系统实现问题或需要我们配合排查，就会将问题反馈至我们做进一步的定位排查。

9. 新系统适配

Android 和 iOS 作为主流的两大手机操作系统，基本每年都会迎来一轮重大更新（Android 系统的更新及 targetSdkVersion 适配；iOS 系统大版本更新及 XCode 升级），这对于移动 App 来说就是一次大考。以 Android 系统升级为例，新系统、targetSdkVersion 的升级对于 App 的影响是方方面面的，涉及存储、权限、AOT、文件访问、非 SDK 接口限制等。基于此，为确保 App 的稳定运行、用户的完美体验，新系统的适配工作至关重要。

下面主要从事前、事中、事后三方面来阐述适配的解决方案，如图 3-32 所示。

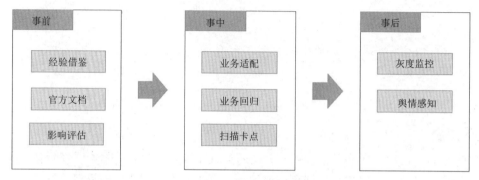

▲图 3-32　适配的解决方案

事前：

- 经验借鉴。阿里巴巴集团作为大型互联网企业，拥有众多移动端 App，如支付宝、手淘、钉钉等。基于各自发版的节奏，为后续 App 的适配工作提供宝贵的经验。
- 官方文档。Google、Apple 官方会针对重要更新做详尽介绍，是开发者评估影响的重要参考，如 XCode11、iOS13。
- 影响评估。兼容性适配小组基于业界已有的适配经验及官方文档，结合具体业务实现评估，给出影响范围及具体适配方案。

事中：

- 业务适配。基于兼容性适配小组输出的适配方案，结合业务实现做具体的影响及改动评估。
- 业务回归。基于适配改动评估业务回归范围进行对应的回归验证。
- 扫描卡点。对于通用型的适配问题，如 Android 非 SDK 接口限制，研发平台支持静态代码扫描及集成卡点，确保灰度前规避可能的影响。

事后：

- 灰度监控。基于完善的监控体系，对于适配可能引入的 crash、ANR 等稳定性问题，发版前必须完成修复，避免影响的进一步扩大。
- 舆情感知。对新系统、厂商、舆情关键字等因素进行综合过滤，有效筛选适配相关的舆情风险；以 XCode11 升级为例，通过精准的舆情筛查，灰度期间累计发现

5 例问题，较好地做到了问题的止血。

下面我们以支付宝 10.1.90 版本适配 XCode11 升级为例，介绍适配的实战经验。XCode11 升级的整个项目贯穿客户端发布的 4 个重要节点，包括版本启动、集成、灰度、发版。兼容性适配小组从前期调研、影响评估与适配计划制定，到客户端适配期间提供问题解决方案，直至客户端灰度后的线上监控全程参与，确保 XCode 升级适配、客户端业务的正常发版及线上稳定运行，XCode 适配里程碑如图 3-33 所示。

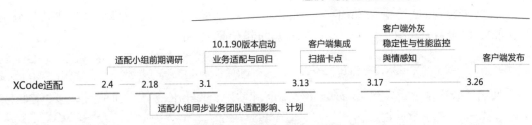

▲图 3-33　XCode 适配里程碑

基于前期调研，整个适配期间累计发现了 14 例典型问题，具体如下。

（1）文本输入显示控件（UITextField）使用键值编码（kvc）访问底纹词（placeholderLabel）造成闪退。

（2）子线程修改 UI 卡顿，闪退。

（3）登录、相册 present 页面可以被拖动关闭。

（4）不再使用视频播放控件（MPMoviePlayerController），支付宝播放器运行时闪退（Crash）。

（5）蓝牙权限变更导致闪退。

（6）部分小程序业务白屏。

（7）设备令牌（DeviceToken）格式变更。

（8）UITextField 的 leftview 和 rightview 异常。

（9）系统修改选中状态（selected）导致 tableviewcell 控件按压选中时的颜色可能出现问题。

（10）对外输出模块包（bundle），对 UIWindow 进行操作时可能开启 iOS13 的 SceneDelegate 多窗口功能导致 window 无法正常使用。

（11）状态栏默认字体颜色（UIStatusBarStyleDefault）枚举值在手机处于深色模式

（DarkMode）或者浅色模式（LightMode）时有不同的表现，如在手机处于深色模式时，状态栏会被置为白色。

（12）iOS13 系统横屏启动支付宝，页面错乱。

（13）有键盘时菜单栏（UIMenuController）所在的系统键盘底层窗口（UITextEfftectsWindow）在 iOS13 上 windowlevel= 1，菜单（menu）无法显示。

（14）系统布局方案变动在视图（View）DidLayoutSubview 方法重复修改布局，导致递归暴栈。

以"UITextField 使用 kvc 访问 placeholderLabel 造成闪退"问题为例，我们来具体分析 XCode11 对 App 端带来的影响。该问题具体报错信息如下：

```
Terminating App due to uncaught exception 'NSGenericException', reason: 'Access to UITextField's _placeholderLabel ivar is prohibited. This is an Application bug.
```

通过系统实现分析发现，placeholderLable 针对 valueForKey 做了简单判断，具体如下：

```
@implementation UITextField
- (id)valueForKey:(NSString *)key {
   if ([key isEqualToString:@"_placeholderLabel"]) {
      [NSException raise:NSGenericException format:@"Access to UITextField's
_placeholderLabel ivar is prohibited. This is an Application bug"];
   }
   [super valueForKey:key];
}
@end
```

经过排查，我们发现业务在设置 UITextField 的 placeholder 属性时，是通过以下两种方式实现的，而且客户端内部存在多处类似的实现。

```
[textField setValue:UIColorWithRGB(0x9c9c9d)
forKeyPath:@"_placeholderLabel.textColor"]
```

或

```
UILabel* label = [_textfield valueForKeyPath:@"_placeholderLabel"];
```

基于以上分析，兼容性适配小组建议业务使用 UITextField 的 attributedPlaceholder 属性，同时在每个设置 textFiled.placeHolder 的地方都进行调用。具体实现如下：

```
- (void)setPlaceHolderText:(NSString *)placeHolderText{
   NSMutableAttributedString *attPlaceHolder = [[NSMutableAttributedString alloc]
initWithString:placeHolderText];
   [attPlaceHolder addAttributes:@{NSForegroundColorAttributeName:RGB(0x9c9c9d)}
range:NSMakeRange(0, placeHolderText.length)];
   _searchTextField.attributedPlaceholder = attPlaceHolder;
}
```

总结

通过结合智能推荐和一机多控功能，我们初步解决了面对新功能、新业务时，快速地选择机器（测什么）并完成测试（怎么测）的问题。另外，我们通过厂商联动及新系统适配，不断推进兼容性测试，将兼容性问题的发现时机前置，尽量减少对线上用户的影响。

3.2　移动测试的标准、流程和经验

3.2.1　深度专项验收——大促

阿里巴巴集团电商类业务的一个工作重心是保障大促。从每年的 3.8 大促到 6.18 和 9.9 大促、再到"双 11""双 12"、年货节和春晚，电商类业务每年的技术升级和探索基本上都是围绕大促展开的，其中移动端技术也面临着不小的挑战。

1. 客户端稳定性的生命线——标准

想要对客户端的各种性能和体验指标进行验收，来保证大促期间的稳定运行，首先需要有一套权威的标准。这个标准必须是合适的，如果标准设置得过低则起不到效果，导致问题"漏"到线上；如果标准设置得过高，则会导致很多业务因为超标无法上线。因此我们每年都会根据具体的情况来优化验收标准。

2. 验收标准的制定需要考虑什么

业务类型：不同类型的业务，比如 Native、H5、小程序、多媒体等的性能表现不同，针对不同类型的业务，要分别制定验收标准。

指标类型：一般包括响应时间、内存、CPU、流畅度、流量、耗电等。这其中也有很多可以细化的点，比如对于内存，我们需要关注的是 PSS 还是 RSS？在多进程模式下，每个进程的内存标准和 CPU 标准该如何制定？响应时间是计算页面展示完成时间，还是计算用户可以流畅交互的时间？CPU 是关注峰值、均值还是静默值？只有把这些都明确了，后面的验收才有意义。

测试场景：验收一个页面的标准操作场景。针对不同类型的页面，可能有不同的测试场景，比如对于一个互动场景的页面，我们应该关注一些动画交互的 CPU/内存/卡顿情况，对于一个 Feeds 流，我们应该关注在滑动情况下，内存回收是否符合预期。

测试条件：不同的机型在性能表现上差距很大，我们需要针对系统、机型等因素设置不同的标准。

3. 客户端验收标准的制定

每年的年初，架构组的开发和测试人员都会对当年客户端稳定性的目标和瓶颈进行调研和预判，并有针对性地设置和优化验收标准。

我们针对不同的业务类型设置了不同的验收标准，包括 Native、H5、Weex、小程序、多媒体（直播互动等）、多 Tab（大促会场等），以及多进程场景下的性能表现，并针对不同指标进行细化。

（1）可流畅交互时长：从点击进入页面开始到页面加载完成并可以流畅交互为止。

（2）CPU：峰值、均值、静止状态下的持续稳定值。

（3）内存：PSS、VMRSS、VMsize，反复进入程序观察持续增长、退出后的回收情况，是否有内存泄漏。

（4）流畅：FPS 的最小值、均值，连续丢帧情况等。

（5）耗电：前台、后台的耗电情况。

（6）流量：Wi-Fi、非 Wi-Fi 环境下的流量消耗情况。

举一个例子，2019 年，我们定位到 Native OOM 问题是影响客户端稳定性的一个重要因素，经过深入分析，发现导致 Native OOM 问题的原因是虚拟内存的地址空间不足，因此我们开始着手进行全面的优化，包括整治 Native 内存申请不合理的情况；引入 UC 内核的多进程方案让更多内存分配到子进程以减轻主进程压力；推进 Android 64 位；验收时严格控制内存使用等。

4. 验收的主战场——大促

如果说日常项目和迭代的验收是练兵，那么大促验收绝对是重量级实战。下面就讲讲我们是如何完成大促项目验收的。

（1）明确时间节点：大促的需求评审完成后，就需要明确所有子项目的验收时间。我们一般采用倒推法，即从上线时间往前倒推。比如客户端的验收时间会在客户端发版前的一到两周，会场和互动的验收会在上线前的一到两周。具体的时间节点需要根据项目复杂度来制定，并要注意预留问题修复的时间窗口。

（2）架构组摸底：针对重点风险业务，比如每年大促的新玩法，架构组会提前介入评估风险并提出建议。

（3）业务提交验收报告：大促稳定性小组负责根据报告评估风险。

（4）批量验收：对于无法一一进行人工验收的场景，如大促期间上线的上千个会场，会进行自动化任务验收并生成验收报告。大促稳定性小组进行大促全链路验收，发现整个大促链路上的性能问题。执行 Monkey、智能遍历等自动化验收任务。通过时间穿越（一个提前模拟业务上线时场景的解决方案）提前排查与时间或数据相关的问题。

（5）全民验收：组织各个客户端架构的经验丰富的人员，进行全民验收。

3.2.2　前端发布管控

前端发布管控是移动测试质量保障的重要一环。一个典型的移动 App 的非 Native 页面主要包括 H5、Weex 及小程序，承载着阿里电商领域的众多业务形态，如核心交易流程、大促会场、导购频道、店铺等。此外随着 Rax、Weex、小程序等跨端技术的不断演进，为了便于电商生态灵活运营还搭建了体系。如此丰富的业务形态、研发生态，以及高频的发布，对前端质量保障体系提出了很高的挑战。基于前端研发流程（见图 3-34），前端发布管控主要包括以下四个环节：

（1）静态代码扫描：代码规范、文件类型和大小限制、HTTPS 检查、内部域名检查、站外资源、安全扫描及支持自定义规则等。

（2）页面性能检测：渲染性能、加载性能、资源检测、图片检测、JS 报错、FPS、CPU 使用情况、内存增量等。

（3）内容素材审核：Apple Store 审核关键字检测、涉黄涉政等。

（4）完善的灰度体系：DNS 劫持内部灰度、外网验证、外灰等。

需求、系分、测分　　研发与自测　　测试验证　　内灰　　外灰（含外网验证）　全量发布

▲图 3-34　前端研发流程

1. 静态代码扫描

静态代码扫描主要依托于门神，这是一个代码检查状态标记系统，提供一个基于代码文本检查的运行容器，通过向门神提交包含检查逻辑的插件实现文本检查。针对源码和构建后的代码，提供的扫描功能包括：代码规范、文件类型和大小限制、HTTPS 检测、内部域名检查、代码压缩检查、站外资源引用检查、安全扫描等，此外还支持自定义检查规则，扩展扫描功能。

1）代码规范

从 HTML、CSS、JavaScript、ECMAScript、版本号、依赖等多个维度提供代码规范的规则扫描，不同的团队可以自定义和扩展扫描规则，针对前端代码规范，还提供了自动修复功能。

2）文件类型和大小限制

非允许类型的文件，要在构建结果中剔除，否则无法发布。

允许的文件类型有'.js', '.html', '.htm', '.css', '.xml', '.json', '.xtpl', '.plist', '.ttf', '.eot', '.woff', '.woff2', '.otf', '.fnt', '.ico', '.cur', '.jpg', '.jpeg', '.png', '.svg', '.gif', '.webp', '.manifest'

如果文件小于10MB，则检查通过；如果文件大于10MB且小于30MB，则发出警告；如果文件大于30MB，则检查不通过。

对于不在名单内的文件类型，需要作出合理性说明，审批通过可以添加到白名单。

3）HTTPS 检查

集团已全网升级为 HTTPS，不应该出现以 HTTP 打头的链接。

4）内部域名检查

对外发布的资源，不应该出现阿里巴巴集团内部域名。如果出现内部域名，则会给出警告信息。

5）代码压缩检查

要保证代码在上线前已经过压缩。

6）站外资源检查

因前端页面引用站外资源（非阿里巴巴集团域名下资源）存在安全风险，提供了外部资源（js/css/图片）检测。

7）sourcemap 检查

根据安全生产和数据安全要求，线上不应该出现任何形式的源码。

检查编译后代码是否有.map 文件。

检查 js、css 是否有内置的 sourcemap 内容。

8）安全扫描

因安全扫描规则涉及信息安全，故安全扫描主要集成集团的安全扫描能力，此处不做赘述。

2. 页面性能检测

页面性能主要包含资源检测、加载及渲染性能、页面请求及 JS 报错、内存占用、CPU 占用、FPS 等，下面逐一展开介绍。

1）资源检测

页面资源：包大小、js、CSS、图片等资源的大小对于页面整体的使用体验尤为重要，表 3-4 列出了目前针对资源的检测项。

▼表 3-4　目前针对资源的检测项

检 测 项	标准说明
小程序包内网资源	小程序包内网资源
单个资源大小的监测	小程序单个资源大小不能超过 300KB，普通页面不能超过 50KB
内网资源监测	使用外网无法加载的资源会导致无法正常访问页面
HTTP 链接检测	HTTP 容易被接口劫持，强制使用 HTTPS
请求资源总大小	请求资源总大小（0～4096000B），包括图片和 js
图片大小检测	小程序中的单张图片不超过 150KB，普通页面中的单张图片不超过 50KB
图片分辨率检测	图片分辨率不能超过 720×1080dpi
gif 动图监测	gif 动图会影响加载性能和内存，需要使用 apng 代替

2）加载和渲染性能

在加载和渲染性能上，我们针对 H5、Weex、小程序列出了不同的扫描规则，并给出了相应的标准，如表 3-5 所示。

▼表 3-5　加载和渲染性能检测项及其标准

检 测 项	标准说明
Weex-配置 mtopprefetch 检测	mtop 请求提倡配置 mtopPrefetch，减少请求，加快渲染速度
Weex- 在可交互时间内，屏幕（instance）内 add view 次数	在可交互时间内，屏幕（instance）内 add view 次数（0～200）
Weex-embed 模块个数检测	页面含有的 embed 模块个数（0～3）
Weex-cell 颗粒度检测	Cell 颗粒度是否过大（hasBigCell）
Weex-页面首屏加载时间	首屏渲染时间（screenRenderTime）（0～1000ms）
Weex-嵌套层级	控制嵌套层级（0～14）
Weex-页面可交互时间	可交互时间（0～1500ms）
Weex-页面列表是否使用 scroller	长列表是否使用 hasScroller，FALSE
H5 页面打开时间	H5 页面打开时间，从开始加载到页面没有 dom 变化为止（0～1500ms）
小程序 zip 文件大小	小程序包需要小于 1024KB
小程序打开/首屏渲染时间	小程序打开/首屏渲染时间（tRiverTime），容器准备阶段（包含元信息、离线包、内核初始化），框架启动阶段（包含 Render、Worker 启动和 Appx 框架初始化），小于 6000ms
老框架小程序打开/首屏渲染时间	老框架小程序打开/首屏渲染时间（AppLaunchTime）小于 3000ms

检 测 项	标准说明
首屏加载页数	首屏加载页数（estimatePages）（0~3）
Weex-使用预加载检查	业务 jsbundle 是否预加载：预加载 network（否）/packageApp（是）
Weex-渲染 js 大小	渲染 js 大小（jsTemplateSize）（0~250KB）
Weex-请求资源耗时	Weex 下载 jsBundle 资源耗时（0~100ms）

3）页面请求和 JS 报错

页面请求和 JS 报错主要是针对返回的状态码校验页面 code 及 JS 报错，如表 3-6 所示。

▼表 3-6　页面请求和 JS 报错检测项

检 测 项	标准说明
页面请求报错	页面请求返回的 code 是 400 以下
JS 报错	页面中不允许有 JS 报错

4）内存、CPU、FPS

针对手淘前端页面，我们通过对内存、CPU 及 FPS 的检测来评估页面在端性能指标上的表现，具体如表 3-7 所示。

▼表 3-7　内存、CPU、FPS 检测项

检 测 项	标准说明
Weex-大图片检测	页面存在的大图片检查
iOS 内存增量	在页面打开过程中 iOS 内存增量（0~50MB）
页面所在进程占用内存增量峰值	页面所在进程占用内存增量峰值 0~300MB）
手淘主进程 vmSize	页面所在进程 vmSize（0~300MB）
页面所在进程 vmRSS	页面所在进程 vmRSS（0~300MB）
CPU 不能持续高于 50%超过 3s	CPU 不能持续高于 50%超过 3s
FPS 不能持续低于 40 超过 3s	FPS 不能持续低于 40 超过 3s

3.　内容素材审核

目前，内容素材审核主要是针对 App Store 关键字进行的，针对前端页面内容，截取页面所有图片后通过 OCR 识别，与规则库进行对比，识别是否存在触发审核规则的关键字，如图 3-35 所示。此外目前针对第三方小程序内容的生产不可控问题，需要检查第三方页面的内容是否涉黄涉政，主要的方案和思路与 App Store 关键字审核一致。

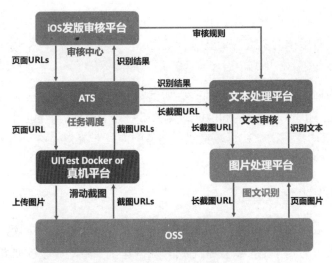

▲图 3-35 App Store 关键字审核

4. 内外灰度体系

灰度是全量发布上线前发现问题的有效手段,完整的灰度包含内部灰度、外部灰度(指定用户、百分比、机型、OS 等),主要的灰度方案如图 3-36 所示。

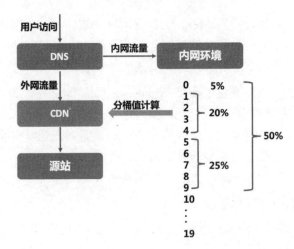

▲图 3-36 主要的灰度方案

通过对流量的 DNS 劫持,实现指定内网流量访问页面 OSS 文件中对应的 Beta 目录,实现内部灰度。在外部灰度阶段,通过对特定标签的识别,将指定的用户路由到 Beta 目录,实现外网验证。外灰百分比控制主要针对客户端标记字段,在 CDN 层计算分桶,根据分桶数量和百分比,分别路由不同分桶的用户到 Release 或 Beta,实现百分比灰度控制。

与此同时，通过前端监控平台 JSTracker 持续沉淀灰度有效性指标，以便更好地控制灰度的比例及时长，对整体的灰度有效性进行量化。

总结

上面是我们在前端发布管控领域的一些实践。目前，前端静态代码日均扫描次数在万数量级，拦截比例在 0.3%左右；日均性能检测次数在千数量级，拦截比例在 16%左右；App Store 审核关键字日均拦截次数在百数量级；完备的内外灰流程提前暴露了问题，减少了前端问题对用户的影响。

3.2.3 客户端代码持续集成

阿里巴巴集团每年客户端的正式版本、灰度版本发布数量达上千次，覆盖了很多核心业务及模块。在过去的几年中，我们从无到有地构建了一整套完整的研发体系，在需求、开发、测试、发布、监控等维度上均有管控，以保障业务迭代的安全性、有效性，为版本质量保驾护航，这其中就包括一套客户端持续集成的最佳实践。

1. 稳定性持续集成

1）稳定性测试 2.0

作为稳定性测试的利器，原生 Monkey 的局限性比较明显，基于坐标随机点击，能点击到真正控件的概率并不大，而且在测试过程中容易跳出，在限定的时间范围内能覆盖的页面、业务场景有限，所以并不适合在持续集成的场景下使用。

为了解决这个问题，我们开发了两类 Monkey：页面 Monkey 和智能 Monkey。页面 Monkey 主要针对指定业务或者页面进行稳定性测试，比起原生 Monkey，页面 Monkey 测试更加聚焦于指定页面，在测试过程中若跳出了目标页面则会触发页面回拉机制，以确保在指定时间内对目标页面做尽可能多的点击测试。智能 Monkey 更加适合发布前的整包稳定性测试，相当于灰度发布和正式发布的线下预演和压测，有以下 3 个主要特点。

- **场景化**：根据业务场景定制。
- **数据化**：结合线上 crash 的用户访问路径、机型、系统等数据，快速复现定位问题。
- **智能化**：利用人工智能算法，寻找最容易崩溃的用户操作路径，给每个页面做稳定性智能打分。

场景化、数据化、智能化的 Monkey 如图 3-37 所示。

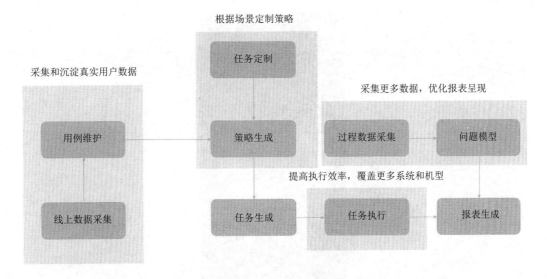

▲图 3-37 场景化、数据化、智能化的 Monkey

2）稳定性测试的持续集成

随着业务越来越多，外部灰度的压力越来越大，经常由于突发问题导致版本发布延期。尤其是对于 iOS，随着审核越来越严格，一年只有几次版本发布的机会，TestFlight 的灰度效果越来越不明显，质量团队需要极力保障审核通过的版本质量，因此将稳定性测试纳入了持续集成流水线。

移动端的持续集成绕不开真机平台，我们对基于真机托管服务平台提供的设备连接功能进行自动化测试，其中就包括 Monkey 测试。在实际测试过程中，Android 端的小米、华为、vivo、魅族手机通过 adb 安装时，需要勾选继续安装、输入密码等选项，才能继续安装，安装弹窗如图 3-38 所示。

安装完成后，在应用运行过程中也会出现各类弹窗问题，如由于手机系统与应用需要用户授予位置、通知等系统权限，在以往的自动化测试过程中，这些系统权限弹窗无法通过应用内置的检测脚本点击，需要用户手动授权后才能继续运行自动化脚本，持续集成稳定性面临着巨大的挑战。为了解决弹窗问题，我们面向 Android 端开发了基于 Accessibility Service 的辅助类，可以监听手机焦点、窗口变化、按钮点击提示等，通过监听页面信息关闭对应的弹窗。对于 iOS 端，我们封装了 WebDriverAgent 服务，基于苹果 XCUITest，能够获得系统 Alert 权限，解决 iOS 设备内的各类弹窗问题。

▲图 3-38　安装弹窗

经过与业务场景的测试融合、打磨，质量团队的 Monkey 测试已逐步应用到集成包发布巡检、线下问题复现等场景中，单月版本累计运行 Monkey 任务上千次，单个版本发现的稳定性问题很多，Android 和 iOS 两个平台覆盖测试主流厂商设备。Monkey 测试任务执行详情如图 3-39 所示。

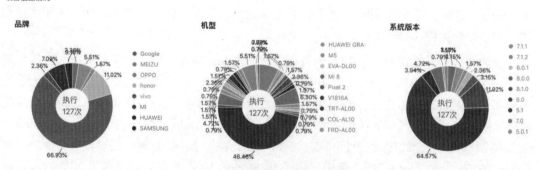

▲图 3-39　Monkey 测试任务执行详情

2．性能持续集成

1）化繁为简

相对于功能测试，性能测试需要更多的专业工具及更强的数据分析能力。虽然业内有一些低侵入式 SDK 可以采集各类性能数据，但也只是完成了持续集成中的数据采集环节，生成的相关报告需要手工获取和整理，可扩展性、自定义能力偏弱。为了有效地开展性能测试，我们进行了分层隔离设计，降低各层之间的耦合，数据采集方案架构如图 3-40 所示。

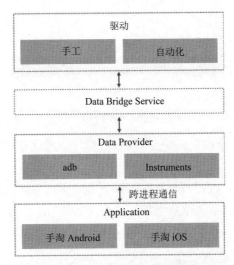

▲图 3-40　数据采集方案架构

整套方案的目标是降低业务方接入和使用成本，逐步从入侵式方案过渡到非入侵式方案，通过进程间通信进行跨进程数据采集。在驱动侧，我们基于 UiAutomator 和 WebDriverAgent 实现了非入侵自动化驱动方案，可以拉起、滑动、点击操作设备内的任意应用。同时保留了原有的入侵式 SDK 性能测试方案，支持代码层面的卡顿、白屏、ANR 等问题场景数据采集，辅助业务方做代码级别的问题排查。通过对非入侵性能采集、非入侵驱动的改造，将原有的繁杂的测试环境配置收拢到平台内，业务方无须任何配置即可使用平台服务。

2）性能测试的持续集成

为了提高持续交付能力，客户端集成发布的核心任务是打通需求交付流程中的各个环节、简化性能测试流程、提供及时的质量反馈机制，其核心手段是建设可视化、自动化、智能化的持续集成流水线。

为了将性能测试为业务带来的价值最大化，需要一个实时、高频的机制检测业务方提交代码的质量，同时需要在测试过程中做好业务间的隔离、降低业务间的干扰。由于 App 中模块众多，应用级别的性能数据过于宽泛，无法帮助我们定位哪个模块的变更会导致性能衰退，所以需要设计一套机制仅对已变更的模块进行性能测试。如果没有一套较好的隔离测试方案，就无法将性能测试规模化。我们尝试了很多技术方案，如整包的基线性能与变更版本性能的对比测试、白名单性能数据分析等，最后综合考虑测试稳定性和运行效率，形成了一个折中的方案：基于 Android、iOS 的 Schema 链接实现单页面的性能测试，隔离测试方案如图 3-41 所示。

▲图 3-41　隔离测试方案

同时配合非入侵的 UI 操作方案对页面进行操作进而完成性能测试，自动化测试性能报告如图 3-42 所示。

通过这套机制，我们将原有的整包性能测试方案进行了隔离化改造，解决了定位变更模块难的问题，从而将性能测试自动化、规模化。

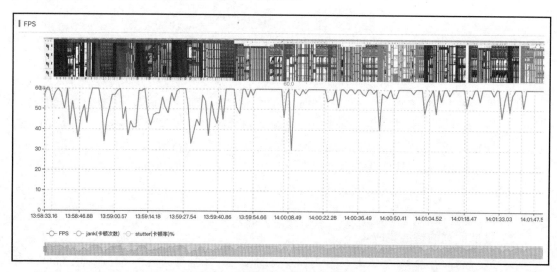

▲图 3-42　自动化测试性能报告

3）性能测试问题模型

对于不同的机型，性能测试数据会有较大的差异，比如高端机的应用内存水位普遍会比低端机高不少。为了给不同设备制定不同的测试标准，我们开发了设备评分 SDK，通过对 CPU 型号、内存容量等信息进行计分，实现对设备的综合打分，将其划分为高、中、低三个档次，对内存、CPU、帧率等指标进行分级设置，以此来提供业务降级的指导及性能表现参考标准。由这套系统构建的设备评分体系为性能及稳定性提供了保证，也为用户带来了最佳的性能体验，帧率指标分级如图 3-43 所示。

帧率均值标准

高端机	中端机	低端机
55	50	45

低端机帧率问题标准

场景	数值	集成要求
加载分页数据	帧率低于 40 的连续时间不超过 2s（含）	通过
	帧率低于 40 的连续时间不超过 3s（含）	下次集成优化
	帧率低于 40 的连续时间超过 3s（含）	不可集成
已有缓存数据（已滑过的区域，如向上滑动）	最低帧率≥55	通过
	最低帧率≥55	下次集成优化
	最低帧率<55	不可集成

▲图 3-43　帧率指标分级

基于设备分级的差异化性能标准，不再是一刀切，而是"高端机、玩酷炫；低端机、保可用；使用多、多释放"，在持续集成过程中可以根据测试机型动态调整标准，做到有的放矢，不误判、不遗留。

3. 常态化质量管控

1）代码质量集成门禁卡口

性能优化目标的达成只是开始而不是终点，运动式的性能治理短期内可以达成目标，但若缺少有效的管控机制，则前期优化的成果也会随着时间的推移付诸东流。性能、稳定性持续集成流水线可以让我们自动化地监控代码的性能和稳定性，但是我们需要走得更远。为了建立性能管控的长效机制，我们进一步建立了端侧全平台集成门禁卡口机制，同时将性能指标扩充到 CPU、内存、FPS、启动耗时、启动资源请求数（网络请求、图片请求、配置请求）、启动内存等。在使用过程中，我们发现业务方对于卡口的指标要求远不止这些，为了纳入更多有业务价值的卡口指标，平台对开放了卡口功能，支持二方业务在平台上自定义卡口指标并与各自业务模块关联支持更大范围的持续集成，变更集成管控流程如图 3-44 所示。

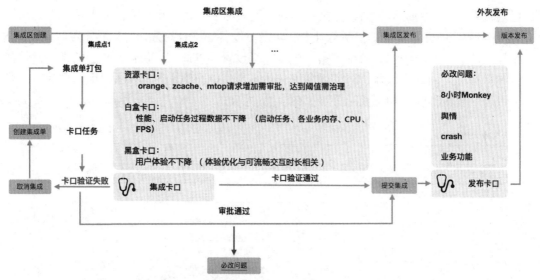

▲图 3-44　变更集成管控流程

　　卡口机制建立起来后，遇到的最大挑战是测试设备不足。为了提升性能任务数据产出成功率和产出速度，单个性能指标的测试任务会被触发多次，以保证每个变更都有关联的性能数据产出。在每周的集成高峰期，每 15 分钟都会打出几十个集成包，为了能追溯每个包的性能变化，平台需要在 15 分钟内响应几十个测试任务，并在指定时间内完成测试。为了提升整个流程的稳定性，我们在任务分发、下载测试包、安装包、弹框处理、设备网络等方面做了全链路的监控，每次设备执行任务前都会检查一遍设备的环境，确保其可用性。以启动任务耗时测试为例，目前 90%以上的任务可以在 20 分钟左右执行完毕，启动任务性能卡口耗时分布如图 3-45 所示。

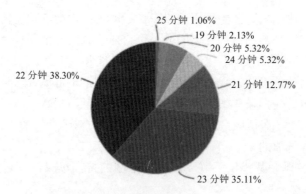

▲图 3-45　启动任务性能卡口耗时分布

2）测试与研发效率的平衡

常态化质量管控体系建立的初衷是通过工程效能建设，将稳定性、性能测试能力赋予研发人员，但是应用级别的性能测试不同于单元测试，其链路非常长，任何一个环节出现问题都会导致整条链路运行失败。为了持续提升整套流程的稳定性，需要有一个非常明确的测试效能度量体系，用来量化质量团队对业务的交付能力，并识别薄弱环节，有针对性地进行提升。基于这个思路，整体的卡口流程设计即常态化门禁卡口流程如图 3-46 所示。

从业务场景出发，我们将整个体系的核心量化指标拆分成了两大部分：研发侧和平台侧。在研发侧，核心的指标只有一个：单位时间内卡口结果提交率。为了避免在变更代码集成过程中等待时间过长，平台配置了检测超时逻辑，若单位时间内没有返回测试结果，则平台直接返回检测通过状态，避免异常流程无限阻塞开发集成。在平台侧，我们设计了三个指标：单位时间内任务执行完成率、单位时间内性能问题提交率和集成单卡口成功率。我们还对任务执行过程进行了更加细致的阶段切分，如包下载耗时、推包耗时、装包耗时、设备环境初始化耗时、应用拉起耗时等，通过阶段切分可以辅助我们快速判断具体哪个环节导致了整条链路的效率下降。每周迭代完毕后会捞取本周任务的执行情况，若周环比指标有异常会追溯任务执行情况，再进行定位分析。

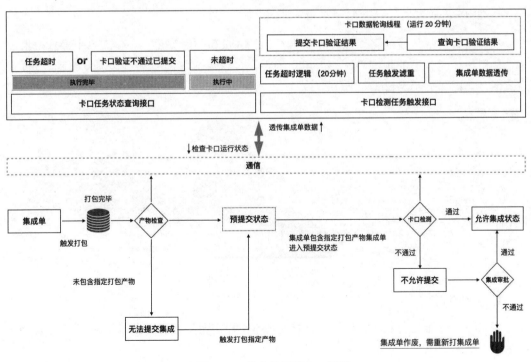

▲图 3-46　常态化门禁卡口流程

3.3 移动端线上质量保障

3.3.1 性能监控

1. 监控方案

在体验大促初期，性能监控就需要完善起来，因为我们需要了解线上用户的性能，了解多少人比较慢、多少人非常慢。监控就是一面镜子，把用户体验通过数字化的形式体现出来，让技术人员更好地看清客户端性能、看到问题。因此监控的设计至关重要，是体验优化的方向标。下面从定义监控指标、监控方式、监控维度三个方面分别介绍。

1）定义监控指标

监控指标要既能度量用户体验，又能度量技术能力。技术人员常把技术术语监控等同于用户体验监控，比如做冷启动优化时，发现原有冷启动监控值是技术实现上框架启动完成的时间点，而不是用户感知上启动到首页的时间点，这会造成从监控数据上看很好，但用户体感很差。因此，首先需要明确适合监控目标的指标定义和采集计算方式。其次在大的监控指标项下需要拆解若干子监控项，用于从技术实现角度衡量不同阶段的耗时。

2）监控方式

我们没有选择传统的平均耗时和业界常用的 5 分位、95 分位、99 分位等作为监控指标，而是从用户耗时分布的角度看区间内用户的占比，这种方式能更加直接地反映影响用户量的范围，如图 3-47 所示。

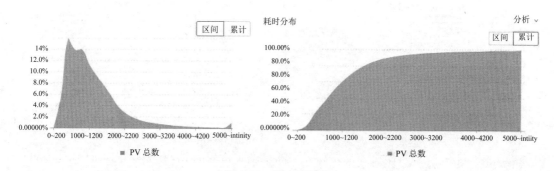

▲图 3-47 用户耗时分布

3）监控维度

细化用户分布后会发现长尾用户群体量不少，我们希望挖掘一些长尾用户的典型特征，包括如下维度。

客观因素：设备（OS、机型、厂商）和网络环境（Wi-Fi、4G 等）。

主观因素（技术影响）：不同来源、不同去向和不同页面。

通过不同特征维度的性能画像，我们可以将群体性典型问题放大。比如某个技术改造对 Android 7 以下版本性能影响较大，导致这个维度统计的耗时均值和长尾占比变高。某类跳转启动方式耗时均值较高，原因是启动路径受一大堆代码逻辑的影响，三、四、五线城市均值较高，结合设备分析低端机占比高，因而性能差。

2. 监控度量

性能监控是把用户体感以数据化的方式描述出来，性能度量则通过数据体现性能问题。性能监控是一套实时的监控数据，反映当下性能。性能度量主要使用离线分析进行对比统计。目前主要有以下几种方式。

1）版本趋势

版本趋势主要体现某一特定版本在生命周期内的性能波动。如图 3-48 所示，横坐标代表发布后第 n 天，纵坐标代表全量用户线上性能均值。在发布后第 10 天，线上推送了一个影响性能的变更，导致版本的性能数据上涨，直到第 13 天变更下线后才恢复。

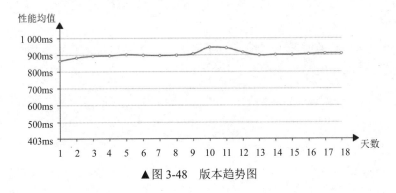

▲图 3-48　版本趋势图

2）版本对比

版本对比的目的是度量客户端代码变更是否影响性能，常采用版本发布后第 n 天的数据进行同比比较，这种对比方式的优势在于两个版本更新的 PV 量具备可比性。图 3-49（a）中的新版本曲线一直偏上，表明新版本存在性能问题；图 3-49（b）中的两条曲线重合，表明被对比的两个版本性能持平。

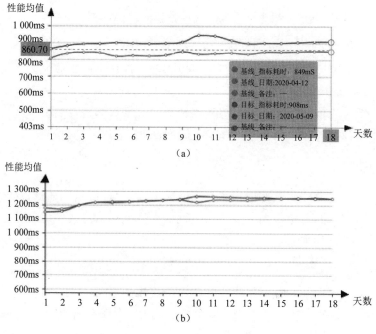

▲图 3-49 版本性能对比图

3）年度趋势

年度趋势是从更长的时间上看性能的变化情况，能够更好地观察整体性能的趋势、度量技术效果的变化，年度趋势图如图 3-50 所示。

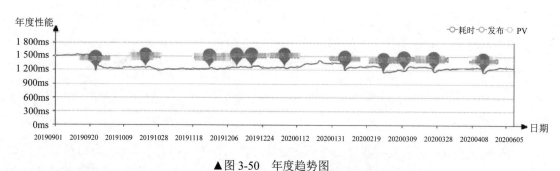

▲图 3-50 年度趋势图

4）业务趋势

为了更好地体现业务发布是否会导致性能波动，小程序业务的监控功能专门增加了业务发布时间维度，业务趋势图如图 3-51 所示。

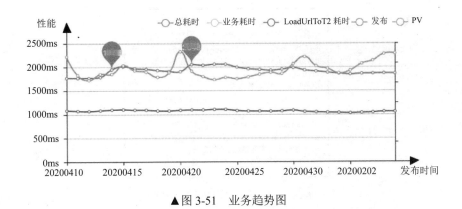

▲图 3-51　业务趋势图

3．告警分析

性能异动告警数据源有实时数据和离线数据两种。实时数据异动告警主要关注线上实时性能，其关键指标是有效性，因此，需要在数据异动判定算法上不断调优，以减少数据噪声带来的误报。离线数据异动告警则需引起格外关注，确定是否存在性能问题。前者偏具体告警算法优化，后者偏告警分析方法，本节主要介绍后者，如何有效地分析性能异动告警。

性能指标异动告警根据问题初次发生时间不同可分为历史问题和新引入问题两类。

（1）对于历史问题引发的告警，如果拥有相同用户特征人群的性能没有变化，只是由于人群特征或流量分布比例变化导致性能变差，那么通常可以通过异动贡献率（将特定时间内的异动值按维度划分并依据数量计算权重）分析出性能变差的维度。常见的原因有：拉新引入低端机或者低活用户、运营活动页面性能较差。此类问题多有较多历史原因，可以作为特定性能优化点。

（2）对于新引入问题（常与具体变更相关）引发的告警，如果导致性能严重降低，那么可推动变更回滚；若性能变差情况可接受，那么可通过对指标的阶段耗时的拆解，分析出变更点对性能的影响，再做针对性优化。通常此类问题排查范围相对较小，定位也相对简单。图 3-52 和图 3-53 分别展示了性能指标波动告警消息和常见告警问题归类。

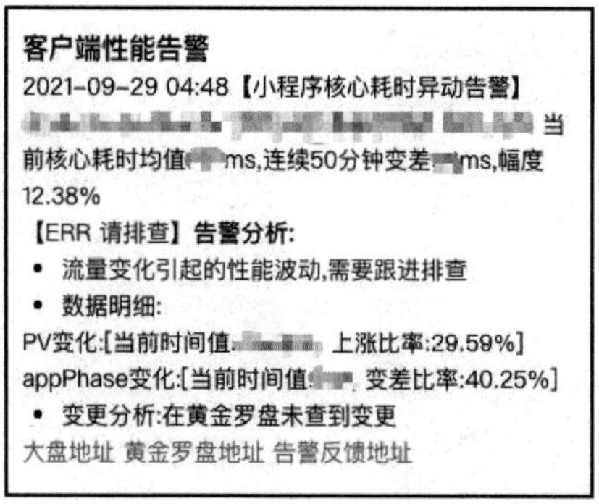

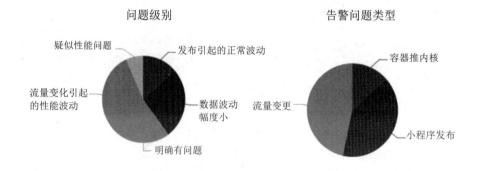

客户端性能告警
2021-09-29 04:48【小程序核心耗时异动告警】
▨▨▨▨▨▨▨▨▨▨▨▨▨▨▨▨▨▨▨▨▨▨▨▨ 当
前核心耗时均值▨▨ms,连续50分钟变差▨ms,幅度
12.38%
【ERR 请排查】告警分析:
• 流量变化引起的性能波动,需要跟进排查
• 数据明细:
PV变化:[当前时间值▨▨▨▨ 上涨比率:29.59%]
appPhase变化:[当前时间值▨▨▨ 变差比率:40.25%]
• 变更分析:在黄金罗盘未查到变更
大盘地址 黄金罗盘地址 告警反馈地址

▲图 3-52　性能指标波动告警消息

问题级别　　　　　　　　告警问题类型

疑似性能问题　　发布引起的正常波动　　　　　容器推内核

流量变化引起
的性能波动　　　　　数据波动　　流量变更
　　　　　　　　幅度小
　　　　明确有问题　　　　　　　　小程序发布

▲图 3-53　常见告警问题归类

4. 异常监控

移动端异常监控部分沿用服务端异常监控的思路,对关键服务进行埋点异常监控,如图 3-54 所示。但相比服务端监控,移动端监控更能直面用户,能感知用户收到的信息。有些移动端异常监控方案采用了基础组件对异常信息进行埋点,因此不依赖各业务埋点,不需要业务接入,且能监控到所有异常类的提示。除弹框类异常外,监控还可以统计应用打开失败、进入通用错误页面等异常情况。

为了更好地表示异常情况,我们引入了异常率(异 PV/流量 PV)指标,来度量业务整体体验,如在异常弹窗场景下,A 业务异常率为 2%,B 业务异常率为 0.03%,说明 A 业务中每 100 个用户就有 2 个遇到异常弹框,即使异常弹框从业务逻辑上讲是合理的,但在使用体验上是不可接受的,需要进一步审视产品体验及业务逻辑的合理性。

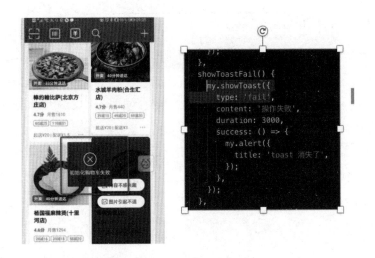

▲图 3-54 移动端异常监控埋点

通过异常监控（如图 3-55 所示），我们可以发现一些其他监控项或测试方案不易发现的问题，如：

（1）文案不合理。通过监控发现很多未优化的分支文案，可针对通用场景推动体验文案标准化。

（2）异常量不符合预期。通过监控能够发现版本之间的异常量存在明显差别，通常是因为交互或系统处理引入 Bug 导致的。

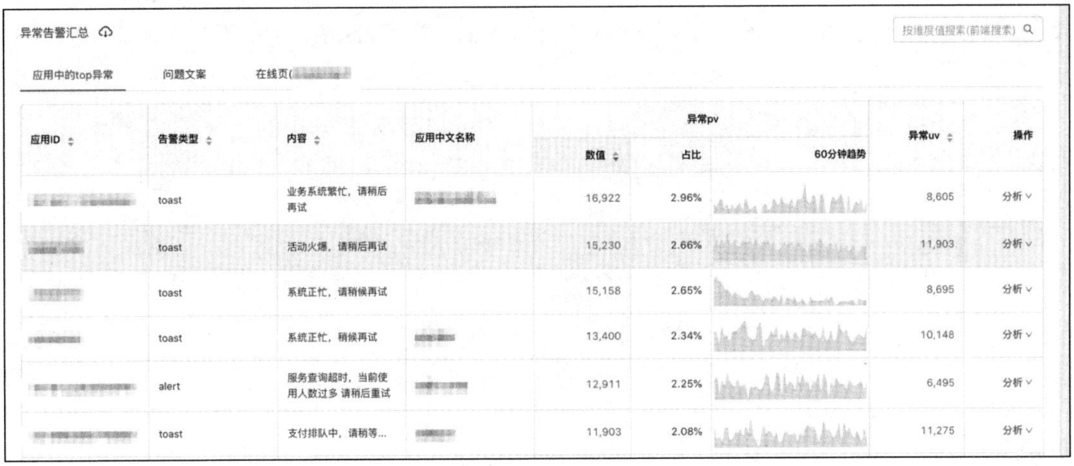

应用ID	告警类型	内容	应用中文名称	异常pv			异常uv	操作
				数值	占比	60分钟趋势		
	toast	业务系统繁忙，请稍后再试		16,922	2.96%		8,605	分析 ∨
	toast	活动火爆，请稍后再试		15,230	2.66%		11,903	分析 ∨
	toast	系统正忙，请稍候再试		15,158	2.65%		8,695	分析 ∨
	toast	系统正忙，稍候再试		13,400	2.34%		10,148	分析 ∨
	alert	服务查询超时，当前使用人数过多 请稍后重试		12,911	2.25%		6,495	分析 ∨
	toast	支付排队中，请稍等...		11,903	2.08%		11,275	分析 ∨

▲图 3-55 异常监控

3.3.2 性能分级与降级

中国用户手机持有率已是全球第一，常用机型分布广泛。

通过 2019 年 11 月的一份行业分析报告可以看出，约 60% 的国产 Android 用户购买的是 2000 元以下的设备；超过 30% 的 iPhone 用户还在使用 5 年之前的机器，在四线城市这个数据接近 50%。

我们的 App 多了太多新鲜玩法，但大量用户的设备老旧，对这些用户来讲，App 升级后的使用感受就是"难用"。

1. 让每个用户都能拥有最好的使用体验

如果你在使用某个应用时又慢又卡，那么你还会坚持使用吗？

在我们试图做用户下沉时，不仅要提供匹配的商品及营销，让所有设备都能为用户提供流畅的购物体验，也需要为用户提供最基本的保障，有用户才有商家，因此，这也是我们对商家的保障。

体验分级，让每个用户都能拥有最好的使用体验。

真实案例：

2018 年"双 11"，会场 iOS 端泡泡组件上线后有 crash 问题，由于无分端降级能力，不得已将双端的泡泡组件全部下线，待问题修复才得以重新上线。

2019 年上半年的某次"红包雨"活动在某款机型上出现了 crash 问题，由于无针对指定机型的配置降级能力，开发人员评估发布风险高，最终牺牲部分用户体验硬扛了剩余的几场"红包雨"。

这些无疑给商家及业务带来了负面影响，在用户设备多样化的当下，需要灵活、多维度的降级能力，来更好地保障用户第一、业务先行。针对此问题，我们定制了一套解决方案。

2. 简单易用

这套方案使用起来很简单，只需要在进入页面前向客户端提供的接口发起请求即可。接口会返回当前设备的分级策略，之后根据不同的策略实现不同的业务逻辑，性能分级客户端侧架构如图 3-56 所示。

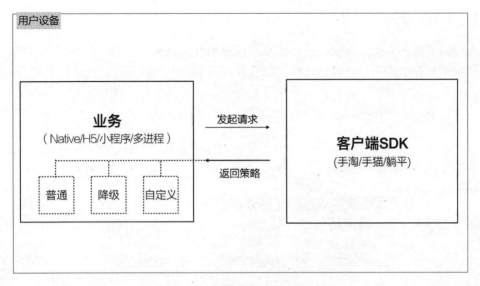

▲图 3-56　性能分级客户端侧架构

对于上面提到的 App 升级后用户"难用"问题，该如何解决呢？

只需要在配置平台上设置好过滤条件（例如 iPhone7 + iOS13）和策略（例如降级），如图 3-57 所示。业务在一台命中条件的设备上发起请求时，会返回相应的降级策略。

目前支持的维度有日期、客户端版本号、设备系统、设备机型、设备品牌、设备剩余内存、设备 GPU、设备硬件分数等。

对于无须特殊配置的业务，调用接口即可获取当前设备的默认分级。

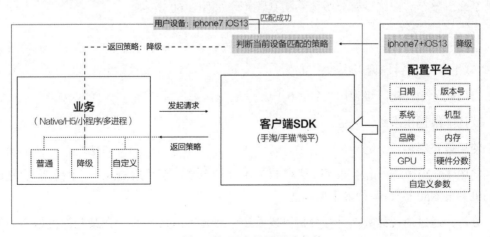

▲图 3-57　平台设置过滤条件

3. 再走一步试试

在 2019 年的双促实战中，我们通过对数据的分析发现一个现象：在很多时候，crash 会聚集在某几款机型中，也就是说那几款机型以较少的用户数占比贡献了较多的 crash。那么我们为何不再往前走一步，通过实时数据分析，为业务提供合理的推荐降级策略，联动降级平台引导业务做出投入产出更好的决策呢？智能推荐流程应运而生。智能推荐流程图如图 3-58 所示。

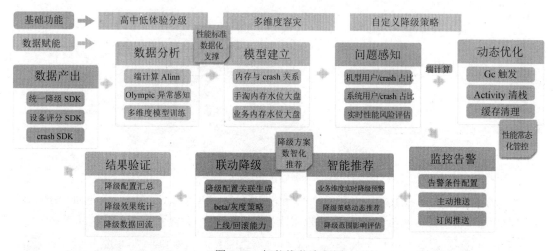

▲图 3-58 智能推荐流程图

智能推荐实际效果展示如图 3-59 所示。

至此，整个客户端设备分级体系初具雏形，如图 3-60 所示。

4. 落地效果

"双 11" 期间日均调用次数：30 亿。

日均业务个性化降级调用次数：0.4 亿。

默认降级调用次数：9 亿。

使用效果举例

问题 1： 2019 年 xx 月 xx 日，"双 11" 主互动上线，上线后 crash 高于预期，迅速升为手机淘宝 Native crash 的最主要问题。

分析： 通过对统计数据进行分析可以看出，49% 的 crash 集中在某几款机型上，但这部分用户占比很低。

| | | 品牌 OPPO | 型号 oppo a53 | 该设备型号crash占比 | | ⚠ | 67255 |
| | | 评级 | | 该设备型号用户占比 | | | 设备型号crash占比除设备型号用户占比 |

| | | 品牌 OPPO | 型号 oppo r7splus | 该设备型号crash占比 | | ⚠ | 52187 |
| | | 评级 | | 该设备型号用户占比 | | | 设备型号crash占比除设备型号用户占比 |

| | | 品牌 Xiaomi | 型号 redmi 5a | 该设备型号crash占比 | | ⚠ | 0837 |
| | | 评级 | | 该设备型号用户占比 | | | 设备型号crash占比除设备型号用户占比 |

| | | 品牌 HONOR | 型号 kiw-al10 | 该设备型号crash占比 | | ⚠ | 70891 |
| | | 评级 | | 该设备型号用户占比 | | | 设备型号crash占比除设备型号用户占比 |

▲图 3-59　智能推荐实际效果展示

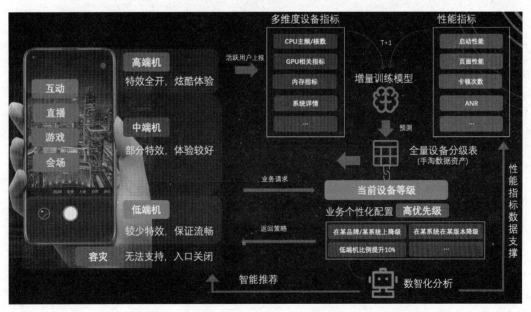

▲图 3-60　客户端设备分级体系

做出对统一降级能力进行止血的决策：

* 针对指定机型执行降级。

- 将手机淘宝低端机分数向上抬，从 20 分抬至 40 分。

效果：降级后，原 10 款机型的 crash 占比从 49% 下降到 15%。

问题 1 的效果示意图如图 3-61 所示，图中深色线为 21 号未降级数据，浅色线为 22 号已降级数据，效果明显（图中只反映降级效果，未代入数值）。

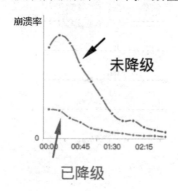

▲图 3-61　问题 1 的效果示意图

问题 2："321" 大促，iOS 端店铺直播卡片发生 crash，双端均无法上线。

分析：首先进行 iOS 端降级，保证 Android 端正常上线有业务效果，接下来对 iOS 进行修复，然后降级逐步恢复。问题 2 的效果示意图如图 3-62 所示（图中只反应降级效果，未代入数值）。

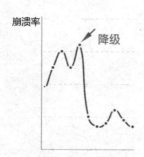

▲图 3-62　问题 2 的效果示意图

通过对 2019 年大促的互动、晚会、直播、店铺二楼、第二人生等业务采用统一降级进行用户体验分级，不仅从开始就保证了低端机用户的基本使用需求，而且在关键时刻能给用户带来更好的使用体验。

目前，很多大型互动、游戏在使用时都已统一降级，我们所见的大盘上的每个数字都是一个真实用户的感受，让用户用得舒心、让业务玩法发挥最大价值，永远是我们的努力方向。

第 4 章
大数据测试

黄利、侯俊、向杭、钟华

4.1 大数据应用测试的介绍

近十年来，随着移动互联网和智能设备的兴起，越来越多的数据被沉淀到各大公司的应用平台之上。这些包含大量用户特征和行为日志的数据被海量地存储起来，先经过统计分析与特征样本提取，再经过训练，就能生成相应的业务算法模型。把用户的行为数据转化为可以预测未来行为的模型的过程是一个典型的机器学习过程。这些模型就像智能的机器人，能精准地识别和预测用户的行为和意图。如果把数据作为一种资源，那么拥有大数据的互联网公司与传统公司的本质区别就在于，它是资源的生产者，而不是资源的消耗者。随着互联网平台的使用频率和运营时间的增加，互联网公司的大数据资源会呈指数级增长。互联网平台使用这些数据和模型，反过来又给人们带来更好的用户体验和商业价值。阿里巴巴集团的搜索、推荐和广告是非常典型的大数据应用的场景——高维稀疏业务场景。本章将结合搜索、推荐与广告的业务场景介绍阿里巴巴集团是如何做大数据应用测试的。

4.1.1 大数据应用测试要解决的问题是什么

在介绍如何测试之前，我们需要先了解一下互联网平台处理数据的工程技术背景。搜索、推荐、广告系统在工程架构和数据处理流程上比较相近，一般分为离线系统和在线系统两部分。

离线系统负责数据处理与算法模型的建模与训练，在线系统主要用于处理用户的实时请求。在线系统会使用离线系统训练产出的模型进行实时在线预测，例如预估点击率。用户在访问手机淘宝或者其他 App 的时候会产生大量的行为数据，包括浏览、搜索、点击、购买、评价、停留时长等。商家也会提供商品维度的各类数据，如果有广告那么还会增加广告主维度的数据，这些数据经过采集过滤处理与特征提取后，成为模型所需的样本数据，样本数据在机器学习训练平台上经过离线训练后，可以生成用于在线服务的各类算法模型（例如深度兴趣演化网络 DIEN、Tree-based Deep Model、大规模图表示学习、基于分类兴趣的动态相似用户向量召回模型等）。在线系统中最重要的功能是数据的检索和在线预测服务，这些功能一般通过信息检索的相关技术，例如，数据的正倒排索引、时序存储等实现。搜索推荐广告系统在使用了上述维度的大数据，并经过深度学习之后，成为一个千人千面的个性化系统。对于不同的用户请求，展现的商品和推荐的自然结果与商业结果都不尽相同，即便是同一个用户在不同时刻得到的结果也会随着用户行为的不同而改变，这就是数据和算法模型的魔力。

在思考搜索、推荐、广告系统是如何测试的这个问题之前，我们首先要定义问题域，即要解决的测试问题是什么，我们的思路从以下几个方向展开。

（1）功能性测试与验证。除了正常的请求与响应的检查，大数据的"大"主要体现在数据的完整性或丰富性上。一个搜索推荐引擎的好坏在很大程度上取决于其内容是否足够丰富、召回是否足够多样。另外，算法带来搜索推荐结果的不确定性，也给测试验证工作造成了麻烦。所以，数据的完整性和不确定性校验也是功能性测试与验证的要点。

（2）数据更新的实时性测试。众所周知，一个搜索或者广告的在线计算引擎内部数据的更新，可能是商家对于商品信息进行变更导致的，也可能是广告主对于创意甚至投放计划进行的变更导致的，这些更新需要实时反馈在投放引擎上，否则会出现信息不一致、甚至错误。如何测试和验证这些数据更新的及时性，既保证一定的并发带宽，又保证更新链路的响应时间，是测试需要重点关注的问题。

（3）数据请求响应的及时性测试。在线服务都要求低延迟，每次查询服务端都需要在几十毫秒内给出结果，而整个服务端的拓扑会由大概 30 多个不同模块构成。如何测试后端服务的性能和容量就变得至关重要。

（4）算法的效果验证。搜索、推荐甚至广告的返回结果需要与用户的需求和兴趣相匹配，只有这样才能保证更高的点击率与成交转化，但如何验证这种需求与结果的相关性，或者如何测试一个算法的效果，是非常有趣且有挑战性的话题。

（5）AI 算法系统的线上稳定性保证。发布之前的测试是对代码的测试验收，随着 Bug 不断被发现与修复，代码质量得到提升。而线上稳定性运营的目的是提升系统运行的稳定性，目标是通过技术运维的方法来提升系统的高可用性与鲁棒性，并降低线上故障的频次与影响。这部分也被称为线上技术风险领域。

（6）工程效率方向。这是对以上几个方向的补充，甚至是对整个工程研发体系在效率上的补充。质量与效率是一对孪生兄弟，也是同一个硬币的两面，如何平衡好二者之间的关系是一个难题，在不同的产品发展阶段有不同的侧重点。我们提升工程效率的方向是完成 DevOps 研发工具链路，以提升研发的工程生产力。

自此，我们基本定义完了大数据应用测试问题的六大领域，有些领域已经超过了传统的测试与质量的范畴，但这也正是大数据应用给我们带来的独特挑战。本章我们围绕这六个问题分成三部分来逐一进行讲解。

4.1.2 大数据应用的技术质量体系综述

本节分为以下三部分。

第一部分主要阐述离线工程系统的测试验证工作，或称算法测试。从数据流的角度看，算法测试是一个验证离线数据流程有无问题从而保障整个链路的质量的过程，包括特征样本质量、模型质量、在线预测服务质量。除了基本的数据分布统计，在模型的 AUC、Loss率、梯度等指标的监控上，我们创新性地使用了小样本离线打分与在线打分对比的方法，可以更加全面地验证数据质量。

在模型上线后开始正式服务之前，需要对模型做验证工作，除了常规的测试数据集，我们还使用小样本数据集，通过将小样本数据集在线与离线分数进行对比的方式验证模型的服务质量，这种小样本打分实际上也提供了类似模型灰度上线验证的功能。除了小样本测试技术，模型的监控与拦截等核心技术都被集成在一个离线测试平台上供大家使用，以保障离线链路的数据质量。

另外，最近两年在线深度学习（Online Deep Learning）技术逐渐成为主流，模型的更新速度缩短至十几分钟。用户的实时行为特征会被反馈到模型层面，从而得到更大的算法收益，保障实时模型更新系统的链路质量也是非常有挑战性的工作。所以，第一部分主要回答了搜索推荐广告系统如何验证数据的完整性、数据更新的及时性的问题，并介绍了部分效果校验的方法。

第二部分主要论述在线系统的测试工作。搜索推荐广告系统，本质上是大数据管理系统，包括商品维度、用户维度、商家和广告主维度的数据，把大量的数据按照一定的数据结构存储在机器的内存中，提供召回、预估、融合等服务，这些都是在线工程要解决的问题。

除此以外，由于扩展性的需要，整个在线系统的数据按照行列分布在不同的物理机器上，对请求的快速响应和高性能是对在线系统的基本要求。用户在搜索一个宝贝的时候，最长的容忍时间是几百毫秒，除了客户端加载和网络通信的消耗，在线引擎的处理时间只有几十毫秒甚至十几毫秒。所以，性能测试及线上的容量评估是这部分工程面临的比较大的难题，如何做这部分的性能测试也是第二部分的重点。综上，第二部分主要回答了系统是如何测试的这个问题，并详细介绍我们在测试工具平台方面取得的进展。

第三部分主要回答了搜索推荐广告系统的效果如何评估的问题，相当于对产品进行评测。搜索推荐结果的相关性是一个很重要的效果指标，我们主要通过双侧对比（Side By Side，SBS）的数据评测来衡量，通过对搜索展示结果的 GoB（Good or Bad）评测，可以得到每次搜索结果的相关性分数。在效果评估方面，我们采用了数据统计与分析的方法。在一个算法模型真正全量投入服务之前，我们需要用准确地验证这个模型的服务效果。除了第一部分使用的离在线对比的指标，我们需要用更加客观的数据指标来佐证。采用真实流量的 A/B 测试，将发布的模型导入线上 5% 的流量，对比这 5% 流量与基准桶的效果，从用户体验（相关性）、平台收益、客户价值三个维度做各自实际指标的分析，根据用户的相关性评测结果、平台的收入或者 GMV（Gross Merchandise Volume，成交总额）、客户的 ROI（Return on Investment，投资回报率）等参数来观测一个新模型对于买家、平台、卖家的潜在影响，并为最终的业务决策提供必要的数据支撑。流量从 5% 到 10%，再到 20% 及 50%，在这个灰度逐渐增大至全量的过程中，无论功能问题还是性能问题，甚至效果问题都会被检测到，进一步降低了重大风险的发生率。这个方法与所有的技术方法都不同，是数据统计分析与技术的融合。因此，这部分非常具有创新性。

除了上述三部分，一套完整的搜索推荐广告产品的技术质量体系还包括端到端的测试验证、线上的稳定性建设、工程效能这三部分，限于篇幅，这三部分不再详细阐述，只是简单提一下。

（1）端到端的测试验证。这是涉及搜索推荐广告系统的用户交互部分的测试验证，既包括买家端（手机淘宝、天猫 App 和优酷 App 等）的用户体验和逻辑功能的验证，也包括针对广告主和商家的客户管理平台，涉及广告主在广告创意创作、投放计划设定、计费和结算系统上的测试。这一部分主要使用 App/Web 上的自动化技术及接口测试技术，在集团其他团队的测试技术和开源技术体系的基础上做了一些微创新，例如端上链路 Debug 等。端到端的测试保证了我们最终产品的质量。

（2）线上稳定性建设。涉及线上容灾演练、故障注入与演练、安全红蓝对抗攻防以及整体的应急响应机制的运行。这一部分的主要目标是规避线上技术风险，这与系统层面的容灾设计息息相关，这是我们系统稳定运行的重要基石。

（3）此外，工程效能也是整个技术质量体系中非常重要的一部分，主要解决研发和测试阶段的效率和效能问题，在这个方向上我们以 DevOps 工具链建设为主，在研发测试、工程发布（灰度、监控、回滚）、模型发布（模型可视化、在线实验 A/B 平台、Debug 定位）、客户反馈（体感评估、众测、客户问题 Debug）等方面都有不错的尝试。这部分是测试体系甚至整个研发体系的有力补充。我们认为这部分是多数测试团队未来的发展之路。限于篇幅，本章主要讲解针对大数据的测试方法，对于工程效能的细节不展开论述。

4.2　算法系统质量

4.2.1　算法测试的定义

大家在日常工作中接触过很多算法，例如信号处理算法、图像处理算法，在一般人的印象中，算法是不可测的，因此，市场上的图书很少具体描述算法测试，而只有对一些机器学习算法效果的评估，例如 ROC、AUC、Recall、Precision、Accuracy 等。

这里介绍的算法测试，专指广告系统（搜索系统、推荐系统）的算法测试。广告系统是以大规模机器学习应用为基础的算法系统，包括广告投放、策略机制、广告主营销等，在阿里巴巴集团内部，包括直通车（搜索广告）基于关键字的广告算法、定向推荐（信息流）类算法、广告主营销工具算法等，涉及的具体算法包括 CTR 预估模型、推荐算法、预估算法、策略机制等。商业广告系统是算法与工程的综合体现，目的是利用算法达成既定的商业目标，就这点而言，算法系统与其他后端系统并无区别，所以质量保障的首要目标是工程的正确性和稳定性。算法系统与普通后端系统最大的不同在于，前者拥有庞大而复杂的离线系统。所谓离线系统，就是算法模型数据的产出过程。离线与在线系统相互交叉，迭代路线漫长，所以问题也非常多。

从通用性角度看，广告算法和搜索、推荐类算法有很多相似之处，测试方案也可以相互借鉴。一个典型的算法迭代上线流程如图 4-1 所示，其中包括我们设计的多种测试方法，在样本构建、模型训练、在线预测等模块都有相应的测试方案。

我们对算法测试的定义是：为了保障算法实现过程无偏差而使用的一系列验证活动。所谓无偏差指算法的系统和数据都达到了设计目标，产出的效果真实可靠。在传统的软件工程中，测试强调的是正确地做事，而对于算法测试来说，除了正确地做事，还要考虑做正确的事（算法效果）。

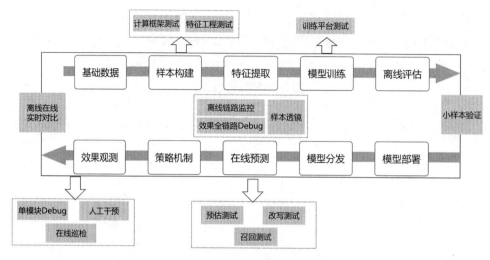

▲图 4-1　一个典型的算法迭代上线流程

4.2.2　算法工程质量

算法工程系统指在算法迭代过程中需要的工程化系统，这里从整体角度，介绍一种端到端、可以覆盖从样本构建到在线预估过程的整体测试方案。在这个方案中，我们使用少量样本（相对训练样本而言）作为原始数据，对这些样本进行处理与加工（离线样本工程、模型训练、在线预估整个算法工程体系），通过将离线的预估结果与在线打分结果进行对比分析，来验证工程质量与效果质量，这里将该方法简称为小样本验证法。

大规模算法系统正在向深度学习的方向演进，同时离线学习也在向在线学习转变，为支持全面进入深度学习时代的特征工程和模型服务化，算法团队需要一套支持各种业务场景的预估服务系统，所以算法预估服务是保证算法迭代效果最重要和最核心的环节，保障预估服务的正确性是重中之重。一套能够覆盖各种模型预估服务业务场景，从离线到在线都可验证的统一的持续交付方案，对业务和系统的稳定性来说是至关重要的。

1. 小样本验证法的概念

算法预估服务是将离线训练完的模型在线服务化，对在线样本进行实时算分，一般采用分布式的方式对外提供接口，从集成测试的角度上看与传统工程接口测试基本一致。传统的接口测试，比较容易根据业务逻辑判断返回字段进行检验，通过构造不同的输入参数根据不同的业务逻辑来确定预期结果。但是算法预估服务的接口并没有一个固定的预期结果，即使传入相同的入参，在不同的时间段预估的服务返回结果也是不一样的。这是因为预估服务返回的是一个概率结果，例如广告的预估点击率，而这个概率结果会受到实时模型和索引数据的影响，索引数据也会实时更新，所以结果会实时改变。

目前业界还没有一套对算法预估服务本身进行验证的成熟方案，难点在于：

- 在线预估通过模型预测在线分数，用一个分数来验证其正确性是非常困难的。

- 预估服务除了依赖模型本身，还依赖其他实时数据，比如实时特征、实时广告数据等，所以其结果本身受除模型外很多外界因素干扰，具有很强的不确定性，给验证的正确性带来困扰。

- 预估服务对外透出的内部信息相对较少，只有一个简单的预估分数，其他前向计算的过程信息透出非常少，并且由于性能的原因，透出也比较困难，所以其正确性验证需要更加完善的信息透出方案做支撑。

基于上述难点，我们提出了小样本验证法。提出小样本的背景是，相同的样本在线引擎中打分的表现和在训练时的表现可能不一致，这种不一致会导致打分不准，效果不好。为什么会出现这种不一致呢？因为样本的离线和在线训练是通过两套方案处理的，中间的细微差别会导致最终的计算结果不一致。这个不一致有两种验证方法：一种是把在线样本离线重新跑一遍，看一下在线的分数和离线的分数是否一致，这种方法叫作"从在线到离线"。还有一种方法是把离线的样本"灌"到在线，测一下分数，看和离线的分数是否一致，叫作"从离线到在线"，这个样本即为小样本。

小样本验证的整体方案如图 4-2 所示，分为离线和在线两部分。

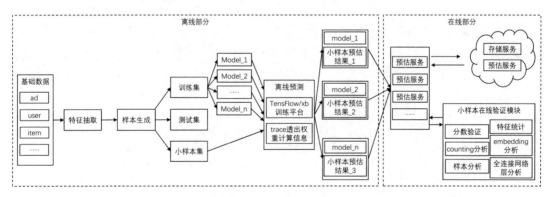

▲图 4-2　小样本验证的整体方案

1）离线部分

离线部分生成在线预估服务使用的验证小样本。之所以离线生成验证样本数据，是因为在离线计算过程中会保留在线使用的预期结果，样本是从基础数据开始进行特征提取和生成的，经过样本拆分后分为训练集、测试集和小样本集。

训练集用于训练模型，测试集用于评估模型 auc 指标，而小样本集最终用来验证在线预估服务的正确性，所以我们需要将生成小样本集作为模型训练前的标准流程，但是原有的标准流程仅将样本拆分为训练集和测试集。因此，我们把原有的标准流程做了改进，样本生成之后把样本拆分为训练集、测试集、小样本集。小样本和模型通过训练平台 TensorFlow 进行离线预测，生成小样本预估结果，因为同一训练集会产出多个版本的模型，所以需要小样本验证集和模型做强关联，即形成一一对应关系，最终实现小样本与离线模型自动关联为一个整体。

2）在线部分

在线预估服务会自动同时部署模型和小样本预估结果数据，因为模型和小样本是自动关联的，所以每份模型数据中都会有对应的小样本预估结果数据，通过调用小样本在线验证模块，输入离线构造的小样本预估结果，对在线预估服务进行验证。

2. 小样本验证数据处理流程

小样本验证数据处理流程如图 4-3 所示，具体包括以下 7 部分。

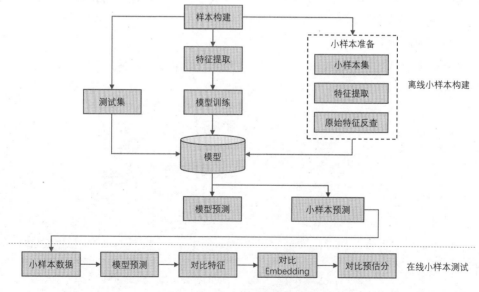

▲图 4-3　小样本验证数据处理流程

1）离线小样本准备

在对离线小样本数据和模型进行离线预估的过程中，会生成离线小样本预测结果，每个模型版本都会生成对应的小样本预估结果，如图 4-3 所示，虚线框内的内容是离线小样本准备阶段，在该阶段模型会生成小样本预测。同时，系统还会利用模型生成测试集评估指标。

2）离线小样本反查

反查的作用在于构建原始特征。在大部分情况下，提取后的特征都是经过哈希编码的，难以理解，所以需要反查，从原始输入辅表中可以查找到有意义的特征。例如广告 ID、用户 ID、广告关键字等。通常，反查是在离线 Hadoop 或 MaxCompute 中进行的。

3）在线验证工具准备

在线验证工具的核心功能是将离线小样本请求转换为在线服务的输入数据，发送给在线预测服务，并接收返回结果。在拿到返回结果后，对结果数据按照业务逻辑做对比分析，对比特征、Embedding、网络结构、CTR 预估分数。在线验证要解决几个核心问题：首先，在线系统要具备全 Mock 能力，即可以利用输入数据替换系统内部存储的数据，达到完全控制输入的目的。如此一来，可以保证在线输入不受线上变化的环境影响。其次，在线系统要具备强大的数据透出能力，能够输出原始特征、变换后特征、神经网络的首层输入和权重，以及其他辅助数据。这样，数据对比才能面面俱到，出现问题后也能很快定位。最后，由于前向预测服务的不断进化，图优化、Kernel Fusion 等技术的演进，对计算图有很多联合优化，可能影响对比结果，也需要有对应的手段，例如非优化打分。

4）数据和工具打包上传

经过上述三个阶段后，系统会将离线小样本、模型和在线验证工具统一上传至远端存储，后续随数据一起分发并完成验证。之所以将验证工具作为数据的一部分，是考虑更新和维护成本相对较低，如果将验证工具作为预估的一部分，那么每次验证工具变更都要进行线上应用服务发布，成本比较高。使用数据方式进行变更和修改会比较高效。当然，也可以将验证工具与数据分离，但这样效率会有所损失，由于有代理技术存在，所以最后验证时可能无法覆盖所有机器。

5）预估服务自动部署及验证

数据和工具准备完成后，预估服务通过自动调用验证工具进行自动化验证。如果验证通过则可以正常服务，否则启动失败，不会提供服务，同时进行失败告警。

6）问题定位及报告收集

在线验证工具会将验证结果功能点写入报告中，如果验证失败则可以通过分析报告定位到问题点，并且支持在配置文件中指定机型进行单样本调试，方便快速定位问题。

7）监控报警

对最终结果进行简单阈值判断或采用其他方式判断。

3. 小样本验证工具框架

小样本验证工具框架如图 4-4 所示。

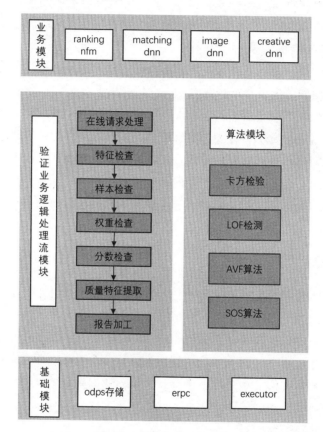

▲图 4-4　小样本验证工具框架

框架由以下四个模块组成。

- 基础模块：odps 为数据持久化，erpc 是通信交互模块，executor 支持多线程并发；
- 验证业务逻辑处理流模块：该层是逻辑处理流，所有模型正确性验证逻辑都以模块组件的方式自由组合，由配置文件配置整个处理流，包括如下组件。
  - 在线请求处理。通过离线样本数据来组装验证模型预估使用的在线请求，并发送至预估服务，保存返回结果。

- 特征检查。将返回结果中的在线特征与离线特征进行比较，分析两边的特征决策差异是否符合预期。另外，需要验证离线特征提取的逻辑是否符合预期，主要是验证特征提取算子的正确性。
- 样本检查。将返回结果中的在线样本信息与离线样本进行比较，分析两者的差异，检查差异化结果是否符合预期。
- 权重检查。将返回结果中的在线模型权重信息与离线权重信息进行比较，量化差异，判断是否符合预期。
- 分数检查。将返回结果中的在线分数与离线分数进行比较，通过差异化信息检查预估结果是否符合预期。
- 质量特征提取。定义质量特征并完成特征提取，最终生成训练样本，用于后续对非精确场景下引入的质量模型进行预估，给出最终结论。
- 报告加工。生成模型正确性验证最终报告，便于定位查找问题。

- 算法模块：为业务逻辑模块提供各种检测算法，保证业务处理模块在不同数据场景下准确发现问题。
- 业务模块：支持不同业务场景。

4. 小样本验证的核心策略

小样本验证的核心策略有如下两个。

- 精确离线、在线对比验证。

  精确验证的目的是消除模型以外的其他实时数据对在线预估结果的影响，通过构造和离线样本完全一样的在线请求，即请求中的基础数据和统计数据都是 Mock 的，预估服务直接消费请求中携带的数据，不再进行实时查询，最终预估结果应该与离线结果完全一致，该场景的目的是验证特征提取、特征变换、预估逻辑和使用的模型的正确性。

- 非精确离线、在线对比验证。

  非精确验证的目的是通过构造与真实请求一致的在线请求，即请求中不带基础数据，验证整个实时化预估服务的正确性。这些数据都是通过预估服务实时查询获取到的，在这种场景下，最终预估结果应该与真实结果比较接近，但需要累积足够的质量数据通过异常检测算法来分析，目的是验证基础特征数据实时变更结果的正确性，从而验证整个实时化预估服务是否符合预期。

4.2.3 特征质量与评估

特征工程是算法的基础，也是最重要的部分。特征决定了算法的下限，而模型只是在不断逼近上限。搜索与广告领域的特征大都属于结构化特征，数据来自结构化日志，例如用户行为、用户属性、商品信息、广告信息等，包括如表 4-1 所示的特征类型。

表 4-1　特征类型

类　　型	说　　明	典型示例
离散型	包括可枚举与不可枚举离散型。这是搜索广告特征最主要的形态，被称为大规模稀疏特征	可枚举：性别 不可枚举：ID 型，如用户 ID、商品 ID、搜索词
连续型	连续增长的数值型特征	价格、购买时间
序列型	个性化相关数据，通常是多个离散型特征的组合	用户浏览列表，购买列表
向量型	不可表征数据，如图像、视频等	VGG 等网络向量化的图片信息

1. 整体思路

通过对进入模型前以及进入模型后的特征样本进行评估，利用模型度充分评估特征质量，并且扩展到特征效用层面。

从特征质量（有无数据问题），以及特征效用（对算法有无价值）两个角度出发进行评估，对业务有如下附加价值。

（1）辅助特征设计。通过确定数据源的稳定性、相似特征的正确性、效用分，以及相似特征被多少模型使用、效果如何等指标，帮助算法做特征设计，挑选合适的特征，并赋能特征工程探索。

（2）风险影响力评估。通过拓扑判断某数据异常的影响面，结合被影响的特征重要性得出受影响的模型，并评估风险大小。

- 正向链路：评估上游某处异常的直接间接影响路径，通过拓扑边的权重（特征之间的相似性、数据之间的依赖度、模型层面特征的影响力等）对风险影响的特征模型进行风险度计算，给出告警或者提示。
- 反向拓扑：对于某个模型的效果下降，结合上游的告警指标和贝叶斯进行根因分析。

2. 特征指标

我们在算法工程实践中，针对 CTR 预估算法模型，发现了三个对最终模型的效果有较好指导意义的特征评估指标，这三个指标的描述与作用如下。

（1）**缺失率占比**。统计每个特征取值出现 null 的频次，该频次除以所有样本数量，即缺失率占比。特征组的缺失率与自身历史值应该稳定在一定范围内，用于校验特征的正确性。

（2）**高频取值占比**。统计特征值大于某个阈值（中位数与最高值之间）的数量与特征样本总数的比值，即高频取值占比。可用于正确性校验，将特征组的取值高频状态呈现给用户，当该值的高频程度不符合用户预期且特征提取正确时，可以作为用户进行特征选择的依据。

（3）**IV 和 WoE**。特征效用分的核心是看该特征取值下正负样本分布的倾向性（Weight of Evidence，WoE），对某个特征组的所有特征取值下的倾向性进行有效加权合并，得到特征组的效用分（Information Value，IV）。通常我们使用 IV 和 WoE 来判断该样本是倾向于点击还是不点击？倾向性有多大？IV 和 WoE 可用于特征选择，当特征效用分特接近于 0 时，说明该特征的值对正负样本无任何倾向性，那么我们认为：这样的特征如果直接使用，收效甚微，可以与其他特征组合成新特征使用。IV 和 WoE 也可用于特征设计，特征效用分低下也与特征设计相关，比如特征过滤条件、用户行为特征计算所用的窗口大小等。可以按照过滤条件、窗口大小分组细化效用分分析来评估特征设计的合理性。

4.2.4　模型质量的评估

模型质量评估领域的核心问题在于我们是否可以信任 AI 系统，例如，AI 系统可能不够苗壮，有时出现异常或失败，我们必须能够监控并检查出这些问题，特别是对于比较复杂的任务。或者，如果训练数据出错，又刚好被 AI 系统学习到，而我们无法检查这些偏差，那么可能产生灾难性的后果。特别是在关键任务上，即使 AI 系统运行良好，我们也需要理解它，用充分的理由论证可以依赖这套系统。深度学习是目前 AI 技术的核心，如何理解、监控、控制深度学习是业界面临的一个巨大挑战。

在计算广告的业务场景下，深度学习技术的应用面临着海量数据处理、高维稀疏数据分布监控，以及离线/在线评估等多方面的挑战。我们需要立足广告业务场景，通过挖掘、分析深度学习模型内部的数据信息，打开并从内部理解深度学习这个"黑盒"。在此基础上，开发评估方法和指标、建立质量监控模型，实现深入的算法评估与坚实的质量保障，助力业务方的算法开发与迭代。

1．挖掘模型的内在信息

可以将深度学习理解为构建具有很多隐层的模型，以求通过逐层特征变换，将样本在原输入空间的特征表达变换到一个新特征空间，从而使模型输出端的分类或预估任务完成得更加容易的方法。与人工构造特征的方法相比，利用大数据训练深度学习模型变换与表达特征，能够更好地刻画数据丰富的内在信息。但是，这样做的问题就是，层层变换使得模型缺乏直观的可解释性。若要打开深度学习的"黑盒"，理解模型的内部状态与机制，必须从模型内在的信息与数据入手。

神经网络模型中可供挖掘的数据主要分为状态量与梯度数据两类。

状态量包括神经元的状态和边权重（和偏置）。边权重（和偏置）标识了模型的状态，仅随训练改变。因此，分析边权重（和偏置）是了解模型状态最直接的手段。神经元的状态由模型和输入数据共同决定，反映了模型对输入的感知。我们可以通过神经元的状态了解模型对输入样本特征的变换和重新表达。对于给定的模型，我们通过神经元对样本输入的表达不仅可以了解模型的状态，还可以了解数据集的分布情况及其对模型整体效果的影响。

梯度数据同样包括神经元的梯度和边权重（和偏置）的梯度。梯度所携带的从输出端反向传播回来的反馈信息，可以让我们从另一个角度了解模型及输入数据。在训练过程中，边权重（和偏置）的训练基于自身关于损失函数的梯度。因此，观测这些梯度信号对我们了解模型的训练过程很有意义。

根据模型透出的数据，我们可以有针对性地构造扰动或对抗样本输入，通过观测模型的反应来理解模型；还可以基于透出数据再建模，以此为探针来深入探测、评估模型。

总之，我们通过挖掘、分析模型内部数据来深入分析、理解模型，从而建立一套效果评估、质量保障的方法与指标体系，并将在后面具体介绍一些应用案例。这里主要介绍较细粒度的数据可视化与分析，以详细深入地了解评估模型、诊断与定位问题，从而保证算法质量，提升开发迭代的效率。通过对这些细粒度数据做采样或聚合，我们可以得到概括性的低计算成本的指标，用于实时的效果评估与质量监控。

2. 理解模型抽取的表征

深度学习通过逐层的线性与非线性操作，从输入特征数据中抽取有用的信息。在 CTR 预估模型中，输出层的简单线性分类器以隐层提取的真实信息表征为特征进行输入。在广告向量化检索的场景下，向量化模型的任务就是将有稀疏 ID 标记的广告表征成一个稠密的浮点向量。我们无法依赖传统分类模型的评估手段（如 AUC、准确率、ROC/PR 曲线等）衡量模型的效果，而可视化最后隐层的神经元状态，即产出的表征向量，可以帮助我们理解模型的工作机制、评估模型的效果是否符合预期。

图 4-5 以雷达图的方式将三条样本的表征向量可视化，可以直接对比其异同。

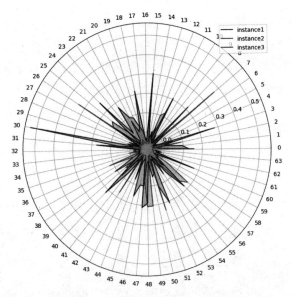

▲ 图 4-5　将三条样本表征向量可视化的雷达图

图 4-6 是用 tsne 对广告表征向量进行降维的可视化结果，灰度不同代表广告商品所属的类目不同。其可以清楚地反映出模型将不同类目的广告映射到了表征空间的不同区域中。这样的空间结构正是我们所期望的，如果可视化结果未显示出类目聚集，则表明模型或数据很可能有问题。

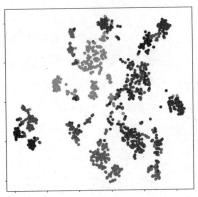

▲ 图 4-6　用 tsne 对广告表征向量进行降维的可视化结果

3. 泛化效果与神经元状态波动

众所周知，深度神经网络具有强大的拟合能力。随着训练的进行，模型会不断地拟合数据，对输入信息中的微小差别越来越敏感。给定模型后，每个神经元的状态都由样本输入决定。数据集中不同样本输入的变化导致神经元状态的波动，波动的程度反映了模型对于输入信息的敏感程度。同时，模型对训练数据过于敏感会降低其泛化能力。我们的可视化结果清晰地展现了模型泛化效果与神经元状态波动程度之间的关系。

图 4-7 展示了模型第四隐层中每个神经元状态值的波动程度，对比了不同训练阶段的模型在训练与测试集上的统计表现。在过拟合之前，神经元的波动程度相对稳定，训练/测试集间较为一致。在过拟合时，波动程度显著上升，并且训练集明显强于测试集。这正反映了过拟合状态下的模型对训练数据的过度敏感。

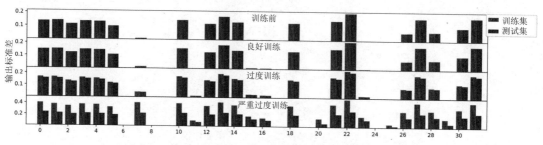

▲图 4-7　模型第四隐层中每个神经元状态值的波动程度

通过聚合出整个隐层的所有神经元的平均波动程度我们发现，该指标可以与模型在不同数据集上的效果变化（AUC）关联。神经元的波动程度为我们提供了一种理解与检测过拟合的手段。另外，这个指标计算不需要标签，可以帮助我们在拿不到点击反馈的数据集上评估模型效果。

4. 特征影响力

比起传统的逻辑回归模型，深度神经网络的一个优点是具有从输入中自动挖掘非线性交叉特征的能力。但是实践发现，输入特征本身的质量好坏也极大地影响着模型的效果。

什么特征对模型比较重要？对于传统的逻辑回归模型，我们可以通过特征的权重来认识其重要性。但是，这对于深度神经网络是不适用的。

我们利用梯度信息来认识各个特征组对模型的影响。具体做法是，将全连接网络的输入对预期模型点击率（Predict Click-Through Rate，PCTR）求导。该梯度表示了模型的输出预估对于该输入的微小变动的敏感度，从而可以反映该输入对模型的影响力。梯度越大，表明该输入对模型的影响越大。用每个特征组聚合各自 Embedding（高维度数据映射到低纬度空间）所对应的梯度的平均强度，可以描述该特征组对模型的影响。

图 4-8 对比了两个不同状态的模型（未过拟合与过拟合）中的各个特征组的平均影响力。可以清晰地从图中看到两个状态的区别：过拟合时模型对少量几组特征过度敏感，尤

其是编号为 1 和 11 的特征组。事实上，这两个都是具有海量 ID 取值的单个特征，如 user ID，所需参数空间极大，而本身携带的可泛化信息很少。

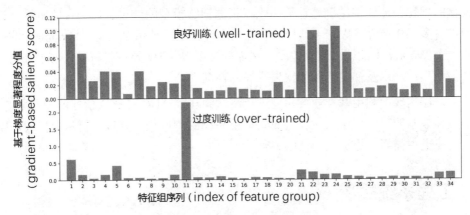

▲图 4-8　两个不同状态的模型对比

4.2.5　深度学习平台质量（大规模分布式训练系统的测试）

目前深度学习平台质量主要面临三大问题：

- 由于种种复杂状况，在集群上训练的模型存在训练失败的风险。如何提前预警深度学习平台的潜在风险？
- 如何保障每次训练的模型都满足上线的质量要求？
- 如何验证在大规模数据集和分布式系统下深度学习平台提供的各种深度学习功能的准确性？

针对以上三大问题，我们提出了三种解决方案：

（1）实验预跑法。精心挑选训练数据，使得训练数据能够反映线上的数据分布情况，训练数据的数量级不能太大，要保证模型可以在 15 分钟内训练完成。由于模型容量问题，设计特别的模型源于业务又不同于生产模型，能快速地发现和定位训练的各个阶段出现的问题。在进行线上模型训练之前，定期试跑这些模型，以发现在训练过程中出现的各种复杂问题，并将这些问题在大规模数据的生产模型训练之前解决，从而提升整体训练效率，节省软硬件资源。

（2）模型之模型（Model on Model）的模型验证法。如何评估生产模型训练的结果是否满足上线质量要求？把生产模型的各个中间数据指标透传到数据系统中，加工后对这些指标进行建模，监控生产模型的质量。除了 AUC 指标，还有其他指标可以衡量模型质量，例如神经元激活率、梯度在各层传导的均方差等。

（3）模型基础（Model Based）功能校验法。有针对性地设计样本格式和测试网络，使模型变量的理论值能够被精确地计算出来，根据训练模型的结果验证平台的质量。针对深度学习平台多工作节点（Worker）校验设计样本和模型，使每个变量（Variable）的值只固定地与一个 Worker 上的输入数据关联，从而验证多 Worker 异步更新引入的不确定性、同步更新的正确性，以及梯度计算和损失推导的精准性。

目前，在实践中利用基准业务模型进行测试并观察 AUC 等核心指标是最通用的方案，但其局限性非常明显。对于大规模分布式训练系统的测试仍需要进行更多的探索，整个质量方案的演进也需要有更深入的技术突破。

4.3 工程系统质量

现在的搜索推荐及广告的在线工程系统，实际上是一个应用超大规模算法的超大规模分布式数据检索系统，可以细分为召回系统、预估系统、正排倒排索引系统、在线打分系统、创意系统、人群信息系统、算法服务系统等。同时，它在架构上是一个使用 C++语言实现的异构系统，而且为了得到更好的用户体验，我们需要各个子系统在十几毫秒甚至几毫米内处理完请求。如何支持这种超大规模异构系统的功能测试、性能测试，保障线下线上质量，都是在线工程要解决的问题。

虽然我们要测试的是一个大规模异构的 C++在线实时系统，但本质上它还是一个服务端的测试。针对这种服务端测试最有效的方式就是自动化测试。同时，我们判断，未来服务端的测试工作最终会由开发人员完成；测试人员将更加专注于测试工具的开发，包括自动化测试框架、测试环境部署工具、测试数据构造与生成、发布冒烟测试工具等。这是目前效率最高的模式，这种模式一方面能大量减少测试人员与开发人员之间的沟通成本，另一方面也能极大地缩短从代码到业务实现之间的反馈时间。这其实涉及测试人员的转型、测试工具平台产品化及测试体系的变革。我们在这方面也取得了不错的效果，本节会着重介绍在新的研发关系下，功能测试、性能测试、线上测试方面的思路和成果，其中还包含对智能化测试的探索。

4.3.1 功能测试平台 Markov

在在线工程测试的转型过程中，我们将目标调整为让开发人员更好更快地进行功能测试。作为测试工作的主体，开发人员需要测试人员帮忙解决一些问题。比如测试的跨域问题。对于一些测试的方法论，开发人员并不熟悉，比如常用的等价类划分、边界值分析等，再比如如何更贴近编码和 Debug 的原生工作方式，更方便和高效地进行用例失败定位、功能快速回归。所以我们需要将功能测试产品化，将我们的测试方法论、质量理念产品化。

Markov 就是在这种背景下设计研发出来的，它是面向开发人员的追求极致效率的功能测试平台，基于可视化、智能化、测试黑科技，如智能用例生成、智能回归、失败智能归因、精准测试覆盖、功能 A/B 测试、性能 A/B 测试等，同时融入了测试方法论。Markov 开创式地解决了大规模异构的在线工程功能测试用例编写成本高、Debug 难、回归效率低的问题，实现了功能测试"想测即测，随时可测"。

Markov 的设计概要如图 4-9 所示。

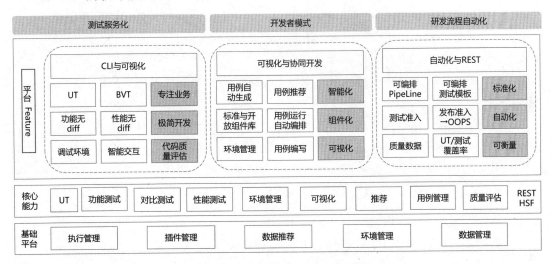

▲图 4-9　Markov 的设计概要

Markov 的设计特点如下：

- 在测试用例编写层面，我们直接面向用户进行设计，通过可视化编写、用例推荐、使用遗传算法生成、采用线上数据等方式提供便捷的用例编写能力。
- 在用例回归上，我们针对引擎工程的逻辑通盘考虑索引等数据，最大限度地增加并行化，减少回归用例运行所花费的时间。
- 在用例 Debug 层面，我们收集每次回归的数据，结合业务为每个用例建立画像并进行失败分析，总结定位失败的原因并进行改进，提升定位效率。

下面我们通过五个具体的示例，详细讲解功能测试平台 Markov 的主要功能及技术原理。

示例 4-1：通过用例膨胀和推荐技术更快地生成测试用例

传统的功能用例设计方法要求设计者不但充分理解新的业务功能，并且要对原有功能场景有所掌握，找到新老场景间的相互关系和影响。在瞬息万变的互联网时代，随着产品迭代速度越来越快，功能场景数量增加，这种要求变得越来越不切实际。导致的结果就是用例的规模与日俱增，可维护性越来越差。我们探索了在功能用例的设计过程中引入算法的学习机制，通过"机器"自动发现蕴含在用例中的特征和规律，为新用例的设计做出指导。由"人"进行最终的筛选和入库，从而提高用例开发的效率及用例库的整体质量。具体从以下两个方面着手。

（1）用例推荐：在传统测试活动中，测试人员在编写用例时，除了从零开始编写新建用例，还会根据经验寻找相似的用例，基于此来重写用例。寻找用例的过程往往费时费力，而本方法是通过特征匹配和智能推荐算法来完成这一过程的，即用户仅需输入少量的用例描述信息，系统就会自动抽取特征并从数量上千的用例库中抽取 Top$N$ 用例，由用户进行终选。

（2）用例膨胀：用户在写用例时，会用多个用例来覆盖功能的各个逻辑，这些用例的特点是共性大、差异小。传统做法是以种子用例为基础不断进行复制，通过修改数据值来测试不同的功能。用例膨胀技术则不同，通过设置不同的用例特征，系统会自动将所有特征进行叉乘组合，过滤掉不合法用例后将用例集呈现给用户，由用户进行终选，以此高效完成构造多用例的过程。

示例 4-2：基于遗传算法动态生成有效测试用例的技术

示例 4-1 中的测试用例生成技术是一种静态技术，即生成过程中无须运行这些用例，可以有效解决测试用例编写的低效问题。

本示例将介绍一种动态用例生成技术，即自动生成、自动运行、自动筛选，通过遗传算法高效进化，最终给出能够有效覆盖变动代码的测试用例集。

1）动态判断用例有效性

我们把真正覆盖到了被测功能的不重复用例称为有效测试用例。业界可以通过对被测程序插桩等方式，实现动态获取每个用例的覆盖代码。如图 4-10 所示，通过比较用例的覆盖代码和被测程序的变动代码，我们可以知道一个新的用例对于待测功能是不是有效，并可以通过和用例库中的历史用例进行比较，判断它是不是一个重复用例。

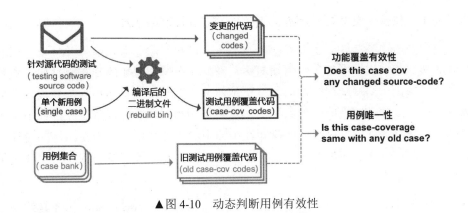

▲图 4-10　动态判断用例有效性

2）生成效率问题

那是不是把所有可能的用例都拿来跑一遍，逐一判断有效性就可以了呢？搞个遗传算法在这里是不是故弄玄虚呢？

当然不是。

举个例子：如果想要生成三类用例，每类用例拥有 6 个特征，每个特征有 6 个可能取值，那么会产生多少个潜在的可能用例呢？$3×6^6≈140\,000$。将近 14 万个潜在用例，如果跑一个用例要 20 秒，那么全部跑完需要 46 666 分钟，即 32 天后才知道有哪些用例是有效的。

这违背了互联网行业追求的"极致效率"，完全不可接受，必须找到一个办法破解效率问题。

基于搜索的软件工程（Search-Based Software Engineering，SBSE）是传统软件工程和智能计算的交叉领域，它采用智能计算领域的启发式搜索算法解决软件工程的相关问题，常见的启发式搜索算法包括遗传算法、爬山算法、模拟退火算法等。

基于 SBSE 的思想，我们可以把上述用例生成问题转化为一个在解空间（所有可能解的集合）搜索有效解的问题，完全可以通过启发式搜索算法高效搜索。

3）基于遗传算法高效生成

本节介绍如何在测试用例生成问题中应用遗传算法，希望深入了解算法本身的读者请自行查阅算法类书籍。

遗传算法（Genetic Algorithm，GA）是模拟达尔文生物进化论的自然选择和遗传学机理的生物进化过程的计算模型，是一种通过模拟自然进化过程搜索最优解的方法。简单来说，就是"优胜劣汰，适者生存"，在每一代种群中挑选优良基因，生成下一代，适应度不好的基因将直接被淘汰。

应用遗传算法首先要对用例进行基因编码，要将测试用例的表现型特征转化为基因型的数字编码。

现有的功能测试用例中会有很多信息，首先要从这些信息中分析出哪些是需要关注的特征。在测试用例生成问题中，假设在依赖数据齐全的条件下，测试请求将直接影响覆盖哪些被测功能。将测试请求的特征提取出来，转化为基因编码，使每个用例的测试请求都可以转化为一条数字编码链，我们称之为用例的染色体，详见图 4-11。

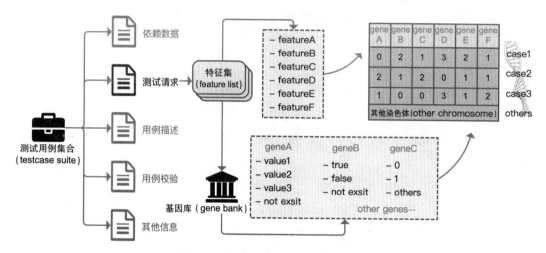

▲图 4-11　基于遗传算法高效生成测试用例

接下来，需要选定一批用例集作为初始化种群开始迭代。

遗传算法利用适应度来衡量个体的优劣，采用适者生存的原则决定哪些个体进行繁殖，哪些个体被淘汰。

评价用例适应度的流程为：①对用例的基因进行解码处理，得到完整测试用例表现型。②执行用例，通过平台精准化组件获取用例覆盖的被测代码，并与变动代码的范围进行比较。③将②中产生的被覆盖的被测代码相关信息、取值，由适应度函数值按一定的转换规则（适应度函数）求出用例个体的适应度。

在用例生成问题中，适应度函数有以下两大目标：一是尽可能地覆盖更多的增量代码；二是尽可能地覆盖既有用例（包括种子用例、父代个体）未覆盖到的增量代码。

遗传算法有一个重要假设：每轮进行繁育的用例均是能有效覆盖被测代码的个体，并且覆盖效果好的用例拥有更高的生育权。经过几轮的杂交、培育、筛选，适应度好的个体，有更大的可能繁育出更好的后代。如图 4-12 所示，经过几代繁衍后，如果再无法发现覆盖效果更好的用例，则结束流程。

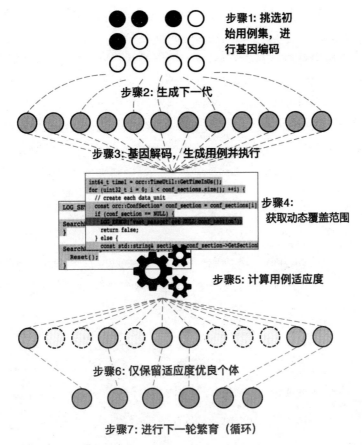

步骤1: 挑选初始用例集，进行基因编码

步骤2: 生成下一代

步骤3: 基因解码，生成用例并执行

步骤4: 获取动态覆盖范围

步骤5: 计算用例适应度

步骤6: 仅保留适应度优良个体

步骤7: 进行下一轮繁育（循环）

▲图 4-12　遗传算法的一个重要假设

示例 4-3：基于用例动态编排的回归技术

上一节主要介绍了如何快速编写（生成）测试用例，这一节介绍快速回归，回归测试的时间直接决定了测试的效率，快速回归才能保证验证的快速反馈。功能回归本质上是个调度问题，这和饿了么怎样调度外卖和骑手，滴滴如何规划最优行车路线，菜鸟如何规划物流路线是同一类问题。在在线系统测试中，我们经常需要回归上万个测试用例，如果不用一些技术手段，这些用例可能需要一天时间才能回归一遍，如此长的运行时间显然是不能接受的。本节将重点阐述如何运用动态用例编排算法的思想实现一次高效回归，即如何做到一万个用例在分钟级内运行完毕。

1. 设计原则

我们定义两个原则。

原则 1：测试数据聚合冗余度 r 越小，整体回归效率越高。数据聚合冗余度 r 指用例集中的测试数据聚合后的重复率。举个例子：100 个用例都依赖了相同的测试数据 data1，在 caseByCase 执行过程中要消耗 100 个 t（data1）的时间单位，此时冗余度 r 为 1。如果通过某种调度方式对 data1 进行聚合处理，比如新调度过程在运行之前只需要抽取出所有 data1 统一准备，即新调度方式消耗 1 个 t（data1）的时间单位即可，那么此时冗余度 r 为 0.01，从而省下了 99 个 t（data1）的时间单位，因此整体回归效率变高。

原则 2：不依赖于任何测试数据时，用例集可并行执行。举个例子：典型不依赖测试数据的场景是线上冒烟场景，在线上域系统是基于生产数据的，即不再依赖任何测试数据，自然也不存在数据冲突等问题，因此线上冒烟场景能轻而易举地做高并发执行冒烟检查返回。在功能测试中，当用例集不依赖于测试数据时，可直接做高并发执行。

2．设计思路

将回归用例集进行初始排序，按照用户预定义的可全量数据类型及数据冲突检测方法将用例集进行预处理。整体分为全量数据准备桶、并行执行桶、串行执行桶、失败重试桶四个阶段，如图 4-13 所示。

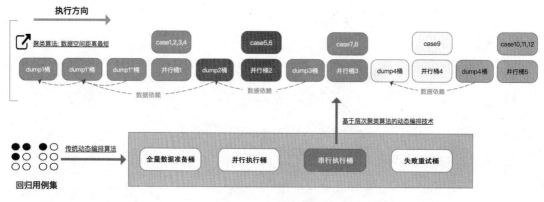

▲图 4-13　用例集预处理的四个阶段

1）粗排

全量数据准备桶指能将第 1 类数据，即 key/value 类（比如 tair/tdbm）进行一次性准备的阶段，算法将遍历每个用例，抽取没有数据冲突的数据集，放入全量数据准备桶中，在执行时可直接一次性准备。

而被抽取了第 1 类数据后的用例将自动划分为并行桶（无测试数据依赖）和串行桶（有测试数据依赖），如果存在并行桶则直接高并行执行，而串行桶再次进行精排处理。

2）精排

对串行桶进行重新编排，目的是将数据准备进行聚合，实现重复数据准备只做一次，将能并行的用例自动聚合分组，最终得到一种串中有并，并中有串的结果。

遍历用例集 T（num=n），将测试数据和用例进行抽离，形成测试数据 x 的数据综合权重的列表 ListX。如下：

- 测试数据 d1≥数据综合权重=500（依赖用例数据数×5，类型权重×100）
- 测试数据 d2≥数据综合权重=3（依赖用例数据数×3，类型权重×1）
- 测试数据 d3≥数据综合权重=2（依赖用例数据数×2，类型权重×1）
- 测试数据 d4≥数据综合权重=30（依赖用例数据数×1，类型权重×30）

提取 ListX 中数据综合权重最大的测试数据后，T（num=n）转化为 T'（num=n），并且 T'可分为两组，即叶子用例集 L（num=k）和剩余非叶子用例集 K（num=n-k），测试数据 d1 形成第一层数据准备 dump 桶。

对用例集 K 进行分层聚类。将用例集 K 进行处理产生综合权重的列表 ListY 后，遍历 ListY 中的测试数据（num=y）的值并对第一层 dump 的测试数据 d1 的值进行文本处理，得到文本相似度，此处采用经典词向量表示文本，并用欧式距离来表示数据的空间距离，我们可以根据经验设定一个严格阈值。然后将数据空间距离小于等于阈值的用例所依赖的数据进行聚合，形成第一层的新 dump 集，将数据从用例集 K 中抽取出，形成全新的用例集 K'。将 K'中的叶子用例抽出放入叶子用例队列，剩余非叶子节点最终形成新用例集 K1。（说明：上述步骤主要为了解决两类文本数据的相似聚合问题，即意思一致但表现不一致，比如树索引数据中 doc 的顺序不同，或者 doc 中多了空格或回车这样的文本数据。对其他数据不做聚类操作。）

将 K1 用例集进行 2.1～2.3 递归聚类，直到用例集 K 最终形成全叶子用例集和 p 层的 dump1,dump2,…,dumpN 的数据准备集，最终完成全用例集的分层聚类编排。

3）快速执行

按照分组顺序从左到右，每组内 dump 层数从下到上，组内用例并行执行的方式高效执行。可以理解为按照树的深度优先算法进行遍历。

示例 4-4：用例画像建模的排查

相信很多测试人员都遇到过这样一个场景，一个待上线项目在焦急的等待功能回归结果，结果回归报告一出来，10 多个用例失败了。此时测试人员郁闷了，一连串的问号闪过：这 10 多个用例为什么失败呀？是本次迭代导致的吗？是测试环境不稳定的问题吗？这些用例以前失败过吗？有谁排查过这些用例吗？以前维护这些用例的同事都转岗了呀！而等待上线的算法人员也很郁闷：本次上线就改了一个配置，按道理不影响呀！今天项目再不上线就拿不到效果数据了呀！还要等多久呀！于是就出现了一位郁闷人员看着另一位郁闷人员的情景，这郁闷的过程反复上演。Markov 便尝试解决这个高频的郁闷问题，本篇重点介绍下。

1. 用例画像定义

用例画像描述了一个用例的前世今生，画像库整合并萃取了该用例的所有历史数据，而在排查系统中主要用到的是用例画像中关联的历史失败归因集合。即对于该用例历史上每一次的回归，我们都会记录失败原因，包括中间链路数据、人工经验数据、系统自查结果等。因此，我们能在用例画像中看到该用例的历史失败次数及失败归因分布等数据，Markov 智能排查系统将以用例画像库为中心进行打造，如图 4-14 所示。

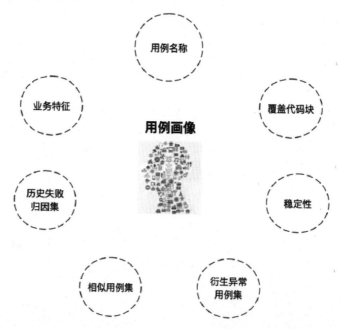

▲图 4-14　以用例画像库为中心打造的 Markov 智能排查系统

2. 实现设计

Markov 系统的实现设计如图 4-15 所示，整体流程如下。

步骤 1：回放失败用例。用户对需排查用例进行流量回放，用例执行模块保证了执行流程的动作是一致的。

步骤 2：全链路基础数据收集。在用例执行的过程中，数据搜集模块进行全链路数据收集，包括测试环境信息、执行过程的埋点日志、依赖周边服务的状态、待测应用配置信息、执行插件异常信息、coredump 信息等。

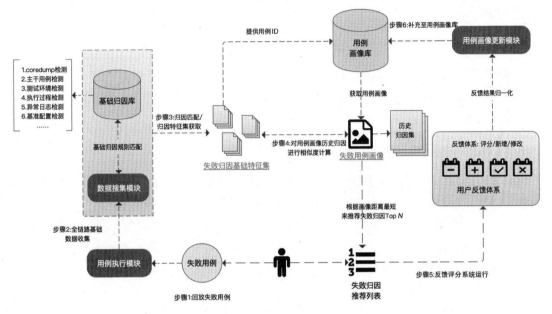

▲图 4-15　Markov 系统的实现设计

步骤 3：归因匹配/归因特征集获取。系统按照预定义规则（系统自查规则）对全链路数据进行匹配可得到自查结果，如 coredump 文件出现:true、分支用例出现:true、测试环境服务正常:false、执行过程正常:false、被测应用出现异常日志:true、配置文件和基准环境出现差异:false 等，并进一步补充详细信息后得到本次规则特征集，如被测应用出现异常日志:true[被测日志节点 1:error，被测日志节点 2:warn]。

步骤 4：对用例画像历史归因进行相似度计算。系统向用例画像库请求获取对应用例的人工经验历史列表，使用本次失败特征集对每个用例的每个历史快照失败特征进行相似度计算，思想是将经典的 k-means 算法计算出的加权欧式距离定义为用例画像最短距离，即：

- 目标用例 × 用例 1(时间 A 执行失败) => 相似度 0.7
- 目标用例 × 用例 1(时间 B 执行失败) => 相似度 0.1
- 目标用例 × 用例 1(时间 C 执行失败) => 相似度 0.2
- 目标用例 × 用例 2(时间 A 执行失败) => 相似度 0.22

最终根据画像距离最短原则来推荐失败归因 Top$N$。

步骤 5：反馈评分系统运行。用户对系统推荐的失败经验 TopN 进行反馈，包括推荐准确度评分，用户可增改人工经验库。

步骤 6：补充至用例画像库。评分系统实时搜集用户反馈，并将新的失败特征集和人工经验更新至用例画像库，以此不断沉淀排查经验，确保下次推荐准确度更高。

示例 4-5：功能 A/B 测试、性能 A/B 测试

线下功能测试始终是覆盖不全面的，人工写测试用例总会有遗漏。为了追求极致左移的测试效率，Markov 引入线上大流量和轻量级的 A/B 测试的设计思路，通过对比的方式快速确定新代码对产品的影响范围是否符合预期。

1. 轻量级单模块功能对比——功能 A/B 测试

可以将功能 A/B 测试理解为一种轻量的面向模块级的功能对比测试，区别于常见的全链路对比测试，功能 A/B 测试对模块级别对比场景更加有效和专注。

在常见测试流程中，一般先进行功能测试、联调测试，再进行功能对比，以全链路对比为主，如图 4-16 所示。在这样的测试流程中，对比发挥作用的时间节点在功能测试完成后、代码上线前，测试人员可能已经投入了大量的时间到功能测试中，对比测试仅仅是上线前的一道保障。

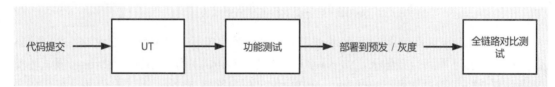

代码提交 ➡ UT ➡ 功能测试 ➡ 部署到预发 / 灰度 ➡ 全链路对比测试

▲图 4-16　常见的测试流程

功能 A/B 是一种在功能测试开始前执行的单模块对比方案，具有反馈及时、成本低、速度快等特点，是一种非常轻量级的通用化左移对比方案，基本能实时了解目前开发的代码影响了哪些功能模块，是否符合代码设计的预期。

功能 A/B 捞取生产请求日志进行回放，测试环境的数据与线上生产的数据保持一致，并提供一套完整的环境解决、对比执行、数据分析的方案，以便在功能测试开始前进行单模块对比。这样不仅前置了发现代码影响范围问题的时间节点，还能提高功能回归的全面性，成为功能测试的有效补充。

功能 A/B 测试的流程如图 4-17 所示，在项目代码完成 UT 测试后，可以执行功能 A/B，功能 A/B 为提测的模块自动部署一套完整环境，发起批量对比任务，自动分析对比数据生

成测试报告，快速确定新代码的提交对已有功能是否有影响，影响的范围是否符合预期。

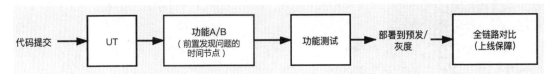

▲图 4-17　功能 A/B 测试的流程

Markov 的功能 A/B 实现架构如图 4-18 所示。

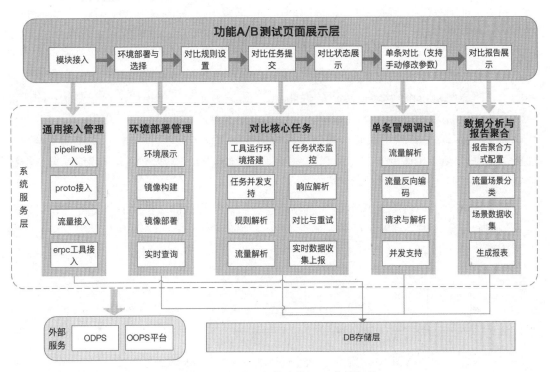

▲图 4-18　Markov 的功能 A/B 实现架构

Markov 的功能 A/B 实现架构主要包括 5 个基础功能。

（1）通用接入管理：提供通用的模块接入方式，配置化管理接入模块。模块接入时只需要提供业务相关信息即可，系统自动为新模块分配资源，更新数据。

（2）环境部署管理：为模块搭建专属测试环境，测试环境依赖的数据与生产环境一致，Markov 直接为用户提供构建镜像、应用部署的全流程功能。同时对比环境配置化，用户可以随时修改，Markov 实时查询 A/B 两套环境的当前镜像、部署状态等信息。

（3）对比核心任务：发起对比是功能 A/B 测试的核心功能，功能 A/B 为对比任务建立异步任务池。用户选定目标流量发起对比任务后，Markov 后台自动创建任务提交至异步任务池，等待任务异步执行。

（4）单条冒烟调试：用户自主改造请求串，通过单条冒烟调试目标功能。这是用户检验待测功能、定位问题的有效手段。

（5）数据分析与报告聚合：对比返回数据，分析差异字段，形成对比报告。区别于普通的对比测试报告，功能 A/B 提供了按请求聚合和按响应聚合两种方式，用户可以自定义聚合函数。对比报告中以柱形图、趋势图、不一致字段/请求列表等方式全面展示测试结果。

2. 一键单模块性能对比方案——性能 A/B 测试

可以将性能 A/B 测试理解为一款轻量的面向模块级的性能测试，和"双 11"等大促保障的全链路压测场景不同，Markov 的性能 A/B 测试更专注于单模块的性能变化，即通过 Markov 测试的各代码分支，一键检测各个版本的性能差异，并记录主干代码的每日性能变化，形成性能基线，模块的负责人可对本模块的性能变化一目了然。Markov 调用了专业的性能测试平台 ACP（详见下节）的智能发压功能，实现了一键智能发压→环境部署→指标搜集→压测报告生成的全自动化流程。

性能 A/B 测试与功能 A/B 测试的左移思想一致，在测试的早期进行性能对比，可以在投入测试前发现代码改动对性能的影响是否符合预期。结合了功能 A/B、性能 A/B 的完整测试流程如图 4-19 所示。

▲图 4-19　结合了功能 A/B、性能 A/B 的完整测试流程

Markov 平台提供了一整套基于单模块的自动化性能对比测试方案，具有以下核心功能。

- 快速一键式压测：快速一键部署、准备数据、发送压力、收集分析数据。
- 压测稳定准确：稳定执行压测任务，产出的性能报告数据准确可信。
- 低成本接入：提供的解决方案满足各广告引擎的单模块性能测试需求。
- 性能追踪：通过定时运行，可以定期地产出单模块性能基线，持续跟进该模块的性能水平，为算法提效和运维提供数据依据。

性能 A/B 的执行流程如图 4-20 所示，包括创建压测任务、环境部署、请求串抽取与改造、智能发压、数据采集和数据分析，对应一系列的 Markov 系统服务。

- 任务管理服务：负责性能任务的创建、更新与存储，并调度其余子服务。
- 环境管理服务：实时查询获取性能测试环境信息，并负责部署测试镜像，返回部署完成后的信息。
- 数据加工服务：负责各个服务模块的 query 定时抽取，根据本次任务的需求对请求中的参数进行改造并重新加工，最后将处理完成的请求上传至发压机器。
- 发压服务：开启对两个环境的智能压测任务，实时监听压测任务状态。
- 数据采集服务：负责从配置中获取此模块的性能指标，实时获取测试环境的性能监控数据，并对这些监控数据进行存储。
- 数据分析服务：发压结束后从数据库中获取本次压测的全部数据，对数据指标进行聚合计算，支持可配置的计算方式（平均值、TopN 值），处理最终结果并生成性能报告。

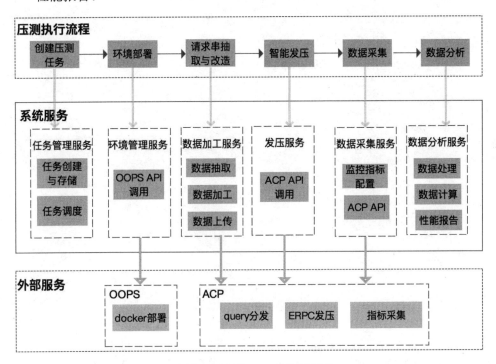

▲图 4-20　性能 A/B 的执行流程

4.3.2　无人值守的性能测试

为了既不影响用户体验，又能充分发挥大数据结合 AI 算法的优势以实现最大的商业价值，在线工程对性能的要求极其严格，每个模块的响应时间（Response Time，RT）都会精确到毫秒。可以说，在计算力不断突破的今天，性能决定了在线工程系统的服务算法商业化的天花板。所以性能测试是重中之重，任何一次变更都需要做一次完整、细致的性能测试。传统的性能测试工具无法满足在线工程系统的多变场景需求和细致入微的性能诉求，同时传统的性能测试对人的依赖非常强，已经不能满足我们对服务端测试未来布局的要求。综上，我们需要重新定义一套性能测试平台，用以满足在线工程高频、高精准的性能测试需求。

关于性能测试的思考：性能测试是完全标准化的测试，它具有标准化的测试用例、标准化的执行过程、标准化的校验流程。笔者认为，标准化的东西一定是可以自动化的，那么如何实现呢？

为了实现性能测试的自动化，我们结合算法将测试数据的生成、执行、校验全部自动化，最终产品化了无人值守的性能测试平台。接下来我们分别详细介绍测试数据的生成、执行和校验过程，以及如何实现全流程的自动化。

实现全流程自动化的解决方案如图 4-21 所示。

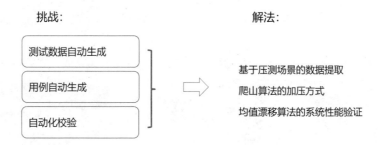

▲图 4-21　实现全流程自动化的解决方案

1.　测试数据生成

我们通过对在线系统的日志分析和抽取，自动生成压测数据查询。多场景数据抽取/构造方案如下。

（1）基于业务逻辑的顺序抽取：用户的请求有关联性，如用户先浏览，然后对比其他商品，最后下单购买，我们提供基于业务场景的抽取模式，可以更好地拟合线上真实访问场景。

（2）时序抽取：用户请求的分布和构成在一定时间内呈规律性变化，我们基于请求参数时间戳、页码等进行排序，按照时序进行抽取，更真实地模拟请求顺序。

（3）采样与抽样抽取：对于海量线上数据，我们对特定参数，如 cookie、userAgent 等进行哈希，并采取采样与抽样的方式，抽取能够反映线上分布情况的最小流量集，实现最短时间内，消耗最少资源获取具有代表性的流量集合。

（4）随机抽取等模式：除了上述特定场景，我们还提供了随机 random 的抽取模式，对于验证系统鲁棒性、稳定性有重要作用。

多场景数据抽取的构造方案如图 4-22 所示。

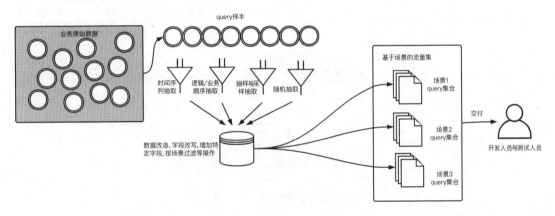

▲图 4-22　多场景数据抽取的构造方案

除了压测，我们还通过压测平台扩展了稳定性测试，为了解决压测数据的问题，我们选择的场景比较固定，异常情况较少，无法完全覆盖系统各个业务逻辑分支，难以充分验证系统的鲁棒性。我们探索了一种基于基因变异和模糊测试（fuzz）思想的测试数据构造方案。具体过程如下。

（1）将两个查询请求作为父样本，进行参数解析和分割，就像对基因的染色体进行拆分一样。

（2）对两个父样本的字段进行随机组合、叉乘，培育出新的子样本个体。

（3）染色体变异：对新的子样本个体进行变异，如对数值形字段通过扩大取值范围进行变异，对非数值型字段进行语意分析改写，如具体的查询串（query）。该方案主要解决异常场景构造成本高、覆盖率低的问题，同时丰富了 query 的取值，实现 1 分钟内快速构造千万量数据样本的效果。

一种基于基因变异和模糊测试思想的测试数据构造方案如图 4-23 所示。

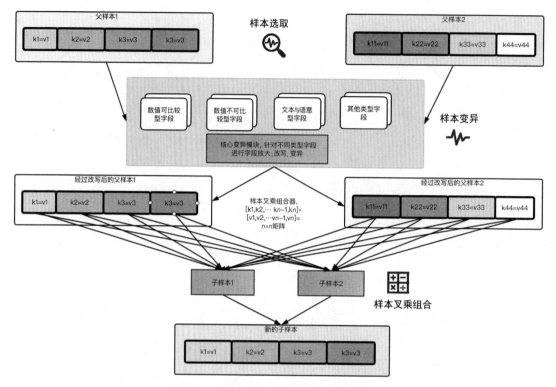

▲图 4-23　一种基于基因变异和模糊测试思想的测试数据构造方案

2.　用例智能化自动执行——梯度多轮迭代爬山方案

我们使用工业界普遍使用的"爬山算法"，并结合业务特有的场景，给出一套多轮迭代的爬山方案，可以更准确地探测系统极值。

如图 4-24 所示，横轴为流量，纵轴为被测系统的响应时间，这是一套典型的通过梯度迭代最终获取系统最优解的性能测试流程。从小流量开始加压预热，在第一次到达极限后进行局部迭代，最终获取最优解。

过程详解：

（1）梯度增加压力，小流量探测预热，然后压测系统依据训练的性能模型数据自动逐渐加压。

（2）自动判断被测系统是否达到极限状态，得到多个局部最优解。

（3）在达到波谷或波峰以后，压测系统开始向上或向下迭代，最终得到局部最优解。

（4）持续迭代以上 3 个步骤，直到得到基于历史的全局最优解。

由于系统的最大负载和压力一般正相关，因此通过这种类似于爬山算法的梯度多轮迭代算法，可以迅速得到全局最优解。

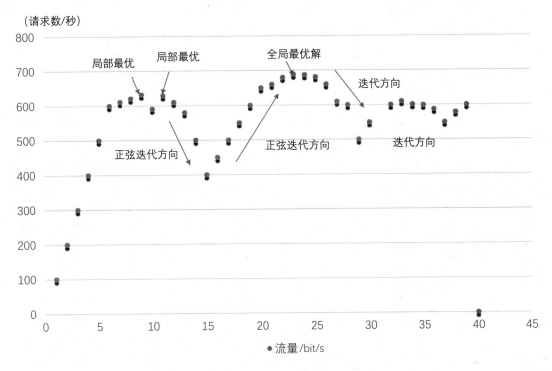

▲图 4-24　梯度多轮迭代爬山方案

4.4　效果评估

A/B 测试对如今的互联网企业的重要性早已不言而喻，通过科学的实验设计用最小的实验成本得到置信的实验结果，是 A/B 测试的核心诉求。Google、Facebook、Amazon 等互联网企业都有完备的 A/B 测试体系，每天都有数千的 A/B 测试在线上运行，在阿里巴巴集团内部，蚂蚁、飞猪、B2B、优酷、土豆等都在建立并完善自己的 A/B 测试体系，可见 A/B 测试的思想已经逐渐深入人心，A/B 测试也正在逐渐成为一种思维方式，而不是简单的实验工具。

在业界，A/B 测试通常指流量端的 A/B 测试。依托于 Google 的重叠实验架构体系，在流量端对用户进行科学的随机分流，让用户流入实验版本与对照版本，根据核心指标在不同版本上的表现差异做出正向的实验决策。这里主要介绍基于广告主的 A/B 测试实验。

4.4.1　效果评估的挑战

为了保证评估的正常进行，需要合理的切流、选择最小样本、合理抽样，最终还要对效果进行验证。在实验设计中有两类问题是评估工作的挑战。

第一，项目的中长期效果很难评估。实验是针对当前项目节点做的评估，仅能证明在当前这个时间节点的效果。项目效果会受外在因素的影响，比如客户预算的调整、淡旺季等，随着外在因素的变化，效果也会产生一系列的变化。但目前还没有更好的评估方式，当前的方式是利用关键指标的变化趋势来观测项目效果。

第二，评估的合理性。评估是否合理受很多因素影响，例如时间周期、样本选取等。就时间周期来说，在实验中选取不同的评估时间，可能出现截然相反的效果，如何确定评估时间与周期至关重要。另外，项目上线节奏非常快，在没有足够的评估时间的情况下，未来研究的方向是如何由定性效果替代定量效果。对于样本选取来说，客户抽样目前只能保证单指标同质，无法进行多指标比较，在遇到特殊问题时，无法进行有效评估。例如，评估新客使用效果时，静态分桶中不包含这些客户，导致无法评估。因此，需要针对特殊的情况采用不同的抽样方法，比如，在上例中采用动态分桶，是未来的研究方向。

4.4.2　用户体验保障

随着社会经济的发展，用户不再满足于基本的功能性需求，开始更多地关注心理需求。在电子商务领域，用户体验会直接关系到用户消费时的选择，良好的用户体验能够有效地为企业带来口碑与回头率，是企业健康、长远发展必不可少的因素。因此信息提供者应更多地从用户角度来考虑问题，从信息服务中的用户体验过程入手，通过用户体验评估提高信息服务水平。

用户体验是一种主观的感受，是用户在使用产品的过程中所感受到的、所获得的全部内容的总和，是衡量产品质量的重要指标。用户体验包括用户对品牌特征、信息可用性、功能性、内容性等方面的体验。在工业经济时代注重产品功能、质量；在服务经济时代注重服务态度、品质；现在我们在体验经济时代，那么就要注重用户体验。

用户体验对当今的互联网产业有特殊意义，一个特定的网站或应用系统客观上存在着积极和消极的用户体验。当用户拥有积极的体验后，他们可能成为回头客，增加消费，让企业在激烈的市场竞争中夺得更多的资源，确保网站长期良性发展。消极的用户体验通常导致收益减少、用户忠诚度丧失、品牌形象下跌。因此，构建良好的用户体验也是网站成功的关键。在信息服务过程中，如何通过增强交互手段提高用户体验，提升信息服务水平是信息服务行业不得不关注的问题。

这里将用户体验保障分为三大模块：相关性评估、舆情监控和众测。

1. 相关性评估

什么是相关性评估？ 相关性评估指评测搜索引擎的相关性，即评测用户查询的关键词（Query）与返回商品（Item）的匹配程度，影响因素有标题、图片、属性、行业等。但从广义上讲，相关性可以理解为用户查询的综合满意度，即从用户进入搜索框的那一刻起，到需求获得满足为止，这之间经历的过程越顺畅，操作越便捷，搜索相关性就越好。

相关性评估的作用及意义。 对于搜索引擎，适当频率的相关性评估必不可少，评估可以对服务质量起到监督作用。通过实时更新搜索引擎后方数据信息，不断改进搜索核心技术方法，科学的取样、评估和统计方法，都可以对搜索引擎的现状有比较清晰的了解。

相关性评估的流程如下。

（1）根据特定的规则抽取代表性的关键词，组成一个规模适当的集合。

（2）构成查询集合后，使用这些关键词和不同的（新/旧）算法环境在数据抓取平台中进行数据抓取。

（3）对抓取结果进行（人工）标注。

（4）根据标注的评估结果，使用预定好的评估计算公式，用数值化的方法评价搜索系统的准确性。

相关性评估的规则。 GoB 评估规则：我们将关键词与返回结果的匹配程度分为如下四个等级。

（1）Good（完全相符）：图片内容、重要属性、行业等，都与关键词相符。

（2）Fair（部分相符）：行业相符，但有个别非重要属性不符，可分为产品不符、款式不符、材质不符、适用品牌不符、尺寸不符、型号不符、颜色不符、功能不符、图案不符、风格不符、季节不符、年龄不符、旗舰店不符、网红店铺不符、主件出配件、非同款、其他属性不符。

（3）Bad（完全不符或重要属性不符）：行业、品牌，或其他重要属性不相符，可分为类目不符、品牌不符、性别不符、配件出主件。

（4）Nj（失效数据）：query 语义不明或链接失效。

2. 舆情监控

舆情是"舆论情况"的简称，指在一定的社会空间内，围绕中介性社会事件的发生、发展和变化，作为主体的民众对作为客体的社会管理者、企业、个人及其他各类组织及其政治、社会、道德等方面的取向产生和持有的社会态度。它是较多群众对于社会中各种现象、问题所表达的信念、态度、意见和情绪的总和。这里所说的舆情指在互联网内,作为主体的广大网民(主要指淘宝用户)对于产品质量所表达的观点、评论和态度。

评测处理的舆情根据来源的不同分为三类。

(1)用户反馈:普通使用者在产品使用过程中对产品功能、使用效果发表的评论、投诉等。如用户反馈"猜你喜欢"给出的推荐商品多为其已购买的商品,短期内无此需求。

(2)主流媒体:主流媒体如央视、新浪、今日头条等对于淘宝、京东等电商网站的新闻报道。如每年的"315"晚会发布的重大产品质量问题。

(3)其他业务的动态:近期已发生或即将发生的其他业务,并与广告业务存在联动。如维密入驻天猫,这一信息与搜索广告对于品牌的管控逻辑有着密切关联。

广义舆情监控指整合互联网信息采集技术及信息智能处理技术,通过对互联网的海量信息进行自动抓取、自动分类聚类、主题检测、专题聚焦,形成简报、报告、图表等分析结果,来满足用户的网络舆情监测和新闻专题追踪等信息需求。这里的舆情监控指针对与广告产品质量相关的舆情信息进行监控。主要手段为工具平台设定监控规则,发现舆情后人工干预处理。舆情监控的具体工作流程如图 4-25 所示。

舆情监控的首要作用是提前发现危机,及时准备处理预案,将风险降至可控范围内。通过舆情监控可在第一时间了解到"与我相关"的重大事件,以争取到时间迅速制定解决方案,避免事件进一步发酵。

此外,舆情监控还能发现产品存在的 Bug,通过 Bug 修复和产品优化维护提升用户体验。

3. 众测

众测评估利用大众的测试能力和测试资源,在短时间内完成大量的用户体验测试,并在第一时间将体验结果搜集反馈至平台,是来自用户的最直接、最真实的声音。众测评估可以了解产品质量的现状,也可为后续优化提供参考。推荐产品与搜索产品不同,是根据用户的日常行为等特征,通过算法为用户推荐结果,评估者作为第三方无从了解用户的真实意图,因此也无法判断推荐结果是否令用户满意。因此,众测方法针对推荐产品的用户体验进行评估是可行的。

(1)确定评估形式:问卷调查和实地调研。问卷调查,即用户在线完成调查问卷设置的相关问题;实地调研,即用户到指定地点(如公司)与评估人员进行面对面交流。问卷调查的优点是便捷、无时间和地域限制、成本较低、评估周期短,是评估的主要形式。

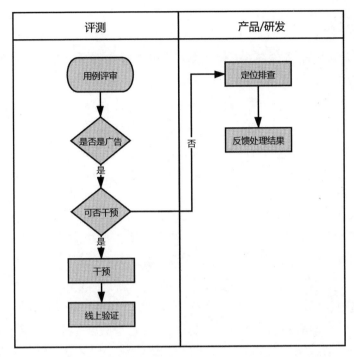

▲图 4-25　舆情监控的具体工作流程

（2）确定用户范围：希望邀请谁来参与评估，可根据产品的实际受众或期望受众进行设置。通常面向所有手淘客户。

（3）确定评估对象：用户需要体验的产品是什么。

（4）确定众测入口：入口尽量放在产品的使用场景内，如"我要反馈"按钮、弹窗等。

（5）确定问卷内容：包括用户关注的产品素材是什么（图片、文本），需要用户回答的问题是什么。

（6）确定样本数量：设定样本回收数量。

（7）分析与反馈：评测人员对搜集的样本进行整理分析，并形成最终结论，反馈至产品，为后续优化提供参考。

通过评估得到了用户满意度数据，为评估广告质量提供明确的指标，也为后续产品优化提供可对比的指标。同时，通过问卷中的问题了解到用户在产品使用过程中关注的要素，为产品优化提供了参考。

众测是一种基于用户主观感受的评估方式，难点在于是否能得到足够多的可信数据。

4.5 对大数据应用测试的预判

任何时候都要对未来充满敬畏，但预测或判断未来其实是一件非常困难的事情。所以，本节关于未来的预判，仅供参考。

如果非要对未来做一些预测，那么要先观其历史，正所谓能看见多远的历史就能看见多远的未来。我们先简单回顾一下测试这个行业的发展历史，我们把这段历史划分为三个阶段。

（1）1979 年，微软招聘了第一个专职测试工程师 Lloyd Frink，从此有了软件测试这个行业，在随后的 20 年里，人们对软件质量的精益求精使得软件工程和测试行业迅猛发展，在那个时代，软件的交付一般通过光盘和软盘等介质，一旦出现质量问题，召回难度与成本巨大，所以对质量与测试的重视与投入也是惊人的，整个的研发过程采用瀑布模式，测试人员与发布人员有着明确的分工。在 20 世纪 90 年代盛极一时的大软件公司里（Microsoft、IBM、Oracle 等），开发人员与测试人员的比例一度达到 1∶1。

（2）21 世纪初，随着互联网的出现，让软件的发布与修复不必依赖物理介质，通过软件和服务的在线更新即可实现。软件研发开始走向敏捷模式，测试的流程也在不断地弱化，取而代之的是对发布效率的追求，"快速发布、快速发现问题、快速修复"驱动着灰度、监控、回滚等一系列新方法论的出现，DevOps 成为主流。在这个时代，最典型的公司就是 Facebook 和 Google，开发团队自己做业务测试，测试团队（Google 更名为工程生产力团队）更多地负责工具与流程的设计与实现。与此同时，2014 年，随着新 CEO 的上台，软件帝国微软在向"云+端"演进的过程中，对其软件研发模式也做了相应的调整与升级，抛弃了使用多年的瀑布模式，开始转向 DevOps，测试团队与开发团队全面融合，测试人员和开发人员合并成一个类似全栈工程师（Combined Engineer）的角色。

（3）伴随着移动互联网与智能设备的兴起，用户数据不断积累，进入大数据智能时代。大数据技术的应用与机器算法模型对用户行为的分析刻画与预测成为平台公司的核心竞争力。在这个时代，发布模式逐渐走向持续化，DevOps 的研发模式更是大为流传。但在这个时代，传统的软件测试已死（Test is Dead），软件测试更多地从工程质量（正确地做事）向效果质量（做正确的事）转移，测试的主战场也从线下的发布测试逐渐走向线上发布后的稳定性测试与工程效能 DevOps 工具链的建设。

在以上从信息技术（Information Technology，IT）时代到数据技术（Data Technology，DT）时代的演进过程中，研发与测试模式也都相应地在调整，测试方法论和对测试的看法在不断发生变化，参见图 4-26。测试作为软件质量的重要保障手段，它不会消失，但会发生一些变化。测试效率和测试效果方面的不断提升，是测试这个行业永远不变的目标。

	传统软件/IT 时代 （1980—1999 年）	互联网/移动互联网 （2000—2015 年）	DT 时代 （2015 年以后）
特点	发布周期长、需求明确 CD 交付/数据库	快速迭代、需求变化快 浏览器/客户端/IDC 机房	大数据、算法智能 云+端
研发与测试模式	瀑布模式 强测试流程、专职测试团队	敏捷模式 弱流程、快速发布、快速发现与修复	DevOps 模式 持续发布、工程效能
代表公司	IBM、Oracle、Microsoft 用友、亚信、神州数码等	Facebook、Google、Amazon、Microsoft Azure 百度、腾讯、阿里巴巴、头条、抖音等	

▲图 4-26　测试方法论和对测试的看法的变化过程

我们在大数据应用测试过程中遇到的几个主要问题与相应的解决方法已经基本介绍完毕。关于大数据应用测试的未来，我们有三个初步的判断。

第一个判断是后端服务测试的服务化与工具化。这涉及服务端的测试转型问题，我们的判断是后端服务类型的测试不再需要专职的测试人员，开发人员在使用合理的测试工具的情况下可以更加高效地完成任务。专职的测试团队未来会更多地专注于偏前端和用户交互方面产品质量的把控，与产品经理一样，需要从用户的角度思考产品质量的问题，产品的交付与交互的验证是产品测试团队的重点。多数服务端的测试工作都可以实现自动化，且很多服务级别的验证也只有通过自动化这种方式才能实现。相对于测试人员，开发人员在 API 级别的自动化代码开发方面能力会更强，更重要的是开发人员自己做测试会大量减少测试人员与开发人员之间的沟通成本，而这个成本是整个发布环节成本中占比较大的部分。前面介绍过，算法工程师对业务逻辑的理解更加清晰，所以，我们更希望后端的测试工作由工程人员或者算法工程师独立完成，在这种新的生产关系下，测试人员更加专注于测试工具的研发，包括自动化测试框架、测试环境部署工具、测试数据构造与生成、发布冒烟测试工具、持续集成与部署等。这种模式也是 Google 目前一直在使用的测试模式。

这里需要强调的一点是，虽然测试团队在方向上做了转型，但后端测试这个事情还是需要继续做的，只是测试任务的执行主体变成了开发人员。对于后端服务类测试团队的转型，除了效能工具，线上稳定性的建设也是一个非常好的方向。

第二个判断是测试的线上化（Test In Production，TIP）。这个概念大概是十年前由微软工程师提出的。TIP 是未来测试的一个方向，主要考虑以下三点。

（1）一方面线下测试环境与真实的线上环境总会存在一些差异，导致测试结论置信度不够，消除这种差异需要较大的持续成本。目前使用最多的就是性能测试或容量测试，后端服务的拓扑非常复杂，许多模块都具有可扩展性，不同的数据对性能测试的结果有很大的影响，测试环境与生产环境的不同会带来测试结果的巨大差异。另一方面，目前的生产集群都是异地多活的，在夜里或者流量低谷的时候，单个集群就可以承担起所有流量请求，剩下的集群可以用来压测，这也给我们在线上做性能测试带来了可能。

（2）许多真实的测试演练只能在线上系统进行，例如，安全攻防和故障注入与演练，在线下的测试环境下是无法完成的。

（3）从质量的最终结果上看，不管是发布前的线下测试，还是发布后的线上稳定性建设，其目的都是减少系统故障的发生。把这两部分融合在一起，以线上故障的减少为目标进行优化，可以最大限度地利用和节约人力资源。我们判断，线下测试与线上稳定性的融合必将是一个趋势，即技术风险的融合。

第三个判断是测试技术的智能化，见图4-27。类似自动驾驶中的分级，智能化测试也有不同的成熟度模型，例如人工测试、自动化测试、辅助智能测试、高度智能测试。机器智能是一个工具，在测试的不同阶段都有相应的应用场景，测试数据和用例设计阶段、测试用例回归执行阶段、测试结果的检验阶段、线上的指标异常检测，在不同的技术风险领域可以使用不同的算法和模型。智能化测试是测试发展到一定阶段的产物，其前提条件是数字化。自动化测试是一种比较简单的数字化，多数的自动化测试平台都拥有大量的自动化用例数据及运行数据，如果没有实现数字化或者自动化，那么是没有智能分析与优化的诉求的。另外，在算法的使用上，一些简单的算法就会有不错的效果，比较复杂的深度学习甚至强化学习算法的效果反而一般，其原因或者难点在两个地方，一是特征提取和建模比较困难，二是测试运行的样本与反馈的缺失。但无论如何，运用最新的算法技术去优化不同的测试阶段的效率问题，是未来的一个方向。但我们同时判断，完全的高度智能测试与无人驾驶一样，目前还不成熟，这不是因为算法与模型的好坏，而是因为测试数据的不足。

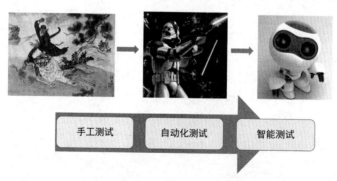

手工测试　　自动化测试　　智能测试

▲图4-27　测试技术的智能化

最后，在测试模式的发展上，每个公司和团队都面临着不同的具体问题，与其所处的业务、系统、文化都息息相关，并不存在普世的方法与通用固定的发展之路，切勿刻舟求剑。希望本章的内容，即我们的一些实践经验与教训，能给大家的工作带来思考和启发。

第 5 章
AI 系统测试

语音类产品测试：陈舒、徐灏、马巍、王荣江、王园园、张旱雨
计算机视觉类产品测试：许文君、王昭

人工智能技术在近 10 年取得了突飞猛进的发展，这离不开作为基础的海量数据（移动互联网不断产生大量数据）和高性能计算。同时，在算法技术上，AI 框架日趋完善（如 TensorFlow），细分领域不断精进（NLP 领域的 Bert 模型、图像领域的 RestNet、推荐模型的 DIEN/DLRM），这些技术最终与业务场景结合，极大地提高了业务场景下的效率，甚至改变了该领域的模式。如推荐广告、智能对话机器人、图像识别、自动驾驶等。阿里巴巴集团的推荐广告系统、天猫精灵、智能客服、智能理财顾问、智能核赔系统都是由多种 AI 系统支持的。

AI 系统是数据、工程、算法结合的系统，有些还跟硬件关系密切，单次行为概率性强、不可琢磨，测试手段相对匮乏，深度学习的不可解释性也给测试带来了很多挑战。这类系统的测试既有与工程测试相同的地方，也有与领域深度结合的地方，所以我们要做好该领域的测试，首先要有数据、算法、模型的基础，然后深入了解该领域的架构特点，分析风险薄弱点，最后逐步构建对应的质量体系。本章以阿里巴巴集团的语音类和计算机视觉类产品为例，介绍如何进行这类系统的测试。

5.1 语音类产品测试——智能音箱测试

5.1.1 智能音箱业务介绍

人工智能最重要的应用领域之一就是自然语言对话。2014 年 11 月，Amazon 推出了全球第一款智能音箱——Echo。随着 Echo 的问世，一种全新的生活方式开始走进普通消费者的生活。Echo 把人们从复杂的界面操作中解放了出来，只需简单的一句话，就可以订到一

份外卖、叫到一辆车或者轻易地找到一首喜欢的歌曲。Echo 也让智能音箱这个概念迅速地在智能家居领域杀出一条"血路"。紧随 Amazon 的脚步,中国智能音箱市场也迸发出了惊人的战斗力。根据 IDC 提供的 2020 年中国智能音箱市场的数据,国内全年智能音箱出货量超过了 4000 万台。

　　用户与音箱对话的时候发出语音指令,通过自动语音识别技术将音频转换为文本,再通过自然语言理解技术对文本进行语义理解,并结构化输出。对话管理会根据自然语言理解的结果,将指令交由后续的服务去执行,并返回执行结果,再通过自然语言生成技术、文本转语音技术将最终的音频在音箱端播放,从而完成一轮对话,智能音箱的工作过程如图 5-1 所示。

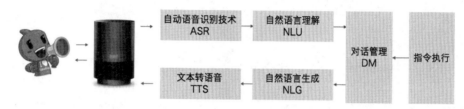

▲图 5-1　智能音箱的工作过程

图 5-1 中涉及的概念如下所述:

- 自动语音识别技术(Automatic Speech Recognition,ASR)是一种通过机器学习算法将语音转化为文本的技术。

- 自然语言理解(Natural Language Understanding,NLU)是一种通过机器学习算法将自然语言描述的文本进行结构化的技术,结构化后文本会被转换成用户意图,以便于后续服务的识别和执行。

- 对话管理(Dialog Management,DM)是语音指令控制的中枢,当从音频得到用户意图后,由 DM 进行控制执行。

- 自然语言生成(Natural Language Generation,NLG),当用户意图被执行后,需要将结果拼装成文本,以供后续的 TTS 使用。

- 文本转语音(Text to Speech,TTS)将 NLG 拼装好的答复语料文本转换成音频,在音箱端播放。

- 领域(Domain)是内部概念,主要承载某一个业务的数据信息。例如,影视是一个领域,天气是一个领域。

- 技能(Skill)是完整的功能单位,包含某一个领域方向的对话理解和执行逻辑,可以独立承接和处理一段对话逻辑。一般情况下,一个 Bot(机器人或自动机)

可以包含多个 Skill，一个 Skill 也可以供多个 Bot 选用。例如，天气是一个 Skill，猜数字是一个 Skill，学狗叫是一个 Skill。

- 意图（Intent）代表一段对话的目标和真实用意，是 Domain 中的细分元素，一个领域中有多个意图。例如，天气中查询气温是一个 Intent，查询湿度是一个 Intent，查询是否适合洗车是一个 Intent。目前，意图分为动态意图、公共意图、标准意图等。

- 填充槽（Slots）是从一句话中提取出来的实体修饰词，比如，在"杭州今天天气怎么样？"这句话中，领域是天气，意图是查询，"杭州""今天"将作为 Slots 传给后续的执行服务。

- 答复（Reply）是在用户询问后，经过系统执行返回给用户的答复。

5.1.2 语音类产品测试的挑战

这里以天猫精灵智能语音音箱为例进行讲述。天猫精灵是云端一体的智能音箱，既具有智能硬件设备的特性，又具有互联网的特性，因其有如下几个特征，所以测试复杂度高、挑战大。

1. 链路长

在 PC 或移动互联网产品形态下，用户所有的意图均是通过点击、滑动、输入等操作表达的，用户的意图是明确的。而语音类产品没有此类触控操作，用户直接通过语音与产品交互。因此，在系统执行用户请求之前，需要理解用户意图。所以语音类产品比移动互联网产品多出了语音识别、语义理解的环节。从端上收音开始，经过降噪、去混响、波束形成等环节，到请求服务端，再到通过算法进行语音识别、语义理解，进而由服务端或第三方服务进行处理，将结果返回给算法进行语音合成，最后到音箱端进行播报，整个链路单次语音指令的响应耗时需要 1.5～2.5s。

2. 技能多

市面上智能音箱的定位是让用户仅通过语音就能完成在互联网世界可以完成的一切。因此，音箱的后端需要接入各种各样的服务，如音乐、天气、时间、闹钟、搜索等，我们称之为技能。毫无疑问，为了满足用户的各种诉求，音箱需要提供数以千计的技能。为了让更多的技能接入进来，系统也提供了技能开放服务，可以让生态合作伙伴通过接入技能，与我们一起为用户提供更加丰富的服务。如何保障数以千计的技能服务质量，是我们面临的重大挑战。

3. 设备多

截至目前，天猫精灵事业部推出了几十款智能设备，如 X1、C1、M1、CC、CCL 等，每款设备都集成了上千个技能，且某些设备与网关之间的协议是不一样的。测试经验丰富的小伙伴一看就知道，测试用例是一个笛卡儿积，数量非常庞大，且语音测试效率非常低，如何保障服务的发布不会影响如此多的设备，是我们要面临的另一个极大的挑战。

4. 语音用例复杂且数量庞大

语音测试的过程比较简单，例如，用户向天猫精灵询问："今天天气怎么样？"，精灵答复："今天晴。"这就构成了一条语音测试用例。语音测试的难点在于，对于同一个意图，不同类型的用户有不同的问法。按照年龄来分，有老年人、中年人、儿童；按照地域来分，中国各地口音不同；按照性别来分，又有男人、女人。所以，测试一个技能到底需要多少条语音用例是一个难题。

5. 语音测试效率低下

语音测试不同于传统软件测试，传统软件测试是以鼠标或者触控为交互基础进行的，与系统的交互是瞬间完成的，交互时间最长不超过 1s。而语音用例是以问答的形式进行的，用户说话、音箱播音均需要时间，一次交互长达几秒甚至几十秒，再加上语音用例数量庞大的特征，使得语音测试效率极低。

6. 对环境要求高

软件测试只需要一台计算机就能进行，而语音测试对环境要求很高，在静音、噪声环境中测试结果不尽相同，如果大家都坐一起还有可能互相干扰，给测试带来诸多不便。

这些都是困扰天猫精灵测试人员的难题，一直以来，我们都在思考、探索，不断优化我们的测试策略。

5.1.3 天猫精灵测试策略

如前所述，天猫精灵系统涉及的技术体系非常广，从底层的硬件到上层的系统软件、应用软件，再到后端服务层、算法层，再到外部三方服务。如此复杂的系统，面临着诸多挑战，我们主要通过"端端语音测试""执行链路测试""算法评测"三个层面的分层测试来保障整个系统的质量。

"端端语音测试"是最上层的直接面向用户的集成测试，我们通过端端语音测试自动化来解决"设备多"和"效率低下"的问题。

"执行链路测试"与互联网接口测试类似，是通过底层接口调用来保障下游接口服务质量的测试方法，天猫精灵执行的链路测试被直接调用服务接口的，而是从 DM 入口切入的，如图 5-2 所示，因为 DM 的输入是自然语言文本，这就天然形成了 BDD 的测试方式，是语音类测试的优势。

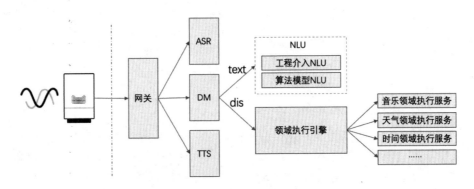

▲图 5-2　天猫精灵执行的链路测试

"算法评测"主要评测唤醒/误唤醒算法、语音识别算法及语义理解算法的质量，它的特点是数据量大，将大数据测试用例"灌"入算法引擎，通过准确率来衡量模型的质量。

为了避免与其他章节的内容重复，这里我们不再赘述比较通用的测试手段，如执行链路测试等，只介绍天猫精灵特有的一些测试方法——端端语音测试、算法评测。

5.1.4　端端语音测试

人工进行的端端语音测试是比较简单的，就是站在用户的角度一问一答，看语音识别效果是否满足用户期望。难点主要在于"如何提升效率?""如何避免环境干扰？""响应耗时如何测试？"下面分别进行阐述。

1. 语音自动化测试

最简单的语音自动化测试方法是利用电嘴模拟人声播放语料，这是一个行之有效的办法，但是它只能替代人去测试，并不能提升测试效率，为了避免声音互相干扰，仍然需要一条语料一条语料地播放。为了提升效率，我们做出了一定的牺牲，跳过了麦克风拾音环节，将测试音频直接灌入系统，且灌入的速度可以控制，这样既快速又没有声音，使并行语音测试成为可能，大大提升了测试效率。

除了效率低下，语音测试面临的另一个比较大的问题是环境干扰，这既包括测试设备之间的互相干扰，也包括测试本身受到的外界噪声的干扰。在办公环境下，如果是单个用例的测试，那么不要紧，如果是批量的测试，大家就基本上没法干活了，试想一下，整天在这样的噪声环境中办公，谁受得了？

此外，我们的设备多达几十种，研发测试团队有几百人，不可能人手一套测试设备，测试设备的借用也比较麻烦。而且，测试人员一旦离开办公环境就无法进行测试，急需一种中心云化的测试设备共享服务。精灵云测实验室就是在这种背景下产生的，它实现了：

- 无干扰地进行语音自动化测试服务。
- 中心云化的测试设备共享服务。
- 多设备的兼容性测试服务。
- 线上业务的监控巡检服务。

精灵之测实验室方案如图 5-3 所示，主要由玲珑塔、Agent、音箱集群三部分构成。玲珑塔是天猫精灵内部开发的集用例管理、执行于一体的测试平台；Agent 与音箱集群通过 USB 相连，一起部署在封闭的实验室环境内，主要负责音箱集群的管理和测试指令执行。玲珑塔与 Agent 通过 websoket 建立长连接，当有测试用例执行时，由玲珑塔发起测试执行任务，将测试指令发送给 Agent，再由 Agent 根据执行指令找到对应型号的空闲设备去执行，执行完毕后上报测试结果，由玲珑塔汇总产出测试报告。

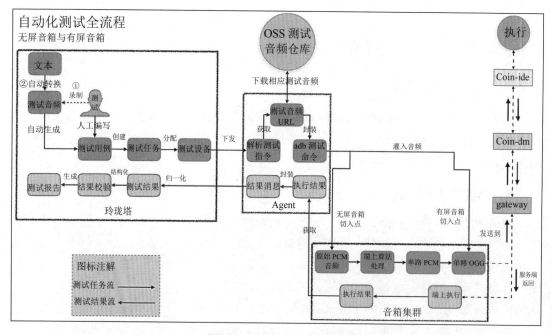

▲图 5-3　精灵之测实验室方案

此自动化测试方案包含了如下多项创新。

- 测试音频的获取：针对驱动测试的一个重要元素——测试音频，提供了两种获取方式，一种是玲珑塔页面提供的"一键录制"的快捷方式，另一种是 text 合成测试音频的自动方式。
- 测试音频的自动合成：根据不同型号的设备，基于 TTS 技术，后台自动转换、合成对应的 PCM 测试音频。
- 测试用例的自动生成：从"流量→用例"得到的灵感，通过一次性灌入音频获得执行结果，再根据测试结果生成测试用例，这样大大减少了人工编写用例的工作量。
- 测试指令集：对测试命令进行抽象设计，提炼出了测试指令集的概念，并针对无屏音箱与有屏音箱设计了两套内容不同、使用方法一致的测试指令集。
- TC 可视化编程：面向用例编写人员，提供了一套灵活的 TC 可视化编写界面。它支持变量与三种基本结构，基本上可以满足测试人员的 TC 编写需求。
- 测试结果校验项的可配置化：校验项灵活多变，它给自动化测试带来的痛相信大家深有体会，鉴于此，我们设计了一种校验项可配置的方法，可以灵活应对所有的变化。

2. 语料自动化生成

智能语音测试的基础是大量的语料。人类的语言是复杂多样的，在做语料自动化生产之前，我们要先考虑清楚：工程和算法评测的边界在哪里？如果不厘清工程和算法评测的边界，端端测试的用例数量将非常庞大。语料的泛化在算法评测阶段进行，只需要覆盖所有的功能逻辑即可。我们得把握好这个度，否则将耗费比较大的人力和时间成本。

在测试数据上，我们覆盖的是线上真实的常用语料+数据驱动的工程定向语料集合。在不考虑泛化能力的情况下，测试数据都是可穷举的。技能支持的领域、意图，这些信息在数据库中都可以找到，我们可以通过拼装的方式自动生成测试语料。

正如图 5-2 所示，NLU 包含工程介入 NLU 和算法模型 NLU 两部分。工程介入 NLU 是出于用户自定义问答的需要，或者运营的需要，在算法模型 NLU 之前工程强制干预的数据处理行为，其优先级高于算法模型 NLU。对于算法模型 NLU，我们通过算法评测进行测试，对于工程介入 NLU，我们可以通过自动化的方式生成测试数据。

工程介入 NLU 都是基于一定的规则，将数据库中的元数据作为判断的依据进行语义理解的。所以，工程介入 NLU 可以通过扫描库表中的元数据，根据一定的语法规则来拼装并自动生成测试语料。如图 5-4 所示，我们创建了一个星座（Constellation）的技能，这个技能有三个意图，对于第一个意图 queryDate，例句是"@{constellation}在几月"，这个"@{xxx}"是模板的写法，对应了 12 个实体 constellation，所以组装出来的自动化用例是：

白羊座在几月

金牛座在几月

双子座在几月

……

双鱼座在几月

一共 12 个用例。对于第二个意图和第三个意图，可以用同样的方式组装用例，这样我们可以迅速生成非常多的用例。

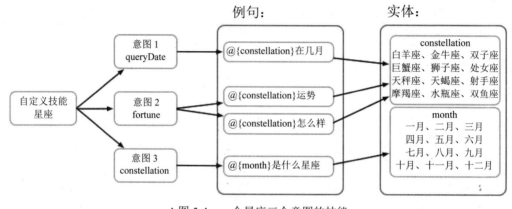

▲图 5-4 一个星座三个意图的技能

3. 语音耗时测试

天猫精灵既是一款互联网产品，也是一款智能设备，市场上存在诸多竞品，想在残酷的市场环境中赢得竞争，就必须在各项质量指标上做到极致。对用户来说，最重要的体感指标就是指令达成和指令响应耗时。关于指令达成，我们将在后面的算法评测环节介绍，下面介绍一下指令响应耗时的测试，分为语音响应耗时、触屏响应耗时、智能家居设备控制耗时三部分。

1）语音响应耗时

当用户向天猫精灵询问"今天天气怎么样？"时，如果等待答复时间超过 5s，那么估计用户会抓狂，所以音箱的语音响应体感耗时显得格外重要。有的人可能问："响应时间就响应时间，为什么要加上'体感'二字？"其实，这是有原因的，天猫精灵团队在语音响应耗时测试的道路上曾经走过一段弯路，一开始我们是通过埋点计算获取耗时的，但得出的时间明显跟体感不符，后来我们想了一种可以精准得到用户体感耗时的方法，这种方法就是模拟人的听觉。

我们开发了一款播放、录音软件，名叫"天机尺"，播放询问语料后等待一段时间，音箱会进行语音答复，语料的播放和音箱答复的语音在录音软件上都会形成波形，而这两者之间没有波形的部分就是我们等待的时长，如图 5-5 所示。

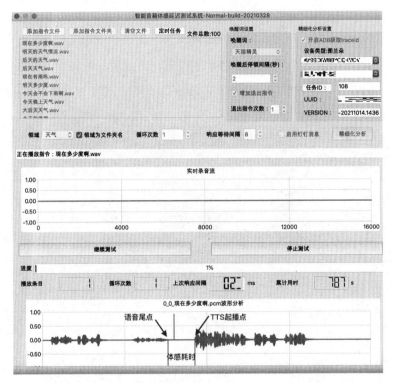

▲图 5-5　天机尺

"天机尺"的发明开启了天猫精灵用户体感响应时间测试的新纪元，在此之前，我们根据埋点计算得出的语音响应耗时为 1.5s，但使用"天机尺"测量出的耗时是 2.8s，差距将近 100%，正因为存在如此巨大的差距，我们进行了重点排查，发现了很多原来的埋点发现不了的隐形延时，称之为隐形延时是因为很多地方无法埋点，如硬件延时、VAD 检测、TTS 静音头等。

2）触屏响应耗时

对于带屏的天猫精灵来说，除了语音耗时，影响用户体感耗时的另一个重要指标是触屏响应耗时。

触屏响应耗时定义是从用户点击应用图标（手指点击屏幕那一刻）开始，到应用界面所有元素完整加载所消耗的时间。用户对触屏设备的响应延迟比对语音的响应延迟更加敏感。吸取了语音响应耗时测试的教训，我们要求触屏响应耗时测试必须满足以下几个条件：

- 对设备无侵入并且兼容竞品，可以进行对比测试。
- 可以用自动点击代替人工点击。
- 可以批量进行测试分析。
- 可以毫秒级检测从开始点击到应用界面全部加载完成的延时。

于是，我们在"天机尺"的基础上进行了改进，改进后的测试工具如图 5-6 所示。

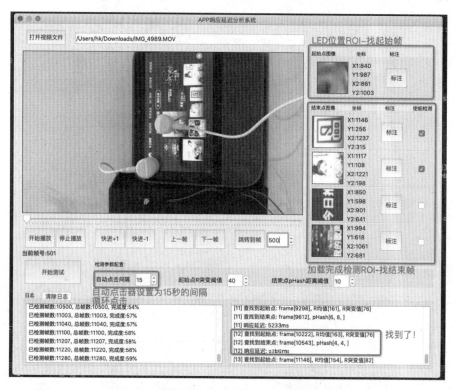

▲图 5-6　改进后的测试工具

在需要切换的两个页面按钮上放两个机械触点，触点可以根据需要进行点击，在触点的另一端连接可以控制 LED 灯的继电器，当触点点击的瞬间继电器通电，点亮 LED 灯，而这一切都会被边上的摄像机记录下来，然后对拍摄的视频进行分析，以"亮灯"为起始帧，"页面加载完毕"为结束帧，使用图像对比算法计算出从起始帧到结束帧的时长，即触屏响应耗时。

3）智能家居设备控制耗时

智能家居设备控制耗时测试的目的如下。

- 精确计算出从语音指令下达完毕到设备执行的时间。

- 智能家居产品多品类、多厂商，特定品类的测试方法很难解决所有产品的问题。

- 与同类型的产品进行对比，从而知道自己产品的优劣势。

方案一：嵌入式光敏电阻方案。

利用智能音箱进行灯控，是目前整个智能家居设备应用中最为广泛的一个场景。使用"天机尺"测试灯控耗时的最大挑战是"如何在录音软件中体现灯的状态变化"。我们把工具做了进一步升级，使用光敏电阻感应灯的开关状态，当捕获到开/关灯的现象时，利用蜂鸣器将光信号转换成声音信号录入录音软件，通过分析语音的波形，找到蜂鸣的时间点和语音指令结束点，就可以准确计算出灯控的耗时，如图 5-7 所示。

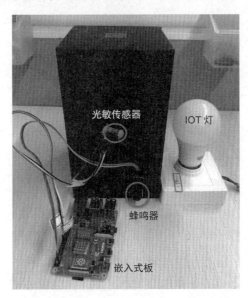

▲图 5-7　嵌入式光敏电阻方案

该套方案支持天猫精灵的灯控场景，但是接踵而来的问题是，如何测试空调、扫地机器人这类几乎没有光源提示的设备呢？电源指示灯的灯光太微弱，无法使用嵌入式光敏电阻方案，接下来为大家介绍我们的新方案。

方案二：人工智能测试。

图像识别技术是人工智能的重要内容，目前已经广泛应用于生物医学、军事刑侦、机器视觉、通信安防、刷脸支付、手机解锁等领域。没错，我们将利用图像识别技术来解决上述测试问题。

在机器学习中，只要明确特征（Feature）和标注（Label），然后把数据"灌"到算法框架里进行训练，就可以通过模型预测或识别具体内容了。对于灯控系列，我们可以把灯的状态分为关灯和开灯两类，把这两个状态的判断交给图像分类模型去处理，让模型来告诉我们什么状态是开灯，什么状态是关灯。对于扫地机器人系列，我们也可以将其分为开和关两个状态，这两个状态的图片几乎是一样的，只是产生了位移。此时我们引入一个在视频领域应用广泛的概念——运动目标检测（Motion Detection），也叫动态侦测。它的作用就是识别视频里的图像是否发生了运动，已经广泛应用于安防行业，比如马路上的监控摄像头，基本都具有这一功能。

我们面临的另外一个挑战是"如何得到语音指令结束的准确时间"。语音活动检测（Voice Activity Detection，VAD）技术在语音信号处理中有着重要的作用，如语音增强中的噪声估计、语音识别中的语音端点检测、语音信号传输中的非连续传输等。我们使用 VAD 进行语音端点检测，测试原理如图 5-8 所示，具体测试步骤如下。

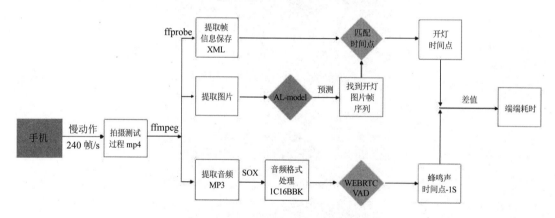

▲图 5-8　使用 VAD 进行语音端点检测的原理

（1）模型训练。

①数据准备。

我们录制整个开灯和关灯的过程。录制 10 次，得到 10 个 mp4 文件，每个 mp4 文件时长大概在 6~10s。使用 ffmpeg 命令提取这 10 个 mp4 的图片，然后将这些图片分为开灯和关灯两类，分别放入名为 open 和 close 的两个文件夹，随机保留 2000 张图片作为开灯特征，标记为 1；保留 1000 张图片作为关灯特征，标记为 0。其余的图片全部作为模型的验证测试集。

②训练。

我们采用 PyTorch 作为训练框架，设置 batchsize =128，训练 23 轮，当 loss 小于 0.001 时，停止训练并得到想要的模型。

③验证。

我们将没有作为训练集的其他图片作为测试集依次灌入模型进行预测，在 3225 张开灯图片中，3224 张图片的识别结果为开灯（1），识别正确率为 99.97%，在 4886 张关灯图片中，4884 张的识别结果为关灯（0），识别正确率为 99.96%。这个结果超出了预期，证明该模型已经具备基本的识别能力。

④测试环境搭建。

为了保证每次测试环境的单一性和稳定性，我们找了一个快递箱，将灯放置其中，基本保持黑暗状态，使测试数据更加精确。使用手机以慢动作（240 帧/s）的模式进行录制，在本地计算机上通过 adb 命令控制手机自动开始拍摄与停止拍摄。

我们用 TTS 分别合成了天猫精灵、打开灯、关掉灯等语音，目的是通过语音控制天猫精灵打开灯。然后把两段语音文件拼接成一段 wav 音频文件，在话音结束后 1s，拼接上一段蜂鸣声，方便我们标记语音结束的时间点，因为带有明显特征的蜂鸣声很容易被截取识别到，只要找到蜂鸣声的开始时间，然后减 1s 就找到了语音指令的结束时间。否则由于噪声或尾音的干扰，我们是很难判断语音指令的结束时间点的。

（2）数据的处理与分析。

①视频图像的提取。

我们使用命令 ffmpeg -i ${filename}.mp4 -r 240 ${filename}_frames_%03d.jpg，将视频按照 240 帧/s 的帧率提取成图片，如图 5-9 所示。

▲图 5-9　视频图像提取的图片

由图 5-9 可知，我们可以很清晰地看到灯打开的整个曝光渐变过程，通过肉眼可以判断在第 1133 张图片中，灯亮了。现在，我们可以让机器来做这个工作了。

②图像批量模型测试，找到灯开/关的时间点。

一段 mp4 文件长度一般在 8s 左右，也就是大约 8×240 张图片，将这些图片从第一张开始依次"灌"入模型预测，直到找到灯亮的结果"1"。因为模型也有误识别的概率，所以我们要求连续得到 10 张识别结果为开灯的图片，才判断为开灯，然后找出第一张被识别为开灯的图片帧序号。为方便查看，我们将所有帧信息保存成 XML，如图 5-10 所示，命令为 ffprobe -show_frames -of xml ${filename}.mp4 > ${filename}.xml。

▲图 5-10　帧信息的 XML 文件

通过帧序号我们可以找到这一帧的所有信息，此处我们只关心它的时间戳 pkt_pts_time，保存下来，得到视频中开灯的时间点。从中我们也能发现，两帧之间的间隔为 4.211ms，这也是测试系统的精度，同时验证了手机拍摄的帧率确实是 240 帧/s。

③从视频中提取音频，并且转换格式。

使用命令提取音频：ffmpeg -i ${filename}.mp4 -f mp3 -vn ${filename}.mp3。

将 mp3 转换为 wav：sox $filename.mp3 -t wav $filename.wav。

提取单通道的 wav 格式文件：sox $filename.wav -t wav -c 1 -b 16 -r 8k ${filename}_c1_b16_r8k.wav。

④VAD 计算语音结束点。

WebRTC VAD 的检测模式有 4 种：0—Normal；1—Low Bitrate；2—Aggressive；3—Very Aggressive。

其激进程度与数值大小正相关。为了尽可能地排除环境噪声的影响，此处笔者选了 3。

VAD 支持 80/10ms、160/20ms、240/30ms 三种帧长，此处使用 10ms 的滑动窗口，精度更高。

语音片段截取，把检测到的有声部分截取出来，并打印开始和结束的时间点。

回忆一下测试过程，语音分为天猫精灵、打开灯、蜂鸣声三部分。我们只要找到蜂鸣声的开始时间点，再往前推 1s，就是"打开灯"这部分语音的结束时间点。

三段语音的 VAD 截取效果，如图 5-11 所示。

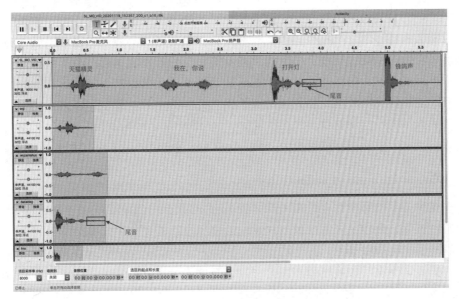

▲图 5-11　三段语音的 VAD 截取效果

（3）测试结论。

综上所述，链路体感耗时 = 图像识别到的开灯时间点–（蜂鸣声开始的时间点–1s）。以上就是整个系统的测试过程，测试结论如下。

①基于图像识别系统。

- 测试开灯数据 800 条，有效数据 759 条，平均返回耗时 934ms。
- 测试关灯数据 800 条，有效数据 787 条，进入秒回 463 条，平均返回耗时 914ms。

②基于嵌入式光敏系统。

- 测试开灯 92 次，返回耗时 1192ms，硬件延迟 150ms，减去延迟后平均返回耗时 1042ms。
- 测试关灯 80 次，返回耗时 1250ms，硬件延迟 190ms，减去延迟后平均返回耗时 1060ms。

由此得出：基于图像识别的测试方式比基于嵌入式光敏系统的测试方式平均返回耗时短 100ms 以上，具有无硬件延迟、精度高、环境数据可复现可查看等优点。

5.1.5 算法评测

算法是智能音箱的灵魂，对用户意图的识别、理解均是通过算法实现的。智能音箱的算法评测主要包括唤醒评测、误唤醒评测、ASR 评测、NLU 评测，以及指令达成率评测。算法评测主要分为离线评测和在线评测两部分。有些指标只能做离线评测，如唤醒率；有些指标只能做在线评测，如指令达成率；有些指标既可以做离线评测也可以做在线评测，如误唤醒、ASR、NLU。离线评测使用大数据测试集进行测试，看产出的结果是否满足期望，类似于功能测试，但其测试的数据量远超功能测试的数据量。功能测试集的数据量级最多上万，而离线评测集的数据量级动辄达到几万、几十万，甚至上百万。在线评测主要依靠人工每天抽取一定量的数据进行标注，分为 goodCase 和 badCase，标注后的数据全部回流进数据池，可以补充离线评测数据集，badCase 也会回流给算法进行算法优化。

1. 唤醒评测

出于保护用户隐私的需要，天猫精灵只会将唤醒后的音频数据上传，我们无法获取唤醒前的音频数据，所以是无法得知用户发出唤醒指令而天猫精灵没有被唤醒的情况的，故唤醒评测只能在实验室进行。图 5-12 是我们的测试实验室，被测试音箱放在实验室中间，我们会根据具体情况，在其周围不同的方位、距离连续播放唤醒语音，用"音箱被唤醒次数/播放唤醒音频次数"来衡量音箱的唤醒率。

▲图 5-12　唤醒评测的测试实验室

2. 误唤醒评测

误唤醒评测分为实验室评测和线上评测两部分。

在实验室评测中，我们模拟家庭环境，利用电嘴在不同的方位 24 小时不间断播放环境噪声音频，通过统计音箱被唤醒的次数计算得出误唤醒的指标。用此方法得出的指标称为实验室数据，主要用于新设备或算法模型上线前的评估。

线上的误唤醒评测主要通过标注的方式进行，每天抽取一定量的音频，通过人工的方式判断音频中是否有唤醒词，如果没有就标记为一次误唤醒。误唤醒率=被误唤醒的次数/抽样的数据量。此方法得出的误唤醒率代表了线上的真实使用情况，具有较大的参考意义。

3. ASR 评测

端端语音自动化功能测试的主要目的是验证整体流程是否正确，其测试音频可以通过一些技术手段合成，而 ASR 评测的目的在于衡量系统对不同地域、年龄、性别属性语音识别的准确率。通过一些技术手段合成的音频目前已经不能满足要求，所以 ASR 评测的音频数据必须通过数据采集或者线上数据回流得到。

天猫精灵有专门的数据采集团队，主要根据需求处理算法冷启动所需的数据。之前我们只是简单地跟供应商合作，提出数据需求，由供应商根据需求人工采集数据，由于设备类型众多，供应商需要重复录制很多次，这种方法成本高且效率低下。于是我们自研了自动化数据采集工具，如图 5-13 所示，供应商只需提供原始音频，在家庭环境中用电嘴播放原始音频，在电嘴周边不同的距离、角度放置录制设备，由上位机控制录制设备，这样便大大降低了数据采集成本。

▲图 5-13　自动化数据采集工具

但这样采集到的数据仍然不能完全满足评测对数据的需求，因为数据采集系统无法模拟线上所有用户的使用情况，数据回流仍然是评测数据的重要来源之一。因此，我们每天抽取一定量的线上数据进行标注，将标注后的数据回流进评测数据库，以此来评测 ASR 算法。

字准（字正确率）和句准（句正确率）是业界通用的评估 ASR 质量的可靠指标。评测时，将音频通过接口发送到 ASR 服务器，由服务器进行识别并返回文本结果，与标注文本进行对比，计算字准和句准指标。

指标计算方式：为了使识别的文本和标注文本一致，需要对识别的文本进行删除、插入、替换等操作，这些删除、插入、替换的字数，即错误的总字数。

$$单个用例字错误率=单个用例错误的字数/标注文本字数$$

$$单个用例字正确率=1-单个用例字错误率$$

$$单个用例正确的字数=标注文本字数-单个用例错误的字数$$

$$总体字正确率=正确的总字数/标注文本总字数$$

$$总体句正确率=句正确的文本总字数/标注文本总字数$$

"乾坤袋"是我们自研的一个算法评测系统，主要包括 ASR 和 NLU 评测。乾坤袋中的 ASR 评测模块如图 5-14 所示，包括测试任务调度器和测试引擎两部分。由于评测的音频数据量巨大，必须通过多线程并发进行，测试引擎通过线程池为一个测试任务分配子任务，多个子任务并发执行，并通过 Websocket 客户端与 ASR 算法服务建立连接，获取测试结果。

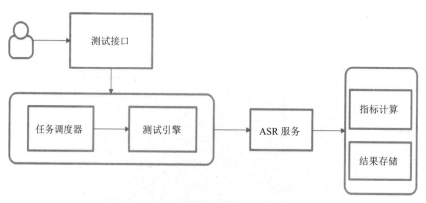

▲图 5-14　乾坤袋中的 ASR 评测模块

4. NLU 评测

NLU 用于处理 ASR 识别后的文本，对用户的意图进行理解，并对处理结果的 DIS（领域、意图、参数）进行标准化处理，所以 NLU 的评测是通过正确率来衡量的。

NLU 的评测比 ASR 的评测要简单很多，它不需要对地域、年龄、性别等音频的多样性特征进行处理，它的输入是文本，故 NLU 评测只需要建立一定数量的语料文本集即可。数据集可以通过数据回流或者技术泛化建立。

5.1.6　总结

至此，智能语音测试方案就介绍完了，为了避免重复，我们略过了一些通用的测试方法和手段，例如，带屏天猫精灵触屏测试这部分与无线应用的测试方法类似，这里只介绍了语音测试一些特有的方法，有些测试方法还在发展中。

5.2　计算机视觉类产品测试方案

计算机视觉（Computer Vision，CV）是一门研究如何让机器"看"的科学，试图创建能够从图像或者多维数据中获取"信息和知识"的人工智能系统。形象地说，就是给计算机装上眼睛（摄像机）和大脑（算法），让计算机像人一样去看、感知环境。当前计算机视觉技术（图像、视频、3D 图形等）在一定程度上可以说是随着深度学习（Deep Learning，DL）技术的发展而发展的。

过去的 20 年，计算机视觉技术的发展可以分成四个阶段：

- 第一个阶段是 2006 年之前，主要是传统图像处理，以及一些神经网络的单点能力储备和突破。

- 第二个阶段以 2006 年 Hinton 的论文 *Reducing the Dimensionality of Data with Neural Networks* 发表为起点，以其团队参加 2012 ILSVRC 大赛为终点，在这期间，计算机视觉技术的发展主要集中在识别分类上，这也是其最基础的任务。

- 第三个阶段是从 2012 年到 2016 年 AlphaGo 横空出世，期间学术界各类新的计算机视觉技术（包括检测、分割、生成等）层出不穷，深度学习技术在学术界成为主流，同时，有部分行业开始进入应用阶段，基于视觉理解的技术终于在生产实践中得到了认可（不限于学术界）。

- 第四个阶段是从 2016 年到现在，计算机视觉技术深入各行各业，不仅为传统行业赋能提效，同时开始创造新的商业形态。

与其他深度学习技术一样，图像识别领域的算法日新月异，依赖于以下三个方面的突破性进展。

- **海量数据：** 在搜索推荐等领域，可以靠用户的点击、购买等行为获取大量数据。而在 CV 领域，应该感谢标注数据集合 ImageNet。

- **海量算力：** GPU 这种高度并行的计算"神器"确实起到了很大的助推作用，没有 GPU，算法开发人员估计不敢搞太复杂的模型。

- **算法改进：** 包括网络变深、数据增强、ReLU、DropOut 等。

计算机视觉包括一些子领域：图像分类、目标检测、文字识别。

- **图像分类**：根据图像的语义信息对不同类别的图像进行区分是计算机视觉中重要的基础问题，是物体检测、图像分割、物体跟踪、行为分析、人脸识别等其他高层视觉任务的基础。

- **目标检测**：给定一张图像或一帧视频，让计算机识别出其中所有目标的位置，并给出每个目标的具体类别。

- **文字识别**：传统意义上指对输入的扫描文档图像进行分析处理，识别出图像中的文字信息。场景文字识别（Scene Text Recognition，STR）指识别自然场景图像中的文字信息，自然场景图像中的文字识别难度远大于扫描文档图像中的文字识别。

阿里巴巴集团绝大部分与 CV 相关的业务，都需要将**数据、工程、算法**结合才能实现，比如淘宝的图片识别、金融智能中的车险业务、医疗保险发票理赔、垃圾分类识别。需要根据具体的细分领域进行**产品流程设计、数据集选取标注、多种模型设计评估、算法工程（训练和预测）承载、业务系统对接、质量保障防控**等，涉及产品运营人员、算法技术人员、工程技术人员、标注人员、测试技术人员、运维技术人员等角色。

5.2.1　计算机视觉类业务流程介绍

一个业务是否可以通过 CV 技术方案来提高效率、降低成本，需要业务人员和领域算法人员从以下几个方面进行综合评估。

1. 业务评估对接流程

1）可行性

- 图像算法是否具备接近甚至超过人类的处理准确性。如果算法无法达到一定的准确性，会让使用客户觉得其不够智能，事后人工校正的成本也较高。

- 多模型多链路综合。真实的业务解决方案，往往是分步骤多模型、模型+策略共同作用的结果。

- 与业务现有的接口/协议对接。要考虑清楚容错性、业务降级、性能容量。

2）效率成本

- 节省成本：计算机视觉类业务建立后，每次处理可以节省的**人工成本**是多少，可以**缩短的业务流程**有多少。

- 付出成本：完成一个计算机视觉类业务，需要多少算法/工程**开发人员的成本**，需要多少**图像标注费用**（外包/众包），需要多少 **CPU/GPU 机器成本**。这些成本是否少于节省的成本。

确定可行性后，就可以通过以下四个步骤进行具体业务对接。

步骤 1：沟通业务需求。

步骤 2：数据上传与标注。

步骤 3：模型训练与模型效果评估。

步骤 4：训练模型的 API 发布。

2. 配套能力——标注平台

标注平台作为通用的图像分类数据集，用于业界通用算法评价，可以是开放式的。大部分公司都有自己的标注平台，原因如下。

- 业务发展需要：在具体的业务场景下，图像的 Label 往往带有**业务属性**，需要针对**不同业务的图像集合**进行针对性的标注。
- 信息安全需要：随着公司间的竞争越来越激烈，没有公司想暴露自己的**核心机密数据**。如果通过外部公司标注，那么标注领域、标注规则、标注量、最终标注样本数据都可能被**泄露给竞争对手**，对手可以对该领域进行快速复制。

标注平台本质上是为了**高效高质量**地产生**足够多**的标注数据而存在的。为了有序地产生这些数据，需要分清不同角色的职责，并且定义规范的标注流程。图 5-15 是典型的标注业务流程。

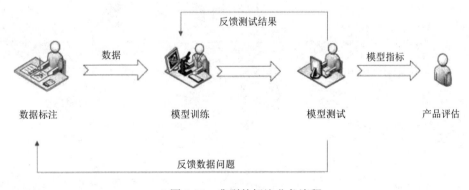

▲图 5-15　典型的标注业务流程

标注业务中有三个角色：

- **标注员**：负责标记数据。
- **审核员**：负责审核被标记的数据。
- **管理员**：管理人员、发放任务、统计工资。

数据标注流程中的四个分环节如下。

- **任务分配**：假设标注员每次标记的数据为一次任务，每次任务的记录可由管理员分批发放，也可将整个流程做成"抢单式"的，由后台直接分发。
- **标记程序设计**：需要考虑如何提升效率，比如设置快捷键、边标记边存等方法都有利于提高标记效率。
- **进度跟踪**：程序对标注员、审核员的工作分别进行跟踪，可利用"规定截至日期"淘汰怠惰的人。
- **质量跟踪**：通过计算标注人员的标注正确率和被审核通过率，对人员的标注质量进行跟踪，可利用"末位淘汰"制来提高人员标注质量。

3. 配套能力——算法工程平台

算法工程平台主要服务于算法研发人员。算法人员基于平台进行算法迭代，从而支持一些重点业务；同时，他们将部分基础算法沉淀到平台中，并训练出通用模型以提供在线服务。能力的沉淀和流程的封装降低了平台的使用门槛，业务的算法人员甚至数据和工程研发人员都可以利用它来训练模型。

平台的主要作用是服务模型的生命周期管控，包括数据的采集、清洗、标注，以及模型的训练、部署、服务。图 5-16 是算法工程平台的典型架构。

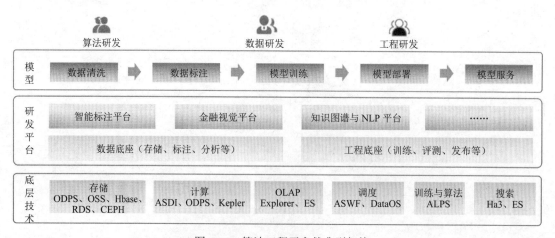

▲图 5-16　算法工程平台的典型架构

5.2.2　计算机视觉类测试分析

1. 风险点分析

计算机视觉系统是数据、算法、工程的结合，所以工程链路的**正确性、稳定性风险，数据、算法的效果波动风险**，都是该领域需要防控的。

从严重程度上看，CV 在各个业务中不断深入，从分类到识别再到辅助决策，正逐步进入自动决策业务。例如，在保险理赔的链路上，CV 系统正逐步成为存在潜在**资损风险**的系统。

通过对整体业务和链路细节的梳理，分析出的 4 个风险点如下。

（1）算法工程链路**不可用**。

- 由于整个算法的工程链路是由数据标注、模型训练、模型预测服务等部分组成的，使用的 Label 没有对齐、基础算法库的版本兼容性不够、模型加载错误都可能导致算法工程链路不可用。
- 大部分 CV 业务不是由单个模型完成的，而是由多个模型+策略共同完成的。多个模型配合起来可能导致算法业务不可用。

（2）算法工程链路**容量不足**。

为了提升算法的效果，算法工程师们会把神经网络结构做得越来越深。因此，大部分的图像识别服务 RT 是非常高的，在线预测工程也使用 GPU/FPGA 进行预测来获得较低的 RT。

- 如果某次变更后模型结构有较大改变，则会导致工程链路的 RT 变高，容量不足。
- 在神经网络/GPU/FPGA 环境下如何进行容量压测和性能调优，是值得长期探索的问题。

（3）算法**效果下降**。

- 算法业务初次上线时需要做比较详细的评估，观察业务指标。
- 后续的工程链路升级、基础框架升级、模型上线都有可能导致算法效果下降，需要将效果作为核心指标在上线前做好回测，在上线过程中进行灰度观察，在上线后实时监测大盘指标。

即使无任何升级，外部季节性和用户行为的变化，也可能导致模型衰退，导致算法效果下降。

（4）欺诈。

一些图像算法的论文会介绍使用改造后的图片欺骗图像识别模型，从而让模型将图片识别成预期的错误 Label 的方法。这对于自动驾驶类、识别决策类应用都是很大的风险。

2. 难点分析

在计算机视觉类测试体系的完善过程中，有下列不同于一般服务端测试的难题。

（1）缺少线下环境：很多图像模型训练的测试任务，为了保证真实性和计算效率，都需要 GPU 的支持。GPU 价格昂贵，往往缺少足够的线下环境，导致研发人员只能在线上环境进行测试。

（2）研发规范性：不同于服务端研发有成熟的规范，数据标注、算法研发的规范性不够，主要存在以下问题。

- **标注输入的数据格式和存储如何统一？** 标注产出的结果格式和存储如何统一？很多数据文件还处在 Excel 时代，如何跟大数据平台打通？如何通过 API 自动创建任务，自动回收标注结果？
- **如何规范模型训练的评估指标、评估报告？** 有很多报告是靠算法工程师运行一个命令行结果并手动绘制 Excel 完成的。模型训练二进制文件准出缺少质量标准和可自动完成的评价报告。
- **对一个模型在线预测服务，从功能可用性到容量上如何评价其可否上线？** 目前尚缺少标准，缺少管控流程。

（3）算法的可解释性：当评测的指标低于预期时，如何分析哪些样本是最坏的 case？如何分析问题是由于策略还是模型导致的？当拿到一个具体的 badcase 时，如何分析是数据标注问题，还是模型本身出了问题，如何指导模型进一步改进？

（4）迭代效率：算法讲究不断迭代优化，所以提高迭代效率对算法业务至关重要。为此，要采取以下措施。

- **提高单个环节的效率。** 在数据标注过程中，需要与标注员进行沟通，标注几千张图片可能要等上一周甚至更久。如何提高标注执行的效率，如何选取最能提高效果的标注样本对缩短迭代周期非常重要。图像模型训练往往要耗费大量的时间，失败了需要再次优化。优化训练速度也可以提高迭代效率。

- **自动串联，有效卡点，更快的闭环建设（Loop）**。整个流程需要人工干预得越多，效率就越低。如何通过自动化的方式将各个环节串联起来，是提高效率的关键。在流程中，需要有足够多的自动卡点，将问题尽早暴露、尽早修复。否则一路绿灯执行下去，直到最后才发现第一个阶段的标注数据就有问题，会增加很多工作量。

5.2.3　计算机视觉类测试方案

对于计算机视觉系统的测试体系化思考如下。

（1）测试体系是一张网，线下线上都覆盖，并且能覆盖各种潜在的风险点。

- 网是由点组成的，每个点都是某个领域的测试技术方案。风险小的点可以做得简单些，风险大的点和重要的点可以深度建设。
- 网是点的有机组合，每个点各司其职，它们之间有机配合，能够防止绝大部分风险的发生。对于这些点，能在单模块做的就没必要在全链路做，能在线下做的就没必要在线上做，有些线下数据丰富度不够的，就必须在线上进行。

（2）要融入研发流程，才能长治久安。在我们的理解中融入流程有几个层次。

- 以制度的方式要求人工控制在流程的关键点上产出报告。
- 以产品化和卡点的方式将流程关键点做到产品必经的路径上，没有这个内容，流程无法继续（或需要产品负责人和主管进行签认），这样对提升效率和执行严格度都是最好的。

根据上面的风险点分析，阿里巴巴集团的 CV 系统测试体系如图 5-17 所示。

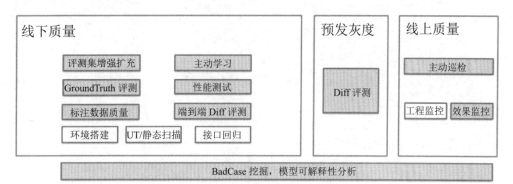

▲图 5-17　阿里巴巴集团的 CV 系统测试体系

- 深色的部分是 CV 质量领域作为抓手和重点建设的功能。
- 浅色的部分是其他工程系统测试体系的功能，以复用为主。

BadCase 挖掘和模型可解释性分析是贯穿线下线上的能力。

1. 数据标注质量——从源头卡质量

标注平台产出的样本数据，必须是准确率达标、分布合理的。标注是人力密集型业务，需要一套流程对产出的数据进行质量控制。常用的质量控制工具有标注雷题、多人投票、抽检验收等。标注雷题指设置一些雷题，根据踩雷的结果快速判断质量；多人投票指奇数人做同样的题目，将多数选项作为最终结果。还有一些自定义的规则或者函数可以做校验，机器人也可以用来做质量校验、投票或验收参考等。另外，在平台的产品界面上，支持触发自定义规则的主动预警机制。通过设计数据标签、数据指标、多维宽表，可以实现多维分析和基于各种指标的预警。样本分析和模型效果数据可以提前发现样本倾斜问题，对分析和发现数据质量问题帮助也非常大。只有通过了抽检验收、标注雷题的数据才能进入模型训练环节。图 5-18 是标注质量的总体数据报表。图 5-19 是样本数据分析结果。

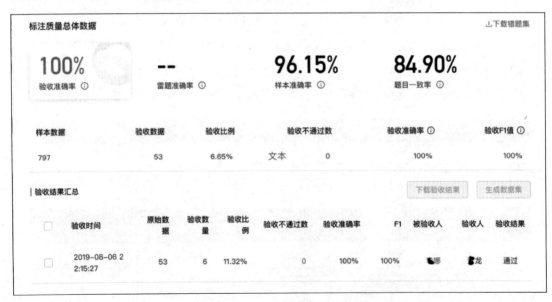

▲图 5-18　标注质量的总体数据报表

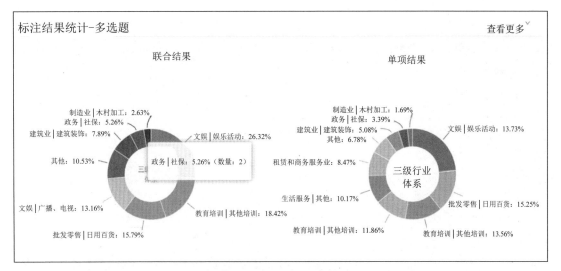

▲图 5-19　样本数据分析结果

2. 功能测试——复用通用持续集成平台

阿里巴巴集团的持续集成测试使用一套类似 Travis CI 的平台，它允许开发者在代码根目录下指定一个 yaml 来完成描述 CI Pipeline、驱动单测、静态扫描、环境搭建、集成测试等工作。持续集成测试主要针对单个代码库，可能有模型训练部分，也可能有在线工程、在线决策部分。CV 系统会涉及很多个模块，该部分主要保证各模块自身的正确性，不负责端到端的系统正确性验证。

关于前面提到的 GPU 机器资源难点，我们使用阿里巴巴集团内部的 K8s（Sigma 平台）解决这一问题，并用其进行 GPU 资源的管理分配，做到动态云化使用。GPU 测试资源由同一个团队维护，各个 CI 任务统一通过 API 申请资源，CI 任务运行完即释放资源。每个应用都有一定的资源配额，超过配额将无法申请到资源。配额制逼迫着应用负责人（owner）释放资源。

由于大部分开发语言使用 Python，所以集成测试框架为 PyTest。

对于模型训练部分，测试用例会提前准备训练样本集，并提交不同的训练任务，查看训练任务是否可以及时完成，模型输出指标是否在合理范围内。

对于模型预测部分。测试用例会基于最新的代码，加载预先准备好的模型文件，启动模型预测服务。预测试内容包括需要进行强校验的字段、字段类型结构变化等。

对于质量卡点，需要注意以下两点。

- Master 不允许直接提交代码，必须通过分支上的 CI Pipeline 才能合并到 Master。
- 无法通过 CI Pipeline 的代码，是不能进入后续的评测和发布流程的。

典型的 CI Pipeline 如图 5-20 所示。

▲图 5-20　典型的 CI Pipeline

3. 端到端 Diff 评测——替代传统用例

CV 端到端系统是由多个模块搭建的，同时加载最新训练好的模型数据。

- **Diff 评测集生成**：选取一个图片的基线（baseline）集合，具体详见后续评测集生成相关内容。
- **Diff 评测环境**：根据指定的程序和数据版本，动态搭建两套可对比的系统，复用功能测试中的动态云化环境部署方案。
- **Diff 评测执行**：读取评测集，对新版本和老版本系统发送同样的图片请求。使用多线程加快 Diff 执行速度，合并多线程 Diff 结果。
- **Diff 评测报告**：检查新版本发布后的预测结果和原有版本的 Diff，由于新版本的效果上线前已做验证，所以其主要目标是验证新版本的工程发布是否正确，确保线下和线上效果一致。

Diff 评测可以替代工程测试中的用例。因为 CV 系统的输入输出比较统一，变化集中在模型数据和策略上，所以通过对样本集进行高覆盖率的采样，理论上可以覆盖各种场景和功能。

Diff 评测有一致率的阈值。受环境稳定性影响，未必能达到 100%，对个别不一致的案例，需要进行人工确认。

质量准出：一致率达到 100%，或对不一致的案例可以解释。

4. GroundTruth 评测——上线抓手

GroundTruth 定义：在有监督学习中，数据是有标注的，以(x, t)的形式出现，其中 x 是输入数据，t 是标注。Ground Truth 指正确的标注结果。

考虑一个二分问题：将实例分成正例（Positive）或负例（Negative），如果一个实例是正例并且也被预测成正例，则为真正例（True Positive，TP），如果实例是负例而被预测成正例，则为假正例（False Positive，FP）。相应地，如果实例是负例且被预测成负例，则为真负例（True Negative，TN），若正例被预测成负例则为假负例（False Negative，FN）。图 5-21 给出了四种情况的说明。

真实情况 预测结果	正例（P） 狼真来了	负例（N） 狼没有来
正例（P） 牧童说"狼来了"	真正例（TP） ➤ 牧童说：狼来了 ➤ 真实情况：狼真来了 ➤ 结果：牧童是英雄	假正例（FP） ➤ 牧童说：狼来了 ➤ 真实情况：狼没来 ➤ 结果：牧童撒谎被批评
负例（N） 牧童说"狼没来"	假负例（FN） ➤ 牧童说：狼没来 ➤ 真实情况：狼来了 ➤ 结果：牧童被吃掉	真负例（TN） ➤ 牧童说：狼没来 ➤ 真实情况：狼没来 ➤ 结果：牧童不扰民

▲图 5-21 二分问题的四种情况说明

真正率（True Positive Rate，TPR）= TP/(TP+FN)。表示实际值为正例的样本中被正确预测为正例的样本的比例。

假正率（False Positive Rate，FPR）= FP/(FP+TN)。表示实际值为负例的样本中被预测为正例的样本的比例。

受试者工作特征（Receiver Operating Characteristic，ROC）曲线和准确率召回率（Precision - Recall，P-R）曲线是对算法模型常用的评估方法。

图 5-22 为 ROC 曲线，是在不同的分类阈值（Threshold）设定下分别以真正率 TPR 和假正率 FPR 为纵、横坐标轴产生的曲线。

由 ROC 曲线可以看出，当一个样本被模型预测为正例时，若其本身是正例，则 TPR 增加；若其本身是负例，则 FPR 增加，因此可以将 ROC 曲线看作随着阈值的不断移动，所有样本中正例与负例之间的"对抗"。**曲线越靠近左上角，意味着越多的正例优先于负例，模型的整体表现越好。**

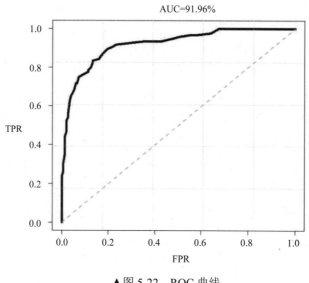

▲图 5-22　ROC 曲线

查准率 Precision=TP/(TP+FP)。表示在预测结果为正例的样本中，真实情况也为正例所占的比率。

查全率 Recall=TP/(TP+FN)。表示真实情况为正例的所有样本中，预测结果也为正例的样本所占的比率。

PR 曲线如图 5-23 所示，横轴代表查全率（Recall），纵轴代表查准率（Precision）。

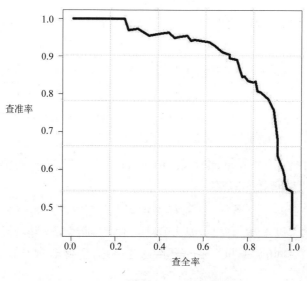

▲图 5-23　PR 曲线

ROC 和 PR 曲线适用于如下场景：

（1）ROC 曲线兼顾正例与负例，适用于评估分类器的整体性能，相比而言，PR 曲线完全聚焦于正例。

（2）当有多份数据且存在**不同**的类别分布时，如信用卡欺诈问题中每个月正例和负例的比例可能不相同，这时候如果只想单纯地比较分类器的性能且剔除类别分布改变的影响，采用 ROC 曲线比较合适，因为类别分布改变可能使得 PR 曲线时好时坏，难以进行模型比较；反之，如果想测试不同类别分布对分类器性能的影响，则 PR 曲线比较适合。

（3）评估在**相同**的类别分布下正例的预测情况，宜选 PR 曲线。

（4）在类别不平衡问题中，ROC 曲线通常会给出一个乐观的效果估计，所以大部分时候还是 PR 曲线更好。

所以在图像分类/识别模型中，我们主要通过对相同的评测集，对比新老系统整体的查准率和查全率，通过 PR 曲线来评价新系统的好坏，评估系统是否可以上线。

基于算法的质量平台，我们实现了：

- 测试集管理。主要是从元数据上对评测集进行增、删、改。
- 最近两个版本的评测指标对比，评测指标计算和报告产出自动化。

表 5-1 是一个从发票图像中识别姓名和标题业务的测试报告示例，展示了识别姓名与标题合并后的测试结果。它以线上版本为 **baseline**（基线），与灰度环境版本——即将上线的版本的算法业务进行效果对比（表中数字为查准率/查全率）。

▼表 5-1　从发票图像中识别姓名和标题业务的测试报告示例

详细字段	baseline_online	灰度测试版本	即将上线版本	指标提升（%）	baseline（卡阈值）	即将上线（卡阈值）
name	0.956/0.944	0.958/0.947	0.976/0.962	+2.0 / +1.8	0.976/0.888	0.976/0.962
no	0.933/0.929	0.935/0.931	0.933/0.929	+0.0 / +0.0	0.950/0.891	0.950/0.880
date	0.915/0.891	0.919/0.896	0.921/0.898	+0.6 / +0.7	0.950/0.712	0.950/0.799
II_sum	0.959/0.901	0.958/0.907	0.958/0.907	-0.1 / +0.6	0.959 / 0.901	0.959/0.898

PR 曲线

name 字段的 PR 曲线，如图 5-24 所示。

Title 字段的 PR 曲线，如图 5-25 所示。

整张图片的 PR 曲线，如图 5-26 所示。

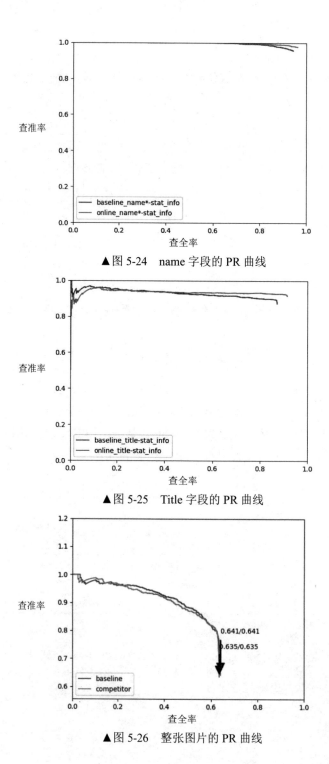

▲图 5-24　name 字段的 PR 曲线

▲图 5-25　Title 字段的 PR 曲线

▲图 5-26　整张图片的 PR 曲线

5. 性能测试——复用通用性能压测平台

我们使用阿里巴巴集团内通用的性能压测平台进行 CV 系统的性能测试。压测的请求集合是通过对样本集按照一定的比例进行随机采样产生的。需要保证覆盖主要的请求类型，这对于压测的有效性和能否拦截问题至关重要。为了保证压测的请求集合的新鲜度，我们会在标注样本集生成和模型上线的时候，随时更新压测的请求集合。

压测环境：线下固定环境。由于性能测试对配置有较高的要求，平台基本上是按照线上的每个角色配置一台机器搭建的。后续也计划使用 K8s 式的云化环境管理方式。

压测报告：根据系统的 RT、CPU、GPU、内存使用情况，将本版本的指标与上一个版本的指标以表格和曲线的形式进行对比。

根据这些指标评估整体性能是否达到预期，线上容量是否满足业务需要。分析瓶颈模块，指明问题可能的产生原因。

在深度学习神经网络领域，对于网络结构较深导致的性能下降，如何进行分析，是该领域的难点和特色。TensorFlow 的 Timeline 模块是一个描述张量图的工具，可以记录会话中每个操作的执行时间和资源分配及消耗的情况。

质量卡点：关键性能指标不能低于上次发布的。

6. 评测集增强——数据增强技术扩充评测集

在一般的测试方案中，测试集是从全量的样本集合中根据不同的维度，例如地域、样式等随机抽样产生的。阿里巴巴集团内部的大数据平台，可以帮助我们用一条 SQL 完成对样本集的采样。**数据增强（Data Augmentation）** 是有效扩展样本规模的方案，以图像类应用为例，常用的数据增强方式有：

（1）几何变换：翻转（水平和垂直）、随机裁剪、旋转、缩放等。

（2）像素颜色变换：添加噪声，例如高斯噪声。

（3）模糊：高斯模糊、ElasticTransformation 等。

（4）多样本合成：Smote。

（5）生成新图像：生成对抗网络（GAN）是深度学习领域中最令人兴奋的最新进展之一，通常用来生成新的图像，它的一些方法也适用于文本数据。

图 5-27 是阿里巴巴集团内部的一个 Image Smote 实现，根据业务场景简化了 Smote 算法，可以通过对某个类别的样本数按照指定的倍数 N 进行扩增实现。例如，A 类原有 100 个样本，N 的值为 10，那么就将 A 类样本复制 9 份，扩增 900 条数据，将扩增的数据打乱

后，抽取其中 K 条计算其均值和方差，生成噪声并叠加到采样数据中。迭代执行，直到所有新增样本都叠加了噪声，这样 A 类共有 1000 个样本参与训练。

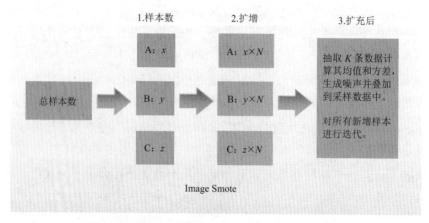

▲图 5-27　阿里巴巴集团内部的一个 Image Smote 实现

7. badcase 分析——从分析到优化模型

在图像领域，大部分模型采用 CNN 的深度神经网络进行分析，通常难以解释。例如，我们通过图 5-28 中左侧的训练数据来训练一个网络，输入一张图片，它会做出什么样的预测？为什么会做出这样的预测呢？

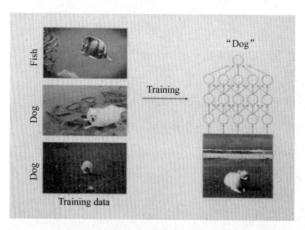

▲图 5-28　训练数据

近年来很多研究深度神经网络可解释性的论文，主要的研究场景都集中在图像和 NLP 领域。比如《通过影响函数理解模型黑盒预测结果》一文的基本实现思路是对训练样本 z 增加一个扰动，根据模型在测试样本上的预测 loss 判断训练样本 z 对预测结果的影响。

　　文章用影响函数（Influence Functions）来解释机器模型这一"黑盒"的行为，洞察每个训练样本对模型预测结果的影响。通过学习算法跟踪模型的预测并追溯训练数据来确定对给定预测影响最大的训练点，如图 5-29 所示，输入一张图片，预测结果是狗，利用上述方法可以计算出训练数据中的三张图片对于这次预测的影响。

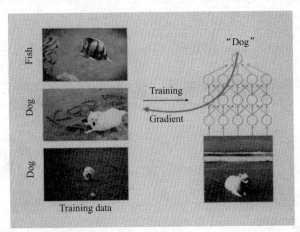

▲图 5-29　通过学习算法跟踪模型的预测并追溯训练数据，来确定对给定预测影响最大的训练点

　　在进行图像识别时先选择测试图片，比如选择一张鹰的测试图片，如图 5-30 所示。

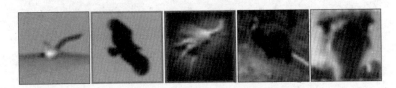

▲图 5-30　选择一张鹰的测试图片

　　我们可以看到，图 5-31 中都是跟鹰非常接近的图片，这些也是帮助模型将图 5-30 预测为鹰的主要训练样本。

　　图 5-32 中的图片，是通过影响函数分析出来的，对将图 5-30 预测为鹰**最没有效果的训练样本**。

　　影响函数可用于理解模型行为、调试模型、检测数据集错误，甚至生成视觉上无法区分的训练集攻击。在实际项目中，对于预测中出现的 badcase，比如识别发票号错误等情况，我们尝试利用深度模型可解释性来识别哪些训练样本会导致预测失败，并分析这些训练样本。

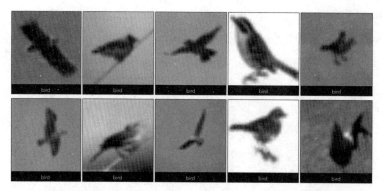

▲图 5-31　帮助模型将图 5-30 预测为鹰的主要训练样本

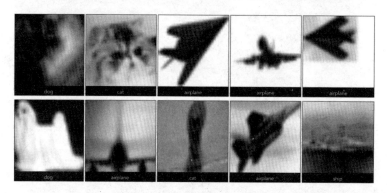

▲图 5-32　将图 5-30 预测为鹰最没有效果的训练样本

对通过影响函数找到的这些有正向帮助和有负向帮助的训练样本集合，可以做以下处理。

- 标注优化：将标注结果提交标注平台并重新确认，有可能发现新的 badcase。
- 模型调优：分析训练样本集合是否覆盖了 badcase 场景，比如发票地域、发票样式、发票污损、病例样式等，如果没有完全覆盖，则需要获取并标注新的训练样本集合，重新训练模型。

8. 主动学习——更加聪明的标注/训练闭环

对于某个具体的模型训练来说，不同的数据对模型效果的提升作用是不一样的。所以在人力不够时，需要选择重要的数据来标注；在人力足够时，也应该优先标注更"有用"的数据。于是业界有了**主动学习（Active Learning）**的概念，**主动学习**是一个迭代过程，不断选择对当前模型效果提升最有效的样本，优先进行标注。

在各种主动学习方法中，有两种最常用的策略。

- 不确定性（Uncertainty）策略：不确定性策略就是想方设法地**找出不确定性高的样本，**不确定性策略**使用信息熵度量，**因为这些样本包含丰富的信息，对训练模型来说是有用的。

- 差异性（Diversity）策略：差异性指各个样本提供的信息**不重复不冗余，**即样本之间具有一定的差异性。

主动学习可以节省多少标注量？标注平台有一个内部测试，主动学习挑选 10%左右的样本去训练的模型，准确率就达到了与全量样本训练相同的效果。

这个测试用到通用的基于信息熵挑选样本的算法，如图 5-33 所示。

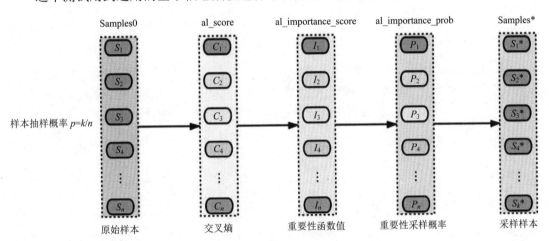

▲图 5-33　基于信息熵挑选样本的算法

9. 线上质量——主动巡检

当一个 CV 模型被发布到线上后，我们可以持续对线上的 CV 服务进行主动巡检，巡检使用的评测集，可以复用前面提到的评测集。

线上会有很多具体的 CV 服务，我们可以针对每个 CV 服务建立自己的巡检，并随着模型上线，同步更新评测集。

主动巡检需要一个巡检平台来承载任务的触发执行、结果的收集展示、失败后的报警跟踪反馈。这里我们复用阿里巴巴集团内部已有的巡检平台来完成该任务，具体使用什么评测集、如何比较结果、判断准确率低于多少算失败，都是通过具体的巡检用例来实现的。

10. 线上质量——工程监控

生产环境性能监控关注的主要指标包括响应时延、调用量等；稳定性监控关注的主要指标是线上服务报错量分类统计。实现这类监控的主要技术方案是阿里巴巴集团内部统一的监控平台。CV 系统会打印一些日志，监控系统会收集这些分布式系统上的日志，并通过流式计算系统完成监控指标的聚合计算、报警、指标展示。

11. 线上质量——算法效果监控

效果指标监控分为两类，第一类是端到端模型分数分布，利用 $t+1$ 的日志回流，从日志表中解析提取的分数，计算分数的分布和 PSI 指标（样本稳定性指标），如果 PSI 指标超过一定阈值（一般设置为 0.25，需要根据业务经验调整），就可以发出报警。第二类是具体业务场景的指标监控，如保险业务里的核赔率、发票号的字段提取率等。

要做好算法效果监控，一是要定义好能够刻画该业务算法的关键指标，二是要保证指标计算的准确性和实时性。

效果指标的波动，可能是由于数据样本、策略改动、工程链路、算法模型改动引起的，也可能数据、模型、工程都没问题，外部输入的样本分布变化导致了模型衰退。所以这里也涉及问题的排查，badcase 分析的能力。效果指标也是一个指南针，指引着整个团队发现质量问题、优化数据模型。

5.2.4 总结

综合来看，CV 系统的测试，既和传统测试在手段上有很相近的地方，也有如下特色。

- 数据标注质量从源头保证送进来的标注结果准确，数据没有噪音和杂质。
- 功能测试、性能测试、主动巡检、工程监控与一般工程测试的思路一致，复用现有的工程技术平台。当然，神经网络的性能分析不同于传统的性能优化。
- 端到端 Diff 测试、GroundTruth 评测、算法效果监控与领域的特点密切相关，也比较容易从算法业务特点出发去延伸。
- 评测集增强、badcase 分析、主动学习是其中比较高阶的做法，也是在系统具备了基本能力后，不断深化探索的结果。

第 6 章
云计算测试

武欣

云计算是当今最热的技术之一，阿里云是众多云计算厂商之一。阿里云包括公共云和专有云（注：专有云已经升级为混合云）。其中，公共云通过互联网将计算服务（包括服务器、存储、数据库、网络、大数据、中间件、分析和智能）提供给公众，满足不同用户的生产业务需求。而专有云是专供特定企业或组织使用的云计算资源，它实际部署在企业或组织的数据中心，为企业或组织提供 IT 基础设施的一站式解决方案。由于业务及规模不同，各个企业或组织对于专有云的产品和规模都有不同需求。本章特指面向专有云的测试。

6.1 专有云质量定义及挑战

基于 ANSI/IEEE 753-1983 对软件质量的定义：软件产品满足规定的和隐含的与需求能力有关的全部特征，云计算平台的质量可以从功能+非功能、单产品质量+集成质量两个维度来定义。

第一个维度：功能+非功能。功能的质量非常直观，是对"规定的需求能力"满足度的表现。它包含了云产品的服务规格和特性、管控层面功能、OpenAPI 功能等的综合表现。而非功能指云计算平台的性能、压力、高可用、热升级、运维、兼容性、数据一致性、长时稳定性等一系列能力的综合。功能+非功能的质量状况决定了云计算平台的质量。

第二个维度：单产品质量+集成质量。单产品质量可以复用第一个维度的定义，也就是单个产品自身的功能+非功能质量。而集成质量指多个云产品板块构成的云计算平台协同工作的能力，包含了云对用户场景的支持情况以及链路级别的功能和非功能质量。

专有云面临的质量挑战主要体现在如下几个方面。

- 可运维性：前面提到，专有云是部署在用户数据中心云计算平台上的，基本上是合作伙伴或用户的自运维模式。由于自运维人员的云产品知识、错误排查及问题处理能力有限，因此云计算平台的常规运维操作必须有相应的质量保障手段。可运维性测试包括运维测试和监控告警测试。

- 版本变更：部署在用户数据中心的专有云是有版本信息的。随着用户业务的发展，对云计算平台产品及特性版本升级的需求不可避免。在升级过程中有效保障用户业务系统不受影响也是一个巨大挑战。版本升级测试包括热升级测试、兼容性测试。

- 可靠性：在专有云场景下，用户将所有的业务都运行在专有云上，专有云是用户业务必需的 IT 基础设施，此外，用户业务必须 7×24 小时在线。因此，专有云的可靠性至关重要。涉及可靠性的测试包括高可用测试、性能容量压测。

- 异常概率：专有云用户一般自建数据中心，机房设施标准、硬件多样性及稳定性、网络拓扑不同，导致专有云计算平台出现异常的概率非常高。异常概率测试包括异常注入（混沌）测试，异常注入测试也是高可用测试的覆盖场景。

- 业务场景复杂：以专有云某头部用户为例，该用户所有的业务都部署在专有云上，是一个 7×24 小时的在线交易和离线数据分析系统，使用了专有云的几十个产品。对于专有云测试来说，如果不了解用户业务如何使用云计算平台，那么专有云的测试将变成"盲打"。

针对这些挑战，我们在如下几个重要领域进行投入，打磨云计算平台的稳定性。

- 运维测试：运维测试主要包括云计算平台产品的扩/缩容、RMA 等，目标是验证云计算平台的变更能力。

- 监控告警测试：云计算平台的监控告警是保障云计算平台正常运行的最核心的手段之一，包含了监控项有效性、主动巡诊及快速定位问题功能。

- 热升级测试：在用户的互联网数据中心（Internet Data Center，IDC）投产后，云计算平台升级是不可避免的，云计算平台升级不影响用户业务使用云计算平台的热升级功能。

- 兼容性测试：云产品的升级换代要确保其功能规格的兼容性，具体来说，除了功能特性，还包含 OpenAPI、用户接口及工具类等的兼容。

- 性能容量压测：包括云计算平台单产品的性能、管控节点的性能容量关系及云计算平台长稳测试。

- 高可用测试：云计算平台的高可用能力是云产品在遇到异常状况下服务连续性的表现，包括异常注入（混沌）、全平台优雅及暴力开/关机等。

- 用户场景测试：做好云计算平台测试必须先理解用户是如何使用云计算平台的，这就需要模拟用户业务的测试场景和功能。此外，用户场景测试能够为云计算平台的高可用、热升级、运维等测试提供云计算平台的模拟业务流量，辅助提升相关测试的质量。

由此可见，高可用测试和性能容量压测是云计算平台可靠性的基本保障，热升级是云计算平台持续演进的生命线，用户场景测试是云计算平台测试质量的反哺手段。接下来，本章将重点介绍这四个方面的测试。

6.2　高可用测试——坚如磐石

高可用测试是保障云计算平台可靠性的重要技术手段之一。高可用是通过增加冗余节点和增强自愈能力来实现的，是专有云必须具备的基础能力。与其对应的测试，自然是必须保质保量完成的基础测试。

云计算平台的高可用测试，面对的是大规模服务器集群和成百上千个服务，测试目标不仅数量庞大，而且依赖关系复杂；即便是同样的服务，在不同的解决方案中也有着不同的使用方式。针对如此复杂的测试目标和场景，必须依靠设计合理的策略，才能在资源受限的情况下，"多快好省"地完成高可用测试任务，为云计算平台的平稳运行保驾护航。

下面，我们将从设计思想、异常模拟、复杂场景测试及自动化测试四个方面阐述云计算平台的高可用测试。

6.2.1　设计思想

云计算平台的高可用测试，其主要目的是考查异常情况下的服务可用性，从而验证各组件的容错和自愈能力是否符合设计预期。因此，高可用测试的设计主要考虑两个维度，一是异常类型，二是服务可用性检测，二者都是高可用测试用例的基本内容。

异常类型的划分，直观来看，主要有两个依据，分别是异常目标（如内存、CPU 和网卡等）和异常影响范围（如进程级、容器级和服务器级）。按照云计算平台的特点和上述依据，我们把云计算平台中常见的异常划分为以下 7 类（对这些异常的模拟，是云计算混沌工程的一部分）。

- IDC 异常（例如，优雅断电和暴力断电）；
- 设备异常（例如，服务器宕机、交换机宕机等）；
- 容器异常（例如，容器删除、容器退出和容器重启等）；

- 进程异常（例如，进程退出、进程假死等）；
- 网络异常（例如，服务器断网、网络延迟大、网络丢包等）；
- I/O 异常（例如，磁盘只读、磁盘 I/O Hang、磁盘不可用等）；
- 负载异常（例如，CPU 和内存使用率为 100%、系统加载过高等）。

服务可用性检测，简单来说，就是通过自动化或者手工的方法，考查服务的核心功能是否正常。对于哪些是服务的核心功能这个问题，恐怕是"仁者见仁，智者见智"。在测试实践中，对核心功能的确定，我们依据"以终为始"的原则。这里的"终"，就是"用户体验"，高可用测试同样要"捍卫用户体验"。

对服务核心功能的考查，分为三个阶段：

- 异常发生前，主要考查核心功能的健壮性，或者说，是否稳定可用；
- 异常发生时，主要考查容错机制和监控告警的有效性，即在核心功能方面，用户侧是否无感知或弱感知，异常是否能被快速发现；
- 异常消除后，主要考查自愈的彻底性，不能给用户留"坑"。

6.2.2 异常模拟

异常模拟是高可用测试依赖的基础技术之一，异常模拟能力越强，高可用测试的价值越大。高可用测试主要从以下 3 个方面建设和强化异常模拟能力：

- 对单一异常的模拟；
- 异常编排；
- 异常有效性验证。

对单一异常的模拟，是异常模拟的原子化能力。此处的单一异常指特定目标的特定异常现象，具有明确的"后果"。例如，Linux 服务器 A 上的数据盘 sdb 不可访问。模拟服务器 A 上的数据盘 sdb 不可访问的方法可能不同（可以暴力拔盘，也可以通过命令卸载磁盘），但后果是一致的，所以归为同一种单一异常。对单一异常的模拟，应遵循"代价最小、恢复简单"的原则，尽可能降低对测试环境的破坏性，充分考虑测试的整体效率。

对单一异常的模拟，可以充分利用现有的技术成果，站在"巨人"的肩膀上。比较著名的"巨人"有：业界著名的"Chaos Monkey"、阿里云内部孵化的"飞天混沌平台"（ACP，未开源）和"混沌之刃"（ChaosBlade，已开源）。这些平台对于异常的模拟和随机化有着很深入的研究，在异常种类丰富度和易用性方面优势明显，支持的异常包括但不限于：

- CPU 满载；

- 磁盘 I/O 高;
- 杀死容器;
- 杀死 K8s pod;
- 网络抖动;
- 进程假死;
- 磁盘 I/O 挂起。

异常编排主要把异常的种类、发生时间、持续时间、注入目标等因子参数化,把单一异常串联到一起,从而支持以场景化的方式模拟异常,辅助完成下一节所说的复杂场景测试。

异常有效性验证属于一种监控能力,主要用于确认异常是否已发生且符合预期,避免异常未发生导致高可用测试无效。验证过程中保存的异常发生和持续的数据,也可以在测出问题的情况下,辅助定位根本原因,做到"一石二鸟"。

6.2.3　复杂场景测试

简单场景的高可用测试,主要考查单一异常发生时特定产品的行为是否符合预期。云计算平台软件众多,依赖关系复杂,而且异常从来都是以"惊喜"的方式出现的,还经常"祸不单行"。因此,简单场景的高可用测试,并不能"防"住所有的"火"。

举例来说,在热升级场景下,虽然每个云产品都支持灰度升级,也都支持单点失败场景下的高可用,但在多个云产品并发升级时,还是会因为云产品间的相互依赖而触发"意外"。再举个例子,用户 IDC 机房运维,同样可能触发复杂场景。当一个机房突发断电,而硬件设备质量不够好时,在断电期间可能导致内存或硬盘的损坏,这时我们就需要模拟暴力断电导致重启和磁盘损坏的复杂场景来确保产品服务的高可用了。因此,高可用测试必须考虑复杂场景,才能进一步提升云计算平台的稳定性。

高可用测试的复杂场景在设计依据上与简单场景并无二致,仍然考虑服务可用性和异常两个维度,只不过每个维度都要考虑更复杂的因素。

在服务可用性方面,需要考虑云产品间的依赖关系和业务流量压力,即从用户解决方案的视角构建典型的业务系统,并使用压力测试工具模拟业务流量。

在异常方面,需要考虑的复杂场景包括但不限于以下情况:

- 多种异常同时或先后发生;
- 服务部分功能间歇性不可用;
- 服务性能退化。

当然，不能过于"天马行空"地设计复杂场景，要"有理有据"。云计算平台的故障历史和故障复盘报告，是非常好的设计素材，从中总结出"故障模式"，据此来设计更"多样化"的异常，并通过 6.2.2 节提及的异常编排技术完成模拟，可以有效地防止"历史重演"。

6.2.4　自动化测试

高可用测试的基本流程是，在确认云产品可正常提供服务的前提下，注入不同类型的异常；同时，持续检测服务可用性，测量 RTO（恢复时间目标）和 RPO（恢复点目标）。测试人员可以根据该流程，设计并执行高可用测试用例，执行的"最佳姿势"当然还是自动化。下面将详细描述云计算平台自动化高可用测试的基本设计。

自动化高可用测试平台主要由三个模块组成，分别是场景管理引擎（包括场景编排、测试用例调度等）、异常注入引擎（异常的编排、注入执行、恢复）和服务可用性监控，如图 6-1 所示。

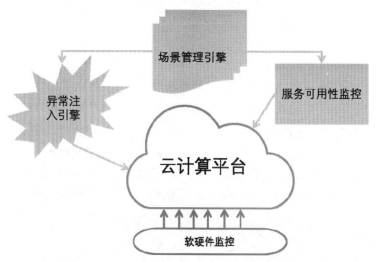

▲图 6-1　自动化高可用测试平台的三个模块

其中，场景管理引擎负责按照测试用例配置向异常注入引擎发送请求，并启动相关的服务可用性监控。

异常注入引擎负责按照异常注入请求中的参数生成异常编排，并在相应的服务器或者容器上注入指定的异常，并完成异常注入监控和异常恢复操作。异常注入引擎的主流程如图 6-2 所示。

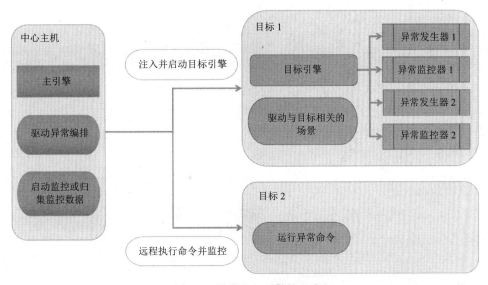

▲图 6-2 异常注入引擎的主流程

服务可用性监控，负责按需启动相关云产品的检测工具（也叫可用性探针），完成对云产品基本功能的轻量级检测，检测轮询间隔为秒级，如图 6-3 所示。

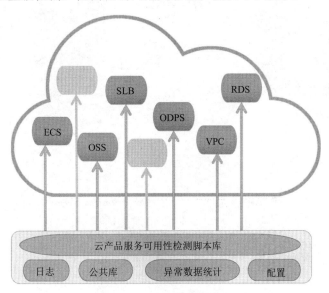

▲图 6-3 服务可用性监控

针对不同类型的云产品或服务（实例型和非实例型产品，有状态和无状态服务），需要开发不同的可用性探针，与云产品支持高可用的功能点对应，确保检测的有效性。

以云数据库单机异常测试为例，简述自动化高可用测试平台的工作流程。

云数据库一般采用主备模式，当主库所在服务器出现异常导致主库不可用时，云数据库管控服务将自动把备库切换为新主库，确保上层业务读/写数据库的连续性。如果云数据库高可用能力正常，那么数据库主备切换应在预定时间内完成。云数据库单机异常测试流程如图 6-4 所示。可用性探针持续轮询，从数据库用户的视角调用 DDL 和 DML 脚本检查数据库实例，同时输出监控日志，并在出现异常的情况下自动统计 RTO 时间，一旦 RTO 超出期望值就报警，提示测试未通过。

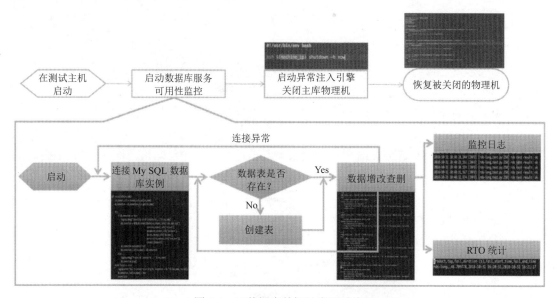

▲图 6-4　云数据库单机异常测试流程

6.3　性能容量压测——分层覆盖

专有云计算平台的性能测试需要分层进行。在平台侧，我们首先要验证各个云产品的性能是否符合预期；其次，在云产品性能符合预期的前提下，云计算平台的性能测试主要指云计算平台底座基础的特定组件能否支持大规模专有云的部署或多云场景；最后，需要考量在特定用户场景下的云计算平台所能提供的性能容量能力。图 6-5 是专有云性能测试能力图。

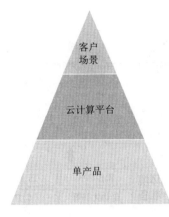

客户业务场景维度
全链路测试应用功
能、性能

统一管控、账号、鉴权容量能力
云计算平台基础公用组件容量能力
多云/混合云场景特殊组件容量能力

30 个产品核心性能测试能力
测试引擎/脚本插件化
性能场景/用例配置化
测试能力服务化
性能结果分析

（金字塔图中文字：客户场景 / 云计算平台 / 单产品）

▲图 6-5　专有云性能测试能力图

6.3.1　单产品性能——基础能力

对于单产品性能测试，我们开发了一个插件化的测试引擎，该测试引擎是 docker 化的镜像，经过简单的适配（主要是 Python 包），可以在不同厂家的云计算平台上运行。它支持专有云 30 多个产品的核心性能测试，例如：对象存储在大/小文件场景中的带宽、iops 和时延；不同数据库产品在不同使用场景中提供的 TPS、QPS 和延迟等性能指标。单产品性能测试所支持的产品及性能指标如表 6-1 所示。

▼表 6-1　单产品性能测试所支持的产品及性能指标

产　品	性能指标	产　品	性能指标
对象存储（OSS）	大文件读写带宽 小文件读写 IOPS	云数据库（RDS）	select、oltp、oltp_read_write 等场景
云服务器（ECS）	CPU 跑分，内存写入速率，网络带宽和存储性能指标	中间件（MQ）	不同大小消息发送读 QPS 及时延
负载均衡（SLB）	4 层和 7 层转发性能，例如：Http/Https 转发性能	大数据（MaxCompute）	上传、下载、统计、SQL 性能、Terasort
专有网络（VPC）	XGW 转发性能	分析式数据库（ADB）	特定 DML 的时延

单产品性能测试引擎的设计架构如图 6-6 所示。

性能测试引擎本身是一个 Docker 镜像。针对不同的产品，该引擎将调用相应的开源工具进行性能测试。例如：测试云数据库，该引擎将调用 sysbench 来测试数据库实例的 QPS、TPS 及时延；测试对象存储产品，该引擎将调用 CosBench 测试 Bucket 的 IOPS、带宽及时延。该测试引擎通过配置文件来驱动需要测试的产品、场景及指标。

该引擎本身工作原理比较直观，这里不做赘述。

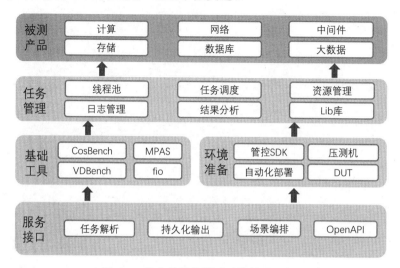

▲图 6-6　单产品性能测试引擎的设计架构

6.3.2　平台性能容量——集成视角

这里的云计算平台性能测试，主要指特殊组件的容量压测（Capacity Test），例如，云计算平台的统一账号、鉴权、授权的组件。阿里云的专有云有一个"底座"的概念，这个底座包含了天基、飞天组件及各个产品管控组件。专有云要交付用户，会事先根据用户的业务规模进行容量规划。市场对于专有云规模的需求在向两个方向发展：单机房规模的需求越来越大，对多云（多机房）形态需求越来越多。对于底座组件的容量压测需求越发明显，换句话说，底座特定组件的特定规格能够承受的压力、访问并发下的 QPS 尤为重要。下面，我们以多云模式为例介绍压测的重要性。

在多云模式下，根据不同的产品架构设计，云产品的部署形态如表 6-2 所示。

▼表 6-2　云产品的部署形态说明

部署形态	说　　明	压测策略
纯单元化部署	产品的服务及管控节点在中心和单元独立部署	性能测试
部分单元化部署	管控在中心，单元需要部署一些服务角色（SR）	压力测试（*）
中心化部署	产品的服务及管控节点均只在中心可用区（Region）部署	性能测试

注：这里的压力测试指被测对象在较高的流量下，CPU、内存、系统负载、性能输出能力都处在拐点，再增加压力可能出现稳定性问题。而性能测试指测试在一定的容量规格下，被测对象能够持续稳定提供的性能输出能力。在当前压力下还没有到达性能能力的拐点。

- 对于纯单元部署的服务，我们需要识别出哪些是高频或者高优先级的服务，通过采用对应的压测方案，为用户提供服务的能力说明，方便用户提前评估业务需求进行必要的扩容。
- 对于部分单元化的产品，需要测试验证中心管控服务的能力，根据用户场景需要做好单元服务的配置，需要的时候可以联动扩容。
- 对于中心化部署的产品，测试不但要考虑产品的服务能力，更要将不同地域（Region）的时延考虑在内，因为时延的增加有很大的概率导致服务能力下降。

此外，对于不同的部署形态，压测策略有所不同。以部分单元化部署的产品为例，如云服务器 ECS 的瑶池组件，它是 ECS 产品的 OpenAPI 组件，负责处理所有创建、读取、更新、删除（Create、Read、Update、Delete，CRUD）云服务器虚拟机的请求。在单机房，ECS 的瑶池组件只需处理来自本机房的 OpenAPI 访问请求。在单机房规划阶段，只需预估好用户业务的并发和 QPS，就能确定该组件的规格，包括组件所在虚拟机的 CPU、内存及硬盘配置。但在多机房，则需要统计多个单元机房的 CRUD 请求，预估好并发量和 QPS，再确定中心机房的组件规格。在正常情况下，该组件在多机房规划的规格一定大于单机房。

有了正确的规划后，需要有技术手段来验证。我们开发了一套叫作 ASBench 的压测工具，图 6-7 是该工具的基本架构。这是基于开源消息队列框架 Celery 开发的一套分布式压测工具。该工具具备如下几个特点：

- 压测任务可配置化；
- 多产品并行压测；
- 压力变频；
- 超大规模自动部署和压测；
- 负载健康度（CPU、内存、磁盘）评估；
- 监控物理机、容器及进程的 Kernel Panic、OOM、负载异常及磁盘满情况。

目前，我们将云计算平台的服务能力分为三大类：

- 基础服务，比如 dns、数据服务等；
- 云内标准的 Http(s)服务；
- 通过 SDK 暴露出来的 RPC 服务。

通过分布式的压测平台，我们将不同的服务能力封装在一起，配合阿里云，根据不同用户场景中不同服务所需要的服务能力，提供基于整个云计算平台的可编排的服务压测能力，为整个云计算平台的性能、稳定性、高可用能力保驾护航。通过我们的云计算平台压测，可以解决如下问题：

（1）给出云计算平台基础组件规格和性能的计算公式。

（2）提供云计算平台链路场景压测，如登录场景涉及 4 个底座组件。

（3）在性能测试过程中，作为稳定性扫描工具对异常情况进行监控，发现了与容量规格、链路限流相关的问题。

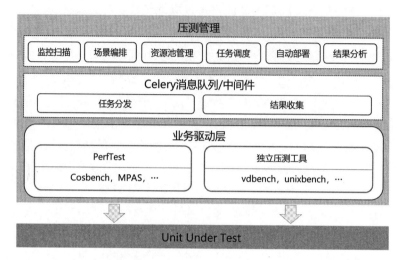

▲图 6-7　ASBench 压测工具的基本架构

6.3.3　用户场景性能——业务视角

对于用户场景的性能测试，其目标在于从用户视角测试云计算平台能否达到预期性能。为什么要从用户视角进行性能测试呢？大家来看下面的例子。

对于业务中台的场景来说，数据库是必须的。规模大的业务中台，需要用到分布式数据库、缓存数据库及关系型数据库。对于云计算平台测试来说，这几个数据库是不同的产品，云计算平台测试会对这几款产品分别进行功能、性能、容量压测，产品的性能、容量压测符合需求是否就是真正满足了用户业务中台的需求呢？图 6-8 所示的单个产品的性能测试是在云计算平台测试实践中，我们遇到过的真实情况。单个产品的性能测试（QPS 和RT）结果有一定幅度的下降，还属于可以接受的范围。但是，当云计算平台作为用户业务的基础设施部署以后，用户业务并不会按照单个产品的模式访问云计算平台，也就是说，用户业务（对于大型业务系统）不是直接访问 MySQL 的，而是通过分布式数据库，以分库分表的形式进行访问的，同时会引入缓存机制提高访问效率和性能。因此，应该以业务链路的方式来测试对数据库的访问。

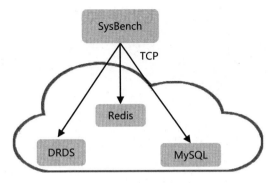

▲图 6-8　单个产品的性能测试

在图 6-8 所示的链路测试中，上层业务 HTTP 请求的 RT 上升了 30%，超出了用户业务可以接受的范围。在正常情况下，用户上层业务应用侧会对数据库读/写及超时时间设置重试机制。但在这种衰退的情况下，无疑会增加应用侧的重试次数，从而增加应用及后端数据库的压力，最终导致数据库崩溃，出现应用不可用的情况。

那么如何针对用户场景进行云计算平台的产品链路测试呢？专有云开发了一个模拟业务平台的 Java Web 应用。这个应用使用了云计算平台的 ECS、SLB、VPC、RDS、OSS、DRDS、MQ、EDAS 等产品，以用户视角部署在云计算平台上并运行。该应用既是业务平台的应用，又是压测机，可弹性部署，满足链路级别的压测需求，也就是可以模拟用户业务系统承载高峰流量。

因此，用户场景测试一定要真正了解用户的行业解决方案架构，了解用户业务系统如何以云计算平台为基础，以全链路视角理解产品或系统，这样才能真正保障用户的产品使用体验。云计算平台用户场景测试如图 6-9 所示。

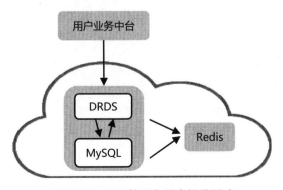

▲图 6-9　云计算平台用户场景测试

6.4　热升级——给飞行中的飞机更换发动机

业界通常把热升级比喻为"给飞行中的飞机更换发动机",从技术难度和工程难度角度来看都是不可能完成的任务。我们无法采取过去常用的通过检修停机进行系统升级的方式来实现上述目标,因为诸多业务都 7×24 小时依赖云计算平台。我们需要升级期间不引起服务瘫痪。

热升级指在不中断云计算平台已有服务、不影响用户在线业务的前提下实现云计算平台版本升级。在专有云具备热升级功能之前,云计算平台的升级都要求用户断网断业务几天甚至一周。云计算平台是用户业务依赖的 IT 基础设施,而随着业务的不断发展,用户对云产品的要求也会不断提升,因此云计算平台对热升级的要求越发急迫。

热升级包括数据服务和管控服务连续性两个层面。当前专有云的热升级还处于管控数据服务连续性的层面。

下面我们将从热升级的技术原理、测试挑战两个方面来进行介绍。

6.4.1　技术原理

当前业界升级的常见模式有迁移(Migration)和升级(Upgrade)两种。迁移指在不破坏旧版本可用性的同时搭建一套新版本。当新版本搭建完成后,逐步将流量切换到新版本中,然后下线旧版本。升级指在旧版本的基础上直接更新系统,同时保障系统可用性,不影响上层业务的连续型。很明显,升级会破坏旧版本的环境,涉及备份和恢复的技术,因此升级面对的技术挑战比迁移要大得多。

专有云热升级主要通过如下 4 个核心功能实现。

- 专有云分布式操作系统:天基是专有云的分布式操作系统。它主要负责云计算平台物理设备管理、云产品运行态管理以及相关的产品变更和运维及升级。云产品通过基线来描述产品结构、部署形态、依赖关系。通过基线语义,云产品可以将产品结构划分为产品(Product)、特性(Feature)、集群(Cluster)、服务(Service)、服务角色(Service Role)及应用(Application)级别。天基解析产品基线实现产品的部署、运行、监控、变更行为,保障云计算平台的稳定。

- 云产品高可用特性:云产品的高可用特性是通过多副本、主备及双活的模式来实现的。产品基线可以在服务及服务角色级别定义部署节点的个数及形态。对于多节点部署形态,热升级可以采用逐一升级的方式进行,也就是每次只变更一个节点,其他节点保持不变;对于主备部署形态,热升级可以通过切换域名的方式进行，将业务流量切换到未变更节点；对于双活节点，其本身就具备不影响业务流量（注：影响流量大小，需要选择流量较小的时间进行变更）的能力。通过这 3 种方式可以实现产品的高可用特性。

- 云产品兼容特性：云产品版本升级前后需要确保功能和接口的兼容性，包括云产品提供的 OpenAPI、用户接口及相关的工具的兼容性。

- 热升级工具：热升级工具指对升级任务的编排和任务执行的管理。云产品升级任务的顺序主要是根据产品间的依赖关系确定的，任务执行管理主要根据升级顺序调用分布式操作系统的 API，实现云产品升级，并且在升级过程中监控升级任务的状态，确保升级过程顺滑。

图 6-10 描述了专有云热升级的基本原理。

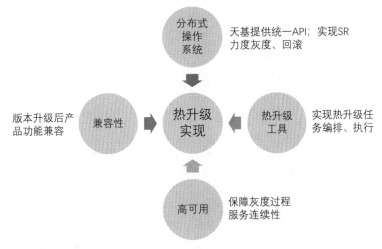

▲图 6-10　专有云热升级的基本原理

6.4.2　测试挑战

随着专有云产品技术的演进和市场硬件的迭代更新，热升级面临的挑战也越来越多，常见的挑战及解决方案如下。

- 测试路径多：专有云是离线输出到用户现场的，这一点与公共云有所不同，公共云在线上保持唯一版本。专有云每年发布若干中版本、小版本，已发布的不同版本在所有用户端都有部署，形成了版本离散的现象，带来了热升级测试需要覆盖的升级路径繁多的问题。相应的解决方案是版本管理：
    - 定义长稳（Long Term Stable，LTS）版本；

- LTS 版本只允许合入 Bug 及紧急 Feature（特性）；
- 相邻的 LTS 低版本可以直接升级到高版本；
- 研发版本只合入新的 Feature，根据需要合入上一个 LTS 版本；
- 紧急修复的 Bug 版本被称为 hot-fix 版本，不能合入改变产品接口和内部数据结构的修改；
- 紧急发布的 Feature 版本被称为 hot-feature 版本，hot-feature 只允许在 LTS 版本中发布，且要加以控制，尽量少发。

这样，通过测试有限路径集合，可以将测试工作量降低。

- 测试时效长：一个版本升级路径的测试步骤包括部署待升级版本、预埋测试数据、升级执行、升级后的功能验证，平均一个路径的测试需要耗费几天时间。此外，由于专有云的多机房形态的出现，如果当前版本是长稳版本，会出现需要测试多个版本升级路径的问题，热升级测试的时效就会呈线性增长。对应的解决方案是升级流程优化、测试左移及热升级自动化。升级流程优化的核心是增并行和去冗余：增并行是根据产品间的依赖关系，让尽可能多的产品并发升级；去冗余指在升级过程中去掉不必变更的产品及组件。测试左移指在持续集成阶段扫描影响升级稳定性的静态代码；热升级自动化是核心，接下来将重点介绍。

- 热升级稳定性：稳定性面对的挑战主要出现在用户现场非标准输出的场景中。专有云的一些重要需求需要定制开发，这些需求可能还没有在公共云实现，甚至在紧急状况下需要在现场开发并集成到用户环境中，由此产生的版本被称为非标准输出版本。非标准输出版本在研发阶段无法测试到，对于此类版本的升级，必须采用以稳定性换效率的做法，也就是需要采用现场摸底、精准灰度及回滚的方法。

热升级自动化是整个热升级测试的核心，它是通过自研热升级工具（ASUF）来实现的。ASUF 工具整体架构如图 6-11 所示。

图 6-11 中的底层是分布式操作系统的微服务化接口层，该接口为上层的热升级任务提供原子化支持，涉及灰度选择、旧版本下线、新版本上线等基础功能。

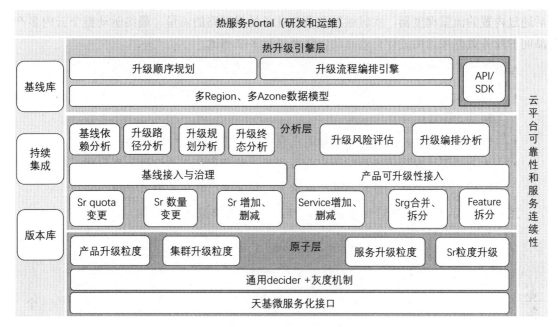

▲图 6-11　ASUF 工具整体架构

　　在分析层，ASUF 将根据待升级版本的摸底数据、目标版本的规划信息以及产品间的依赖关系生成产品升级顺序、风险分析、编排分析以及升级颗粒度拆分等基础数据。

　　在引擎层，ASUF 将读入分析层产出的基础数据进行升级任务的编排，生成可执行的升级描述文件，确定产品升级的灰度策略（是否需要形成"金丝雀模式"的精准灰度），再调用底层的微服务化接口及 SDK 实现产品升级。

　　在升级过程中，ASUF 将根据升级编排文件进行升级，同时引擎层将调用高并发的用户业务模拟流量对变更的云产品进行服务连续性观察。一旦出现告警，就紧急停止升级动作，并执行回滚预案。这样才能真正模拟用户的热升级场景，提升测试覆盖率，保障热升级质量。

6.5　用户场景测试——知己知彼

　　用户场景（解决方案）测试能够模拟用户的业务系统对云计算平台的使用情况，这也是测试界俗称的"Eat Your Own Dog Food"。我们开发的 ASExplorer（ASE）是一个基于专有云计算平台，结合行业典型场景的链路级分布式业务系统，包含了对业务中台和数据中台的模拟和实现。换句话说，它是一个用户业务系统，所以封装并内置了阿里云产品操作的原子化动作（Action），基于这些原子化动作可以进行动态编排，拟合业务场景链路，然后通过内置的流量调度器，实时触发和调整业务场景链路的流量。最终驱动整个云内多产品间的业务数据按预期进行有效流动，从而进行多维测试。

ASE 的用户场景测试能够支持研发域和业务域的活动，主要有如下几个作用。

- 作为验证工具，完成用户场景模拟测试，实现云计算平台用户视角的功能和性能测试。
- 作为压测工具，在用户现场对用户真实业务应用进行性能压测。
- 为云计算平台提供典型的用户业务流量，从而保证在兼容性、高可用、热升级及长稳测试等不同专有云运维的场景下，验证用户的业务不会中断。

图 6-12 所示的是 ASE 对业务中台用户应用架构的模拟。

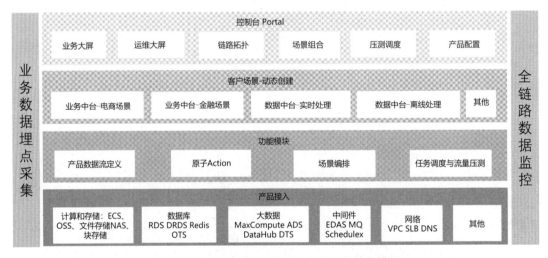

▲图 6-12　ASE 对业务中台用户应用架构的模拟

ASE 已经在几个用户局点投入应用，能够从全链路功能回归、兼容性、全链路性能压测几方面测试升级后的用户局点云计算平台。表 6-3 是 ASE 应用所能覆盖到的产品、功能及性能链路。

▼表 6-3　ASE 应用所能覆盖到的产品、功能及性能链路

应用阶段	覆盖的产品	用户业务场景	说　明
部署	ECS、SLB、VPC、RDS、OSS、DRDS、SLS、EDAS	用户业务系统通过 EDAS 发布	ASE 是一个分布式的 Java Web 应用，通过 EDAS 部署在 ECS 虚机上，使用 SLB、VPC 实现网络打通和负载均衡。该应用构建了一个类电商场景的业务系统，使用大数据相关产品模拟大数据 ETL 流程

续表

应用阶段	覆盖的产品	用户业务场景	说　　明
运行时	DRDS、Redis、MQ、TXC、CSB、ScheduleX、MaxCompute、ADB、Blink、OTS、RDS、OSS、SLB、VPC、ECS、DataHub、Dataworks 等	下单场景	• http 请求→biz 应用→srv 应用 hsf 下单接口→DRDS 用户/订单/商品库表读写→MQ 消息发送→Redis 商品读→OSS 的商品相关数据拉取→MQ 订单消息发送 • MQ 订单消费消息→RDS 落地→任务调度→HSF 推进下单→RDS 更新订单数据 ……
		支付结算场景	• http 请求→Biz 应用→srv 应用 hsf 接口→MQ 消费发送 • MQ 消费消息→srv 应用 hsf 支付接口→srv 应用的 DRDS 和 RDS 事务处理（对账号、订单、用户等关联表进行操作）更新到统计数据 ……
		发货场景	hsf 接口→消息发送→事务保证下的 DRDS 读写→HSF 推进到发货状态

除了功能和产品覆盖，ASE 还可以作为用户视角的业务链路压测，如图 6-13 所示。在 ASE 界面上，我们可以设置业务流量的 TPS、并发线程数及可视化结果。

▲图 6-13　ASE 作为用户视角的业务链路压测

用户业务系统具有多样性，例如，业务中台、数据中台、视频云等不同的行业解决方案。我们必须具备模拟和拟合用户业务场景的能力，并且构建出可以在研发阶段应用的测试系统。

如图 6-14 所示的是 ASE 的两个核心：编排能力和流量调度。

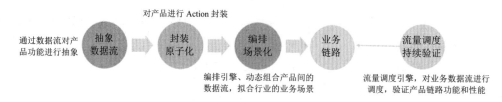

▲图 6-14　ASE 的编排能力和流量调度

这里需要注意的是，关于编排能力和流量调度有如下两个原则。

- 编排能力：将一个产品能力抽象为多个原子 Action，通过对多个产品的 Action 进行参数化编排，动态构建产品间的特定数据流，从而动态定义一个业务流。

- 流量调度：支持特定 TPS/QPS、特定线程数和自定义步长的逐步增加/下降模式。

ASE 对于研发域的贡献，主要体现在为云计算平台的兼容性、热升级、高可用、运维、容灾等测试提供用户视角的业务流量。ASE 对于业务域的贡献，主要体现在从用户视角对云计算平台的基本功能、链路压测、应用压测提供支持。

第7章
金融类测试之资损风险防控

黄小微、蔡文婷、陈晓蕾、侯天怡、李兆飞

7.1 资损风险防控体系

资损指由于产品设计缺陷、产品实现异常、员工操作错误导致的公司或公司客户蒙受的直接或间接的资金损失。

从"让天下没有难做的生意"到"你敢付,我敢赔",信任和安全一直是阿里巴巴的发展基石。随着业务与技术的不断发展、资金规模的不断攀升,资金安全的重要性不言而喻。任何一次资损事件,都会让公司蒙受资金损失,并且对其品牌形象和公众的信任度造成严重影响。在资金问题零容忍的要求下,做好资损防控工作刻不容缓。

资损防控包括防和控两项工作,资损风险防控体系如图7-1所示。

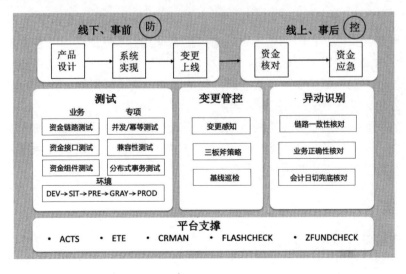

▲图 7-1　资损风险防控体系

7.1.1　怎么防

根据资损来源，我们从产品设计、系统实现、流程变更三个阶段进行分类预防。

- 在产品设计阶段，需提前明确资金流及异常分支等，从根本上规避风险。
- 在系统实现阶段，需细化资损风险点分析、代码内嵌防控措施，从业务的载体上做风险拦截。
- 在流程变更阶段，需基于变更流程多个角色的完整验收，从业务的产出上做风险兜底。

对于产品设计和系统实现环节，在测试保障层面需要对上述每个阶段做充分的分析和验证，包括基于产品设计和系统实现做分层的功能测试，以及基于资金的特性做分布式一致性测试、并发测试、幂等测试、兼容性测试等，确保正常和异常的业务场景都能够被充分覆盖。此外，从线下至线上的多环境的测试回归，也是确保问题充分暴露收敛的重要环节，能够逐层减少线上测试遗漏导致的异常。

对于变更流程环节，除了在每个线下环境做充分测试和交付推进，对于发布上线的环节，也需要统一收口，并严格评估每个变更的"三板斧"能力，包括监控核对策略、灰度策略、回滚策略。只有满足"三板斧"要求，变更才可灰度逐步上线。线上生效后，需对关键业务大盘以及变更粒度匹配的监控核对进行重点保障，确保业务符合预期。

7.1.2　怎么控

如果发生资损，那么我们首先要知道到底是哪里发生了资损，可以通过系统的异常日志进行识别，这就需要每个业务都有一个业务健康监控大盘，制订合理的监控指标，进行资损风险的提前识别。除了业务异常监控，也可以通过资金核对进行问题识别兜底，从业务数据流的视角，可基于证证、证账、账账、账实等核对模式进行资金流操作结果的核对。从核对能力的视角，可基于一致性核对、业务正确性核对、会计日切兜底核对等手段，进行问题的识别。技术上可以通过数据仓库、系统的操作日志进行实现，根据资损风险等级，制订核对的时效性目标，让两类技术实现互补。

7.1.3　止损

识别出资损后，需第一时间止损，这一阶段最重要的是处理速度，最理想的情况是发生的资损问题是已被识别的资损风险，我们已经制订了应急预案，在应急小组的授权下根据应急预案按步执行即可；如果发生的是未被识别出资损风险的故障，那么需要及时汇报给应急小组的接口人，在应急小组的组织下，高效制订应急处理方案，快速进行应急处理。

在应急处理结束后，需要对资损故障进行详细的复盘，对发生资损的功能进行全面分析，排除关联或类似功能的隐患，制订明确的改进计划。对典型故障进行经验沉淀，分享给研发团队的同学，避免重复犯错。另外，如果本次风险超出原有资损防控的研发规范和 checklist 范围，则需要进行内容的补充和完善。

7.2　资损风险防范

本节根据资损来源，重点从产品设计、系统实现两个方面进行资损风险测试与防范分析，通过合理的规范约束，将资金问题规避在早期。

7.2.1　资金产品测试要点

1. 用户交互

测试关注点：

1）支付关键信息表述清晰

支付金额、账户等关键信息表述明确，涉及人工输入的场景需提供充足的信息供用户进行支付确认；预防输入错误造成的资损场景。

2）提示信息表述正确

（1）异常提示信息需区分具体场景，不可一味地复用通用模板；预防提示信息错误导致的用户误操作。

（2）用户的提示途径正确，包括页面、短信等。

（3）营销活动运营页面需经过文案专员、法务专员审核。

（4）用户通知信息中不包含具体金额、价值、实物，引导用户至账单查询确认最终结果。

（5）确认异常情况下是否可能出现通知消息多发的情况（例如，一次中奖发送两条短信），确认可能多发的消息不会引发用户理解歧义（用户认为多次中奖）。

2. 额度控制

测试关注点：

额度计算规则正确。额度产品需关注业务维度、时间维度、客户模型维度、额度恢复的计算规则，预防出现额度超限的场景。

1）额度计算

（1）时间维度：例如，按日、月、年等维度计算额度时，需关注时间维度边界值，如跨日（0点）、跨月（大小月）。

（2）客户维度：确定以卡或客户为维度计算额度。

2）额度恢复

（1）业务状态与额度状态保持一致：业务失败后需保证同步恢复额度。

（2）额度恢复计算正确：验证额度计算的逆向公式。

3. 产品控制

测试关注点：

1）防止用户产生滞纳金

（1）失败的结果能否有效和及时通知到用户。

（2）是否有超时控制，确保过期的业务单据不会被成功推进。

2）后台操作复核机制

（1）后台资金处理操作需配置复核机制，多人复核预防操作员错误操作。

（2）规范后台权限控制，预防操作员和复核员是同一个人导致的权限管理失控。

4. 资金流

测试关注点：

（1）涉及资金流转的业务实现，需要明确资金处理的需求，否则可能由于资金处理与业务方的需求不一致，导致资损。

（2）在业务的完整生命周期中，需要明确每个阶段资金的可能走向，否则极有可能由于资金流错误造成资损。

（3）随着业务的不断发展，有时候需要针对资金流做出微调，需要由资金平衡检查来保证该调整的正确性，这就需要资金平衡公式。该公式可以及时发现异常的资金流动，并终止业务处理，避免资损。

7.2.2　资金系统测试要点

1．服务使用规约

1）外部服务使用规约

（1）分析资损点。

资损点 1：服务描述不清晰。

对于接口服务能力、数据交互描述不清楚，导致接口错用引发资损。

资损点 2：金额参数单位不明确。

在对外出入参数里，金额单位的约定是极易出错的地方，分与元用哪个单位一定要明确，否则会导致金额扩大或缩小 100 倍。

资损点 3：幂等参数不明确。

需要明确指出幂等性控制参数，否则会由于理解差异，造成上游对同一笔业务调用多次资金服务接口，导致业务重复做，引发资损。

资损点 4：参数长度不明确。

在对外出入参数中，各参数的长度约定不明确，将引发数据库超长、数据截断、数据篡位等问题，严重时将导致资损。

资损点 5：错误码定义不明确。

错误码对于幂等、超时等结果不明确，会导致上游针对同一笔业务进行多次调用（可能更换了幂等参数），或将可以判定为成功的业务判定为失败。

（2）测试关注点。

- 接口服务能力描述简捷明了，对于服务能力、功能、数据交互有一个清晰的描述。
- 金额参数必须以“元”为单位，同时精确到小数点后两位，关注 1 分钱问题，防止由于四舍五入引发的资损。
- 必须明确幂等参数由哪个或者哪些参数组成（如外部交易号、文件名等）；需要指明对幂等参数的长度限制；幂等参数必须为 string 类型。
- 参数长度必须明确，要明确任何一个参数的数据长度范围，需要确保该范围在整个资金处理体系内有效。
- 明确异常情况的处理，结果对象属性罗列，含义说明；结果码要能准确识别成功、失败、重复、超时处理等重要场景。

- 资金变动必须有业务发生时间，以方便资金与业务凭证的核对。

2）出口网关使用规约

（1）分析资损点。

资损点 1：不同机构对接细节遗漏。

- 不同的银行部门可能存在着不同的幂等性控制原则，未做深入了解而采用同一套机制去处理所有银行部门的幂等性问题可能导致资损。

- 当银行返回系统异常等未知错误或体系内系统流水勾兑异常时，资金流入类业务失败可能造成银行业务成功，体系内业务失败，导致用户资损；资金流出类业务失败，可能造成银行业务成功，体系内业务失败，导致体系内资损。

- 当体系内的错误码状态与银行不一致时，可能由于差异账造成资损。

资损点 2：数据混淆。

- 银行唯一流水号重复。例如：流水号过短；使用了缓存，但单机缓存流水过大或机器负载分配不均，其中部分机器流水归零；流水号生成时没有加锁或没有使用统一的序列号（sequence）；网络重发等问题都会造成银行流水号重复，流入类会导致重复扣款造成用户资损，流出类会导致重复充退造成体系内资损。

- 银行在处理请求时，可能有一些异步转同步的操作，导致银行处理的返回结果窜单。

资损点 3：银行渠道误用。

新增银行渠道后，支付渠道等属性会直接影响后端收费，需要明确新的渠道是否与收费相关，否则会造成本应收费的业务不收费，导致资损。

资损点 4：信息安全被打破。

- 对于银行报文，如果不加密并签名，那么有订单被篡改或者银行抵赖订单的风险，导致公司资损。

- 报文签名可能因为签名方式不够安全（签名不具备双方认可的法律效力、使用第三方 jar、签名被窜单或窜包）等因素导致公司资损。

资损点 5：资金平衡检查缺失。

做反向交易时，如果未判断原交易信息，那么可能导致反向交易量超出原有正向交易量，造成资损。

（2）测试关注点。

- 银行流水号需统一生成，在发送报文给银行时，需要使用者根据业务成功率及幂等性进行综合考虑，选择重发策略。

- 流出或流入类交易，银行返回系统异常等未知错误或内部系统流水勾兑异常时，尽量设置结果为未知或成功，千万不能置为失败。
- 银行错误码必须按接口维度分为成功、失败、未知，错误码变更必须走返回码管理流程，错误码必须统一存储维护。
- 和银行通信的报文必须加密，禁止明文传输。
- 和银行通信的报文必须签名，必须采用双方认可的签名，具有法律效力（防篡改、防抵赖）的方式，参与签名摘要计算的元素必须包含订单号、卡号、金额等关键信息。
- 无论是同步交易还是异步交易，都必须对交易中唯一性条件进行发送和接收比对，防止窜单情况出现。
- 反向交易需要判断原交易信息，退款金额不能大于原交易金额。
- 与机构对接的金额单位，统一使用币种的最小单位。例如，人民币、美金是分，日元是元。

3）内部服务使用规约

（1）分析资损点。

资损点 1：金额单位不明确会造成金额被扩大或缩小 100 倍，极易造成资损。

资损点 2：幂等性参数未正确设置会导致对同一笔业务重复调用，并且重复执行成功。

资损点 3：在对外出入参数中，对各参数的长度约定不明确，将引发数据库超长、数据截断、数据篡位等问题，严重时将导致资损。

资损点 4：错误码对于幂等、超时等结果不明确，会导致上游针对同一笔业务进行多次调用（可能更换了幂等参数），或将可以判定为成功的业务判定为失败。

（2）测试关注点。

- 在接口描述里需要说明对其他接口、数据模型、业务模型的影响。
- 对于金额参数要指明单位及取值范围。
- 在接口描述里需要针对幂等参数做特别说明。
- 需要明确所有参数的长度，确保整个资金体系范围内的业务处理正确。
- 返回结果，结果码需要准确识别成功、失败、重复、超时处理等重要场景；需要对结果对象属性的含义进行说明。

2．系统功能设计

1）幂等控制

（1）分析资损点。

资损点 1：唯一性控制。

业务约定的部分唯一性字段，是判断多次请求的数据是否重复提交的依据。

资损点 2：幂等性控制。

在唯一性控制的基础上，对请求中的其他字段进行判断。如果全部业务数据（或关键业务数据）都和体系内现有的数据一致，则请求一次和请求多次都不会对业务产生影响，可幂等性返回相应的结果；如果不一致，则提示×××参数与原先的数据不一致。

很多系统都有幂等性要求的接口，网络重发、业务重复提交、系统重启、定时调度等原因都会导致幂等性未做控制，从而产生资损风险。

（2）测试关注点。

- 关注业务订单号设计。
  - 内部业务单号遵循架构设计规范。
  - 外部订单号必须明确唯一机制，重复时进行报警。对重要业务引入业务熔断机制。
- 关注网络重发。

  对于网络重发，建议按需选择适当的重发策略，在保证业务成功率的同时，降低资损风险。当数据未发送时，若内部系统异常，则可以设置为失败，并进行重发；当数据已发送时，若内部系统异常，则必须向接收方确认订单状态，并且在明确可以进行重发的前提下，进行重发。流出类交易重发前必须判断当前交易状态，对已经成功的交易不能再发起充退。
- 关注外部接口定义。

  外部接口请求参数如果涉及唯一性字段，则需要在接口参数上指明，并且在接口文档中说明幂等性的处理机制（仅做唯一性控制，或者对相关字段做幂等处理）。在接口文档错误码描述部分，明确当违反幂等性时返回的错误码；当外部接口涉及外部接口通知时，需要在通知处理描述部分明确说明通知的处理机制。
- 关注数据处理流程。
  - 对于创建（新增、插入）数据类的服务，需要通过并发控制来防止多个处理请求并发导致的资损问题。常用的处理机制包括数据库乐观锁（唯一性控制前置表）、分布式锁等。

- 对于更新（修改）数据类的服务，需要先根据唯一性约束信息获取已有的数据，并通过数据库的悲观锁或分布式锁等机制来锁定数据防止并发。

- 关注回查流程。

  对于 XTS 回查、可靠 TR 回查、事务消息回查等，在回查时需要对请求处理时加锁的同一条数据进行加锁。如果能够锁住，则根据业务状态的顺序等待信息判断，返回提交或回滚指令。如果无法锁定，则返回未知等待下次回查。

- 关注消息处理流程。

  需要关注消息乱序可能产生的幂等性问题。往往可以利用消息创建时间等来防止消息乱序。在进行消息处理时，需要对业务数据进行加锁，并根据业务状态的顺序判断该消息是否是过期消息，是否需要再次处理。

- 关注资金处理相关定时任务处理流程。

  必须控制好定时任务的幂等性。在第一次成功执行更新金额操作后，如果由于主动或者被动原因重复执行任务，则必须有相关唯一性约束控制，不可重复执行，否则可能由于给账户重复加钱导致资损。

2）并发控制

（1）分析资损点。

资损点 1：存在共享资源，引发资损。

- 内存中的共享资源，例如：单例、静态类，线程变量。
- 内存外的共享资源，例如：数据库表的行记录。

当存在 2 个以上的线程对共享资源的并发访问，并且涉及资金操作时，极易引发资损。

资损点 2：状态机设计不合理引发资损。

资金业务的状态往往比较复杂，特别是在有几个状态组合时，例如：发送状态（未发送、发送中、发送失败、发送成功）、xts 状态（初始、提交、回滚、处理中）、单据状态（初始、取消、成功、失败），往往涉及迁转，很容易产生风险，需对状态机进行重点测试。

（2）测试关注点。

- 关注操作的原子性。

  大部分的并发错误都是由于没有保障操作原子性导致的，即对共享数据的修改没有保障原子性。保障操作原子性的最佳方式是根本不在线程中共享数据；当必须共享数据时，可以通过加锁的方式实现，同时警惕一些竞争条件。

- 关注数据库操作。

  在进行单笔操作时，遵守"一锁、二判、三更新"的原则。锁操作规范如下。

  - 必须锁住以后再读取最新数据。经常有错误是由于读取数据后再锁，锁住后没有重新读取数据，仍然基于脏数据做判断导致的。
  - 对同一数据，要保证读取和更新时使用同一把锁。
  - 尽量减少锁的数量，最好能找到一个根对象，通过根对象锁保护一组数据。
  - 当存在多把锁时，要考虑死锁的问题，所有的代码必须按同样的顺序使用这些锁，这样可以避免死锁。数据库锁要加上 no wait，这样也能避免死锁。

  批量更新流水时，要检查是否在 SQL 的 where 条件中增加了原有流水的状态，并且检查 update 方法返回的记录条数是否满足预期。不允许在 update 中嵌套 select。

- 关注状态机设计。

  状态机指业务模块的状态流转统一控制模块。由于业务状态可能比较多，且涉及多个状态位的联合判断，故：

  - 对于状态机，一般要求统一进行控制，防止在多种状态迁转时出现差错。
  - 确保状态机判断期间业务数据是静止的（必须有排他锁）。
  - 状态机需要进行穷举判断，因为状态位是有限的，而漏处理在业务上是无法接受的。
  - 部分业务状态可能会循环。
  - 设计上，避免终止状态被继续迁转（如已经失败、已经成功的流水）。

3）兼容性

随着业务的发展壮大，不可避免地涉及架构调整，引发业务迁移，为了支持更大规模的业务量，会不可避免地进行数据库拆分甚至更换数据库类型，引发数据迁移。业务迁移、数据迁移是脱胎换骨的改造，其风险不言而喻，更加需要关注资损风险。业务、数据迁移需要防控的资损问题，主要是兼容性问题。

（1）分析资损点。

资损点 1：业务迁移缺失关键出入参数。

在业务迁移过程中，由于出入参数的缺失，导致资金流不一致，引发资损。

资损点 2：业务迁移漏分析分支业务、补偿业务，导致资损。

业务迁移需要确保业务兼容性，保障业务流程、业务规则、业务语义的连续性。如果在迁移过程中没有充分分析上下游业务、分支业务，或者补偿业务被误伤，则会导致业务处理不正确，引发严重资损。

资损点 3：新老流程对中间状态数据的处理不一致，引发资损。

状态机的设计和业务流程的重构可能引发业务中间态数据在流量切换时流入错误的系统版本，导致业务处理失败，造成严重资损。

资损点 4：新老业务流程并发控制不当，导致重复处理业务，引发资损。

历史上的业务没有并发场景，由于业务迁移等引入了并发场景，当新老流程都可以处理同一笔请求时，如果没有进行并发控制，则将导致资损，特别是在有定时任务调度的场景下。

资损点 5：数据迁移精度不同、数据不同步引发资损。

在数据迁移的过程中，由于数据库精度不同，如 mysql、oracle 精度不同，引发资损。同时，在数据迁移中，老库、当前库可能同时出现同一笔业务的数据。如果没有对这种情况进行处理，则可能导致数据被多次处理，引发资损。

（2）测试关注点。

- 业务迁移必须严格比对新老业务的出入参数，对比各种场景下新老流程的出入参数是否一致，处理是否符合预期。
- 在业务迁移前，必须详细分析涉及的业务，并请上下游系统负责人通过邮件进行确认，确保无遗漏。
- 业务迁移，新老流程、新老系统之间必须能够在业务上无缝平滑过渡，且新老代码、新老数据的交叉处理能够正常进行。
- 更换数据库时，必须详细分析不同数据库之间的差异，尤其是与资损防控相关的部分，如数据库精度。
- 发布过程的数据兼容，新老系统产生的过程数据可以相互处理，或者通过切流方案解决这部分问题。系统回滚方案兼容，老系统可以处理新系统产生的新数据。
- 业务迁移、数据迁移必须有细致有效的开关、流控措施，可以在有问题时及时切断错误请求的流入。
- 业务迁移、数据迁移必须同步建立完整的业务报警和业务核对机制，保证及时发现问题。

4）分布式事务

事务是单个逻辑工作单元执行的一系列操作，这些操作作为一个整体提交至系统，要么都执行，要么都不执行。事务是一个不可分割的工作逻辑单元，以数据库操作为例，就是一组 SQL，要么全执行，要么全不执行。事务具有 ACID 特性：原子性（Atomicity）、一致性（Consistency）、隔离性（Isolation）和持久性（Durability）。

跨越多个服务器的事务被称为分布式事务。分布式事务处理指一个事务可能涉及多个系统间协调操作，分布式事务处理的关键是必须有一种方法可以知道事务在任何地方所做的所有动作，提交或回滚事务的决定必须产生统一的结果（全部提交或全部回滚）。

（1）分析资损点。

资损点 1：分布式事务幂等性。

资损点 2：分布式事务一致性。

资损点 3：分布式事务完整性。

如果上述三方面不遵守规范，极易导致各参与方结果的不统一，严重时引发资损。

资损点 4：分布式事务回查。

目前回查在保证业务一致性方面使用得非常广泛，如分布式事务、可靠消息、异步通知等都涉及回查。由于回查代码很少涉及改造，故存在新增时理解不到位、业务改造时容易遗漏的问题，严重时将导致资损。

- 回查处理中并发控制不当。回查线程与业务处理线程并发，由于此时业务还在处理中，故无法确认业务订单的状态，不应该返回明确的回查结果，如果返回明确的成功或者失败结果则可能引发资损。
- 业务单据无法明确识别处理中、成功、失败三个业务状态。由于无法识别业务状态，所以在回查时无法给出准确的业务处理结果。在分布式事务处理中，如果在回查时，业务处于处理中状态，却返回了处理成功或者处理失败的结果，将导致分布式事务提交或者回滚，导致实际操作与业务结果不一致，严重时可引发资损。
- 业务状态机变更，却没有同步更改回查导致资损。业务改造更改了业务状态机，遗漏了回查部分，导致新业务回查并不能准确识别业务的处理中、成功、失败三个状态，导致资损。

资损点 5：悬挂事务引发的资损。

（2）测试关注点。

- 关注分布式事务幂等性控制。
  - 对于分布式事务发起者，一定要确保构建的事务 ID 可以从业务行为上控制其唯一性，防止业务重试时误将其他悬挂事务执行提交/回滚操作。

- 对于分布式事务参与者，一定要确认对于同一个事务 ID，在任何情况下都只被允许创建一个本地主事务，保证在二阶段时能够确定唯一的一个主事务进行处理；尤其是对有 failover 库的系统，需要保证同一个 txid 的数据在同一个库，或者在二阶段时能够针对同一个 txid 同时处理落在 fail 库和主库的事务数据。

- 关注分布式事务一致性约束。

  - 分布式事务的发起者一定要解析参与者的返回结果，对于参与方返回的预处理失败的场景，一定不可提交分布式事务。

  - 分布式事务的参与者一定不能重复提交已经到达终态的数据，一定不能提交不存在的数据，一定不能回滚已经到达终态的数据。

  - 关注分布式事务完整性约束。确保所有参与方的操作统一，否则会引发资损。对于支付工具的分布式事务服务，回滚时需要考虑是否显式调用依赖的底层账务类系统回滚。

- 关注分布式事务回查机制规范。

  - 回查中的并发处理必须使用 forUpdate 锁表后进行业务结果判定。

  - 必须能够准确识别业务的未知、处理成功、处理失败这三种状态。如果现有的设计不能准确识别这三种状态，则需要重新设计业务状态机，否则很容易产生悬挂事务，严重时会返回错误的业务状态，引发资损。当涉及状态机的变更时，必须同步分析相关的所有回查是否受到影响。

  - 回查处理必须保证与主事务处理的互斥，实现对于同一时刻的同一笔业务单据，主事务处理与事务回查处理并行且只有一者进行，一般在回查时通过加锁查询实现。

- 关注分布式事务悬挂事务规范。

  本质原因：回滚先于预处理请求，故需要尽量避免这种情况发生。

  - 合理设置超时，越到调用链路的底层，超时应该越短。

  - 设计时需要保证当出现悬挂事务时不会误提交、回滚，且有入口处理悬挂事务。为此建议有超时自检回滚机制或者防悬挂机制，减少异常场景下的脏数据。

  - 必须确保分布式事务的本地处理（提交、回滚）是与本地库事务一致的。

5）数据混淆

（1）分析资损点。

系统的设计或实现存在缺陷，会导致用户在正常的操作中，获取或操作其他用户的数据，从而出现数据混淆，如串 session、串表单、线程变量中存在脏数据等情况，轻则出现用户无法顺利完成正常业务操作的现象，重则导致资金损失，如非法操作他人账户或资金处理错误。

- 单据号唯一性失控。如果不能及时发现单据号串号，那么会发生数据错乱，导致资损。系统在第一次处理业务时，会将交易信息或资金单据处理信息持久化存储；当出现重复的单据号时，第二笔同单据号的订单，在处理过程中可能查询到该单据号第一次的处理信息，导致操作的账户或资金错误。

- 业务上下文被篡改。为了降低信息传递成本，通常使用 session、线程变量等机制保存上下文信息，使应用可以通过简便的方式获取业务信息。但如果使用不当，则可能导致 A 用户错误获取到 B 用户的信息，或者获取到已失效或不应拥有的数据访问权限。A 用户在第一次访问时，系统将该用户的部分信息存储到线程变量中，由于缺失清理机制或清理机制异常而中断，故 B 用户在进行业务操作时由于线程重用，可能获取到 A 的信息，并使用 A 的信息进行业务操作，如资金转移等，出现资损。

- 表单信息被恶意篡改。对于使用 Web 表单的应用来说，需要防止表单被恶意篡改。用户通过浏览器和系统服务端进行交互，服务端处理业务时依赖浏览器端发送的 HTTP 请求。如果用户可以篡改 HTTP 请求，则该漏洞很容易使非法用户拥有操作他人账户信息的权限。因此，在有表单交互的场景，要设计好防表单篡改机制；同时，建议在业务层面也进行一次业务合法性校验。

（2）测试关注点。

- 需确保单据号生成机制唯一性，要能够支撑每天的业务量，确保不重复。

- 需确保线程变量或 session 生成及清理机制匹配，不因异常情况导致无法清理。

- 遵循安全编码规范，业务处理使用 post 表单提交，使用框架提供的防表单重复提交机制；此外，业务上还需对关键信息进行二次校验。

- 如遇使用 Spring 单例模式（在 bean 声明中，对于没有显示声明 scope 属性为 prototype 的，都是单例模式），要保证应用对实例对象只进行读操作，不进行写操作；如果想写，就自己单独 new 一个实例去写。

- 尽量不要使用全局的线程副本 ThreadLocal TL，除非明确知道这个内容是做什么的，并且尽量在 ThreadLocal 使用完毕后把 ThreadLocal 从线程池中移去。

6）环境隔离

随着业务不断增长和业务体系复杂度不断提升，数据环境隔离、机器互访环境隔离、线上线下配置环境隔离、流量环境隔离等问题，都有因为未做隔离而引发资损的风险。这就要求线下、线上、预发隔离；不同环境的配置不可以相互干扰；不同区域的业务流量相互独立。

（1）分析资损点。

资损点 1：数据层面的环境隔离。

例如，验证人群扩大化产生额外的权益发放，给公司带来资金损失，甚至在公关层面产生极大的负面影响。

资损点 2：机器互访层面的环境隔离。

需要防止线上业务对预发环境的系统访问。避免由于主控机器汇总后的计算结果夹杂预发环境的计算结果而带来资损风险。

资损点 3：线上线下配置层面的环境隔离。

防止系统上线后因配置错误导致数据源等配置数据无法使用，带来资损和公关风险。

资损点 4：流量层面的环境隔离。

活动链接被用户非法获取并获取权益，一方面会造成权益的浪费，另一方面会为公司带来公关和资损风险。

（2）测试关注点。

- 预发线上数据环境隔离。预发环境与生产环境的数据隔离，确保验证性数据不对线上数据造成影响。
- 预发线上应用环境隔离。确保预发环境和线上环境在应用层面隔离，不会互相产生影响。
- 线上线下配置环境隔离。用于本地测试的线下数据库配置需要与线上配置方式隔离，防止系统上线时，数据库连接异常引发故障。
- 流量层面的环境隔离。对海外和国内的人群权益发放需要进行用户隔离，防止用户权益的错误发放，如海外流量和国内流量的隔离，否则可能出现针对海外用户的活动链接被国内用户非法获取，并参与活动获取权益的情况；或者针对国内用户的活动链接被海外用户非法获取并获取权益，一方面会造成权益的浪费，另一方面会为公司带来公关和资损风险。

7.2.3 资金项目变更规范

金融类的项目需求上线，需要经过标准的质量流程规范，确保需求设计合理、系统实现正确、功能测试完备，最终推进项目上线，完成切流生效。流程中会涉及多个工作岗位。流程中每个环节每个岗位的人员，都需要明确自己的职责和产出标准，层层把关，防控资金类风险和稳定性风险。

项目或变更需求上线的质量流程规范如图 7-2 所示。

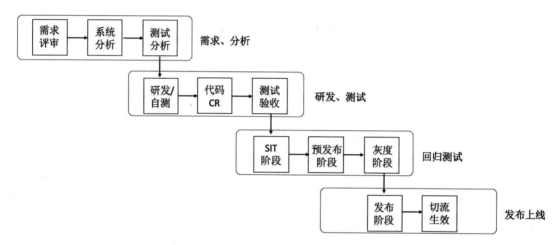

▲图 7-2 项目或变更需求上线的质量流程规范

1. 需求评审

（1）在进入研发阶段前，需要对变更需求的背景、必要性、重要性进行评审，与资金相关的内容需明确资金流、额度控制、信息提示等重要内容。

（2）系统架构、开发、质量专家评估需求合理性、优先级。制订研发计划、测试策略。

2. 系统分析、测试分析

（1）产出系统详细设计，主要包括：功能模块详细设计，灰度、监控、回滚设计策略，兼容幂等性能等问题分析。当涉及资金的改造时，需有针对性地进行产出资损风险点分析，并通过代码内嵌实现防控拦截。

（2）产出系统设计测试分析，主要包括各个功能模块测试场景分析、测试策略产出、风险保障手段产出。涉及资金的改造，需进行并发、幂等、兼容、分布式事务等专项测试分析。

3. 研发/自测

（1）详细设计阶段需要编写研发任务，主要包含需求实际设计方案、代码改动点、灰度、监控、回滚、兼容性、系统性能分析，最终作为交付 CR 产出并提交给对应的 CR 人员验收。

（2）测试子任务编写验收策略，验收场景执行的情况，验收问题登记实行正向反馈跟进，最终解决所有登记问题。

4. 代码 CR

根据研发交付的子任务进行功能代码的审核，审核需重点关注研发架构设计、研发规范、功能设计正确性、测试执行完整性。如果代码行变更较多，则建议安排代码走读会议把控整体变更风险。

5. 测试验收

依据交付模板进行整理交付测试验收，测试人员根据交付内容进行测试。同时，质量专家对功能链路、资金安全、灰度、监控、回滚等内容进行兜底评估，保障功能发布的完整性。

6. SIT 阶段、预发布阶段、灰度阶段

完成 SIT 阶段、预发布阶段、灰度阶段验收内容交付，包括对基本功能回归验证，各类发布依赖项执行情况及回归过程中的系统异常、资金异动等问题的分析。

7. 发布阶段

发布前需要给出发布计划并进行评审，发布计划是对项目发布前置的统一梳理，可以保障后续发布执行过程的平稳，包括基本功能验证情况、发布前置准备情况、发布兼容性、稳定性、资金安全等内容，是后续发布执行的参考文档，具有指导意义。

资金问题往往是好多环节出现问题的最终结果。质量规范的有效落地，可以确保每个环节的交付都符合预期，可在事前充分兜底风险和问题，最大化提升质量。

7.2.4 资金测试框架/平台

分层自动化层面的支撑平台主要有 ACTs、ETE，分别提供组件/接口测试能力和端到端的链路集成测试能力，以便上述业务场景测试与专项测试的高质量、高效率执行。本节重点介绍两个测试平台的背景与功能特性。

1. ACTs

ACTs（AntCoreTest）源于公司多年金融级分布式架构工程的测试实践积累，为企业提供高效、精细化的接口自动化测试。与现有的诸如 TestNG 等开源框架相比，ACTs 除了具备通用的数据自动化驱动等测试能力，还具有契合快速的互联网发展、复杂的分布式金融系统特点的模型驱动、可视化编辑、标准流程引擎等新特性，可辅助工程师高效、高质量地完成系统测试用例编写、维护及标准化、精准化的测试验证。

ACTs 是基于数据模型驱动测试执行的新一代测试框架，如图 7-3 所示，它主要适配 spring 框架的测试环境，它以 YAML 为数据载体构建数据模型驱动，实现了精细化结果校验、可视化编辑、高效化用例管理等，可以极大压缩测试代码体积。

▲图 7-3　ACTs 新一代测试框架

ACTs 的核心能力：

1）可视化数据构造

框架实现了测试数据与测试代码的分离，同时配套提供可视化编辑器 ACTs IDE，通过 ACTs IDE 可以快速地输入、查看和管理用例数据，有效减少重复性的测试数据。

2）标准化测试流程

ACTs 封装了一整套标准的测试流程，测试和研发人员无须编写测试脚本，仅需构造数据便可启动用例，数据准备、执行、核验、清理全流程自动化执行。图 7-4 为 ACTs 运行原理。

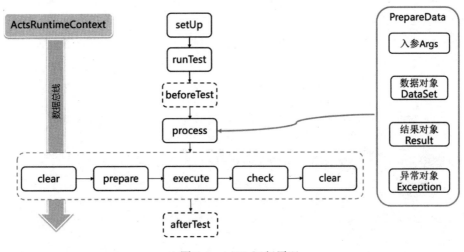

▲图 7-4　ACTs 运行原理

3）精细化校验

为了提高方法返回值、DB 变更数据等期望数据值的填写效率并减少检验点遗漏，框架提供了预跑返填功能，帮助测试和研发人员快速填充执行结果作为期望值，结合核验规则标签，实现期望 DB 数据、期望结果、期望消息、期望异常等多对象和全字段的精细化校验。

4）丰富的数据 API

ACTs 数据自定义 API 封装于上下文类里，可快速地获取和设置自定义参数、用例入参、期望结果等，满足用户对用例数据的自定义需求。

5）自定义流程引擎

为了提高 ACTs 的可扩展性，框架的 ActsTestBase 测试基类对外暴露各个执行阶段的方法，包括 prepare、execute、check、clear 等。例如：在测试类中，通过重写 process 方法可将整个测试脚本重新编排。

6）统一配置能力

ACTs 统一配置文件中提供丰富的配置，如测试回归范围、测试回归环境等，以满足框架的个性需求。通过 ACTs 测试用例的编写和回归，可以从系统接口/组件兜底各类功能问题，结合行/分支覆盖率度量等评价手段，可快速提升系统测试充分度，降低缺陷遗漏。

2. ETE

ETE 端到端平台是一个通过页面配置化的方式来新增、管理、调度集成测试用例的通用集成测试平台，如图 7-5 所示。可在页面直接配置原子用例组件，并且通过图形化界面的方式自己串联业务组件，个性化定制自己的业务用例，满足各个业务域、各个项目中的联调和业务回归需求。

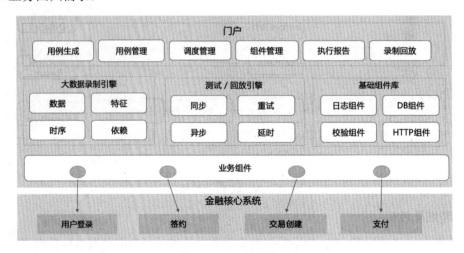

▲图 7-5　ETE 端到端平台

ETE 的核心能力如下。

（1）分钟级还原上游发起的业务场景。通过业务流量自动转换用例，自主重复发起业务场景，不再依赖上游。

（2）全链路数据自动校验。通过自动关联捕获数据生成链路核验规则，将其作为场景回归的核验依据。

（3）测试场景自动补充。通过无监督/有限监督模型算法，自动清洗场景，结合覆盖率敞口评价，实现全场景无人值守补全与回归。

（4）测试流程管控。研发迭代同步创建测试空间，自动计算测试联调回归效能指标，提效不再"盲人摸象"。

（5）丰富的数据资产。目前已沉淀 80 种资产，具备账户资产自动构造功能、支付工具组合功能，支持账户自动化构建。

7.3　资损风险识别

我们已经从产品设计规范、系统设计规范、变更规范几个维度，对如何预防资损风险进行了介绍。资损问题其实也是一种功能缺陷，虽然合理的设计和尽可能充分的测试可以尽量在产品上线前规避严重的资损风险，但在业务场景日益复杂、业务规模日益增长的背景下，也无法确保百分之百没有问题。一旦在线上发生资损黑天鹅事件，则问题发现和处理的速度，将直接影响资损敞口。对于所有的资损风险，我们都期望尽可能地做到快速识别和处理，以减少资损带来的损失。本节我们将主要介绍如何进行线上资损风险的快速识别，即资损问题发现能力的建设。

那么，如何感知线上一笔业务是否正常呢？从系统维度来思考，一笔业务流经我们的业务系统，会留下哪些"痕迹"呢？图 7-6 所示为业务执行链路示意图，从单应用维度来看，我们将应用想象为实现固定业务逻辑的一个黑盒，对于这个黑盒来说，它的输入可能由用户的一次操作、上游应用的调用、定时调度任务或消息触发，而经过应用内部一系列的处理逻辑，它的输出是 DB 的业务数据、日志文件，或者是调用下游服务、对外发送消息。理论上，我们只要保证这个应用黑盒的所有输出是符合预期的，业务就是正常的。站在业务域的角度来看，我们需要保障的是域内各应用业务逻辑的正确性、域内上下游应用业务数据的一致性，同时关注跨业务域之间数据的一致性。由此，常见的核对手段可分业务逻辑正确性核验和上下游/端到端数据一致性核对两类。除此之外，也可从业务的汇总金额波动、交易量级波动等聚合维度，探查业务的水位异动。

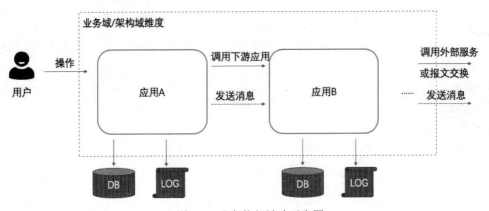

▲图 7-6　业务执行链路示意图

7.3.1　数据核对体系

从本质上来说，核对是从业务的领域模型中抽象出数据之间的关联关系，将数据之间的一致性关系或者业务规则逻辑沉淀为校验规则，通过数据核验的方式，保证数据之间逻辑的正确性。一旦发现数据之间的关系不符合预期校验规则，则通过警告等方式通知技术人员介入处理。

在构建核对防线前，需要深入了解领域，可以尝试回答以下几个问题：

（1）我所负责的系统领域模型是什么？

（2）我所负责业务/系统的核心风险要素（资损风险）有哪些？

（3）核心风险要素在我所负责的系统内是怎样传递和使用的？

（4）我的上下游是如何决策和使用核心风险要素的？

1. 一致性核对

在系统中传递业务的核心风险要素时，需要保证上下游核心要素的一致性，例如用户下单购买某商品，交易订单的金额应该与支付账单的金额保持一致。一致性核对通常用于发现上下游系统之间，或者是系统与系统之间，由于约定不一致导致的问题。

一致性核对需要关注金额、状态、币种、汇率等与资金相关的字段，针对不同的业务，关注的风险要素也不同，特别是对于金融类业务，并非只有直接与资金相关的字段才会引发资损。以贷款业务为例，一致性核对还会关注利率、费率、贷款期限等重要信息。

我们从上下游系统一致性、完整业务链路端到端一致性、总分一致性几个角度进行分析。

1）上下游一致性核对

上下游一致性主要用于判断上下游系统中核心要素的一致性。图 7-7 为某业务链路示意图，业务从 A 系统发起，经过一系列的系统调用完成一次业务操作，调用模式可能是同步调用，也可能是异步消息，从业务链路角度看，需要 AB、BC、CD 等系统之间保持核心风险要素的一致性。

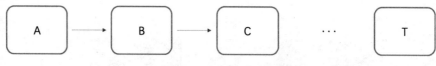

▲图 7-7　业务链路示意图

值得关注的有以下三点。

- 核对上下游链路的完整性。整个系统链路上的每个应用都从自身出发，分析风险要素在其上下游的传递情况。例如，如果只保证 AB、CD 之间的一致性，BC 之间没有进行核对校验，那么无法保证整个业务链路正确。

- 需要关注数据的双向核对。业务由上游业务系统 A 发起，从 A 系统的角度关注 A 与 B 的数据是否是一致的，B 应用作为下游业务系统，也需要关注 B 中的业务单据是否能和 A 的业务单据一一对应。这种双向核对可以发现一些业务幂等类型问题。当然，一些底层核心系统无法找到自己上游业务的发起方，在这种情况下，也可以约定业务幂等字段进行单据数量的校验。

- 对于一些有状态的单据。在与下游核对时，要注意核对状态的全面性，避免业务场景的遗漏。比如上游业务单据有处理中、成功、失败三个状态，与下游核对时需要确保三个状态均与下游业务状态保持一致。

2）端到端一致性核对

从理论上来说，如果业务链路上的每个应用的一致性都得到核验，那么是可以保证整个业务是一致的。但是在实际业务中，系统调用链路往往是很复杂的，且由多个质量团队共同保障，无法保证业务链路核心应用之间的上下游一致性核对完全。因此，从对整体业务负责的角度出发，最上游业务系统在条件允许的情况下，可以直接与业务链路的最终结果进行核对。

3）总分一致性核对

总分一致性核对场景可能存在于单系统内部，也可能存在于上下游业务系统之间，核对公式一般是 A=B1+B2+B3…，一般用于核对有"父子"关系的业务单据之间的一致性，特别是在各种交易支付中，往往涉及一对多的拆分逻辑。比如一笔交易可能同时使用优惠券、红包、银行卡进行支付，交易的总金额应该等于各种优惠加上银行卡支付的总金额。

2. 业务正确性核对

1）业务规则核对

业务规则核对指针对业务具体场景，对核心风险要素的一些约束条件进行校验。例如对于一笔交易的多次退款，多次退款的金额总和不应该超过交易的金额。再举个例子，某些营销活动会之间互斥，新人优惠折扣和红包不能同享，那么在核对规则部署的时候，就需要针对这一活动判断营销核销数据中，针对同一笔交易是否有同时享受新人折扣和红包的情况。

还有一类业务规则是基于业务合规的一些限制，例如，贷款年利率最高不能超过 24%，这种情况就可以针对用户实际签署的贷款合约中的利率信息进行上限的校验。又比如，在查询用户银行征信时，必须事前获得用户的授权，那么就可以校验有征信查询记录的用户，在对应时刻是否存在有效的征信授权合约记录。

业务规则核对在更多情况下从业务核心风险要素出发，结合业务实际的一些规则、逻辑，进行要素正确性的核对。

2）计算逻辑核对

有些业务场景更为复杂，涉及复杂的计算逻辑，例如，在业务涉及收费、利息、分润等场景时，需要根据费率、利息、分润逻辑等来计算金额，并按照业务规则将费用分摊到多方。收费金额计算错误、多收、漏收，或者分摊未考虑小数尾数都有可能导致资损。针对这类业务场景，在条件允许的情况下，高风险业务可以通过旁路实现业务逻辑核对。

3）业务基线核对

除了主动识别业务规则和业务逻辑可能带来的资损风险，也可以从海量历史业务数据中挖掘固化的业务场景和映射的业务行为，沉淀为新流量的业务模式期望，从而发现变更的新流量与历史形态不符合的地方。我们把这些固化的业务模式称为"基线"。以资金流基线为例，资金流基线核对设计的初衷是解决由于交易支付业务、资金指令编排错误导致的多账少账问题，作为基线核对的一种，其外延可以扩展到所有业务可枚举的场景中作为通用的核对手段。基线刻画流程和部署流程如下：

将 DB、log 等数据提取业务特征要素组合＋排序作为基线场景；将数据形态（数据条数、数据特征等）作为基线核对内容；一组基线场景—数据形态构成一个基线规则。

基于历史存量数据进行基线场景和数据形态试计算，在此过程中不断增加业务特征要素，消除相同业务场景下数据形态的二义性。

结合同类业务合并等策略定义并引入 UDF，使基线规则集合迅速收敛。

按照基线刻画逻辑并部署单笔核对，若实时数据命中基线场景，而数据形态异于基线数据形态，则预警。

3. 日切兜底核验

日切，顾名思义指记账日期（会计日期）的切换。在传统的银行业务中，每日作业需要有一个结束的时间，在该时间后，对当日尚未完成的业务进行集中处理，并盘清当日的业务账目，做好受理下一日业务的所有准备后将记账日期更新为下一日。这一过程就叫日切。也就是说，日切不仅仅是记账日期的切换，还需要将当日尚未处理的记账完成、生成账单用于业务对账、产出监管报表所需要的分录数据，日切可以说是一家支付机构一天内所有交易对应账务处理完成的标志，也是账务风险闭环的最后一道防线，日切的顺利进行保障了交易链路的正确性和稳定性。

日切作为资金风险兜底的最后一环，其重要程度不言而喻。然而，目前线上运行的日切，多是以日为单位进行的各维度的平衡检查。为了使资金问题提前暴露，更高时效的日间"日切"也是非常重要的兜底手段，为此产生了"线上分钟级单笔日切"，即为了让日切模型进一步发挥作用，其核验能力可左移到线下验收环节，为变更上线提供强有力的质量保障。

图 7-8 所示为线上分钟级单笔日切实现原理，由会计日切的按日大批低频日切，升级到按分钟小批高频日切。图 7-9 所示为线上分钟级单笔日切核验模型。在一个日切数据分区内，借助交易支付单号，关联所有记账分录明细，做总分、借贷平衡等多维检查，清洗出异常明细数据，推送预警处理。线下日切的实现思路与此类似，在指定单号后做数据关联和检查，给出验证结论并关联变更卡点进行处理。

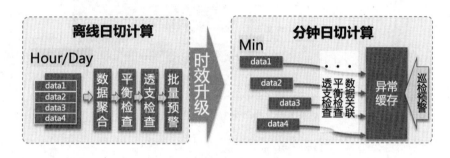

▲图 7-8　线上分钟级单笔日切实现原理

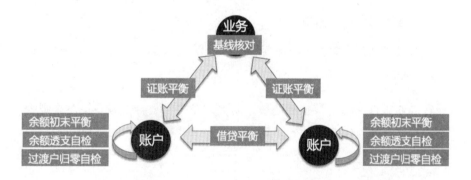

▲图 7-9　线上分钟级单笔日切核验模型

通过日切前移，可快速地将日切核验模型赋能到每个阶段，从而更早发现和处理问题。

7.3.2　数据核对平台

根据核对时效的差异，核对体系中主要有实时核对、分钟核对、小时/天核对三种模式，分别由不同的核对平台支持。以下给出各种平台的原理和优/缺点，不同的业务可以根据各自特征进行平台选型和脚本落地运维。

1. 实时核对

- 原理：利用框架拦截组件，在业务系统运行时根据规则将数据通过接口、消息等方式发送到线上核对中心进行实时的数据核对校验，数据实时核对平台的原理如图 7-10 所示。

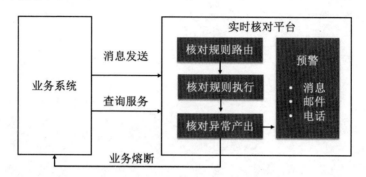

▲图 7-10　数据实时核对平台的原理

- 优点：时效性高；支持熔断。
- 缺点：有侵入代码，接入成本高；覆盖率难以统计。
- 适用场景：
  - 对接支付关键主链路。
  - 对时效性要求较高的复杂业务进行判断。

2. T+M 核对

- 原理：通过订阅指定数据表的数据变更，在核对平台上编写核对规则脚本，对在线数据进行 $T+M$（5 分钟）时效的上下游核对检查如图 7-11 所示。

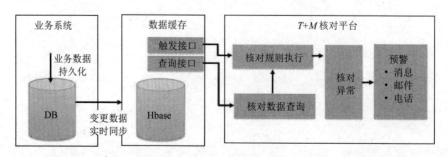

▲图 7-11　对在线数据进行 $T+M$（5 分钟）时效的上下游核对检查

- 优点：灵活性高，无须变更业务代码；支持规则自动推导。
- 缺点：只能处理落地数据。
- 适用场景：
    - 核心资金链路上的证账实核对。
    - 其他业务系统的上下游资金核对。

3. $(T+H)/(T+1)$核对

- 原理：基于数仓离线表建立不同的规则［如$(T+H)/(T+1)$］对离线数据进行计算核对，如图 7-12 所示。

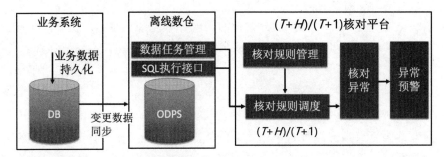

▲图 7-12　基于数仓离线表建立不同的规则［如$(T+H)/(T+1)$］对离线数据进行计算核对

- 优点：灵活性高，无须变更业务代码；数据完整，无须考虑实时性能。
- 缺点：时效性差。
- 适用场景：
    - 核心资金链路上的证账实核对。
    - 其他业务系统的上下游资金核对。
    - 有复杂聚合计算逻辑要求的场景。

选择核对模式/平台的一些基本标准如下。

- 实时核对：高时效性要求、有熔断止血诉求。
- $T+M$核对：不想侵入业务代码、有一定时效性要求。
- $(T+H)/(T+1)$核对：异步延迟处理业务场景、有复杂聚合统计要求。

其实，每种核对模式都有自己的独特性，也有局限性，不同模式之间并不互斥；在实际使用过程中，可将自身业务场景特性、核对成本、时效性等因素进行综合考量，将不同的核对模式结合起来使用。

选择好核对平台后，可基于平台进行规则编写，在核对平台运行，发现问题时进行告警。针对关键的资金要素，包括但不限于金额、币种、状态、渠道、主体，需要有通用一致性规则，也需要针对特殊的业务和场景部署特定的业务正确性核对规则。随着新业务接入、架构变化，核对规则需要同步变更或新增。

核对规则部署上线后，对运行产出的核对异常，需要及时推送到应急保障群进行处理。如果是资金问题，则采用应急止血流程；如果是脚本问题，则进行调整、降噪处理。

7.4　资损风险应急

业务熔断是对异常行为的一种处理方式。当发现某种业务存在高风险时，有必要切断其业务流量，以避免更大的损失。业务熔断的实现并不复杂，重点关注两个关键点：什么时候熔断、熔断的粒度。第一个关键点是由风险的业务、风险的等级、风险的范围、对用户的影响等因素决定的。第二个关键点需要在进行系统分析前规划设计好，如按渠道、销售产品、支付工具、业务码等。熔断止血后，需要对已经发生问题的数据进行恢复，恢复手段包括调账、业务修复发布等，从根本上解决资损问题。

资损问题被修复后，需及时召集相关人员分析故障发生的原因，以及是否有相关改进点。涉及公司制度、流程不完善或执行不到位的，由责任部门负责，内控部协助完成整改计划，并由相关团队负责检查和监督整改计划执行情况。

7.5　资损防控文化

前面几节我们先通过资损背景、定义了解了什么是资损。然后从产品设计规范、系统设计规范、变更规范的角度，介绍了如何从设计和变更管控角度，在事前预防资损。在资损风险识别与故障应急部分，我们从风险类型和核对手段入手，介绍了如何及时发现线上潜在的资损问题，以及发现线上资损问题后，如何快速处理，防止问题的影响范围进一步扩大。

本节我们将从资损防控文化的角度，探讨一下如何从意识角度预防资损。资损防控文化的宣导，是期望通过案例分享、征文、方法论学习、考试等方式，让技术人员从历史中总结学习，时刻保持对线上问题的警惕性，保持对风险的敬畏。

1. 红蓝攻防专题

尽管我们的资损防控能力及技术风险防控能力都在快速增强，但如何度量能力的有效性和充分度，是需要持续突破的难点。

我们通过测试验证业务代码的正确性，那么如何验证线上资损防控能力和应急能力呢？2017 年 7 月，我们成立了职责独立的技术团队"蓝军"，希望能够通过模拟故障，持续检验与资金安全相关的保障能力，并以"1218"红蓝攻防活动为抓手进行能力阅兵。

在红蓝攻防中，蓝军通过在仿真流量上对各类故障进行复现，检验系统对线上资损的发现能力及快速恢复能力。由各个业务线的技术人员组成的红军则负责发现及快速处理故障。

我们通过每年一度的红蓝攻防演练，检验各系统的资金安全风险防御、发现、定位、应急处理等能力。同时通过演练的方式，对线上防线进行了保鲜。

2. 常态化演练

除了每年一度的"1218"大型红蓝攻防演练，在日常工作中，我们也将演练常态化。尤其是针对线上核对脚本的验证，我们通过攻击离线表风险业务字段，以无损的方式模拟线上可能发生的资损问题，通过演练来检查核对脚本的有效性。如果核对脚本可以发现我们有意注入的错误数据，就证明核对脚本可以发现同质的线上问题，从而保证了脚本的正确性。

第8章
物流类测试

潘敏、郑兴杰、王凯、胡蝶、周丹艳、张浩、黄小强、

王换、陈娟、后爽、金勇强、卢翱、刘海峰、李凡

近十年来，物流行业实现了跳跃式的发展，从 2012 年起，中国的快递行业包裹数量持续以每年接近 100 亿的速度增长，到 2020 年达到了 800 亿件。高速发展的包裹规模背后是物流科技的极速发展，随着物流网络的复杂度及人们对数智化的发展诉求增加，物流科技对应的底层系统的复杂度和智能化程度在不断提高，对系统的功能质量和稳定性的要求也越来越高，带动了物流类测试技术的蓬勃发展。下面让我们一起走近物流类测试技术。

8.1 物流类通用测试技术

8.1.1 基于测试服务化的可编排测试

1. 背景介绍

物流处于电商业务的下游，其特点是链路长、异步实操多。在阿里巴巴菜鸟的系统架构上，虽然每个业务域的应用系统之间都是松耦合的，但业务数据是强相关的，这给链路上的集成测试带来了挑战。

以前各业务域都有自己的测试工具，做链路测试时，对测试人员的要求很高，需要熟悉链路上各应用的业务，还要熟悉工具，知道上哪儿去找。不仅如此，通常一条测试数据的流转需要用到好几个业务域的测试工具，遇到环境不稳定时，还会被卡住。

2. 解决方案

如果自动化工具齐全，且这位测试人员已经熟悉了各种工具，那么接下来的工作可以看作"工作流+数据流"，因此我们想到了用流程引擎串联测试工作，最终实现业务场景下

的链路测试。

1）测试服务化

测试服务化指在自动化领域，把每个基础场景的测试能力以微服务的方式暴露出来，类似开发域的 API 或者微服务。目前我们还是采取中心化的架构，测试服务的中心化架构如图 8-1 所示。

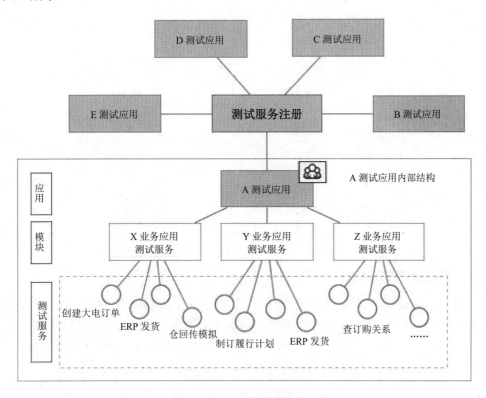

▲图 8-1　测试服务的中心化架构

通常开发人员写的 JUnit 脚本中主要包括 3 件事：数据构造、调用业务接口和验证测试结果。3 件事可以分别沉淀成测试服务，也可以合为一个原子测试能力，把可变的参数作为服务的入参提取出来，增强复用性。测试服务会被统一注册到中心进行集中管理。

2）流程编排引擎

有了测试服务，接下来要解决这些服务的串联问题。阿里巴巴菜鸟基于 BPMN 2.0 规范研发出了一套流程编排产品，支持循环、定时器、分支、forkjoin 等条件，同时支持子流程嵌套，提升流程复用性，可以完全模拟日常测试工作流程，最终实现异步、长链路的自动化测试，如图 8-2 所示。

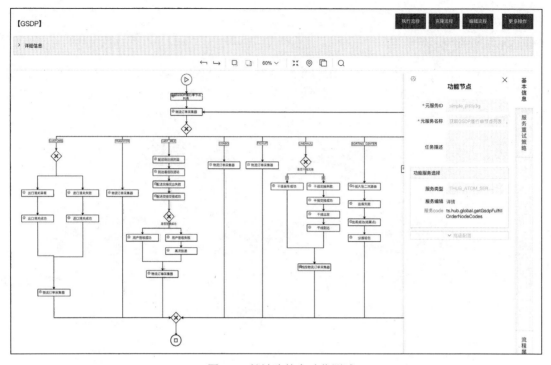

▲图 8-2　长链路的自动化测试

3）其他问题的解决方法

长链路下的数据构造是测试人员的痛点，即便有了上述基础能力也不够。测试数据的构造通常受环境影响比较大，这里的环境指测试基础环境，包括应用本身的质量、发布部署的稳定性、硬件、中间件稳定性、外部依赖应用稳定性等问题。这些问题集中治理的成本都非常高，而且通常会影响测试工作连续性。

如果在环境稳定的时候能尽量多地生产一些测试数据，存放到一个相对稳定的地方，那么在链路环境不稳定的时候，从相对稳定的地方获取这些测试数据，在一定程度上能缓解环境问题造成的影响。因此，我们构建了"数据池"，编排链路上的每个节点都可以绑定数据池（如图 8-3 所示），在流程测试的过程中，数据可以通过数据池"蓄"起来，最终服务于测试。

ID	名称	数据池code	环境	状态	创建人	最近生产时间	健康度(%)	水位	是否开启	操作
2002	[cookie]考拉自动化仓储纸质拣货-边拣边分任务_DAILY_考拉获取登录cookie接口_1604651049401	dp_1604651049406	日常	已完成	九曜	2020-12-2 23:00:00	—	10/10	开启	生产 获取 刷新 更多操作
2001	[基础数据池]测试123_DAILY_样例节点_1604500127252	dp_1604500127384	日常	已完成	棋诙	2020-12-2 23:00:00	—	15/10	开启	生产 获取 刷新 更多操作
2000	[基础数据池]1297L发运批次创建&集货全链路_PREONLINE_拣选完成校验_1604496393994	dp_1604496393998	预发	已完成	禹曈	2020-12-3 12:01:00	0.0	0/50	开启	生产 获取 刷新 更多操作
1999	[基础数据池]blackcat全流程_DAILY_UF免登_1604455858610	dp_1604455856706	日常	已完成	夏木	2020-12-2 23:00:00	—	16/10	开启	生产 获取 刷新 更多操作
1998	[自动化用例池]【G2P】【单品】容器释放-大宝下单]【G2P】【单品】容器释放-大宝下单_PREONLINE_大宝订单创建-基础_160438866238	dp_1604388662430	预发	已完成	子亦	2020-12-2 23:00:00	—	13/10	开启	生产 获取 刷新 更多操作

▲ 图 8-3　绑定数据池

3. 阶段成果

阿里巴巴集团将测试能力服务化，通过对测试服务的编排实现了自动化的创新性测试方案。在阿里内部，菜鸟、蚂蚁网商、新零售供应链、盒马等团队的异步实操、长链路场景非常多，且多为核心场景，有了该解决方案后，这些场景的自动化测试能力得到了有效完善。其中菜鸟和蚂蚁网商团队采用该方案实现了业务场景的自动化测试全覆盖。2019 年，菜鸟通过该自动化解决方案发现的 Bug 占比达到了 10%，该方案的影响力还在蔓延。

8.1.2　基于业务流量的采集和回放平台

1. 背景介绍

物流场景与电商场景有着本质区别，物流具有很多的实操场景。将一个个实操通过系统的方式关联起来形成链路，构成了阿里巴巴菜鸟当前的技术体系。而对于这么烦琐的体系的质量，传统的一些测试方法有一定的局限性，或者说有一定的不足。因此，有必要站在物流域业务的角度上，分析总结当前一些产品的质量和能力，在此基础上构建一个覆盖全场景、全链路的自动化测试平台。

2. 解决方案

解决复杂场景下跨领域、全场景的功能覆盖问题，归根结底是解决数据问题、链路问题、执行问题及校验问题。通过平台实现数据获取自动化、链路推导自动化、执行校验自动化，最终实现自动构建用例、自动推导链路、自动执行测试用例的目标。为了做到对线上无干扰，平台使用线上的历史数据，通过大促常用的影子数据同步功能，将正式环境的基础数据同步到影子环境中，同时利用日志聚合出整个单据执行的过程，从而拼接出执行链路，并将影子执行后的落盘数据与线上落盘数据进行比对，实现校验。基于业务流量的采集和回放平台如图 8-4 所示。

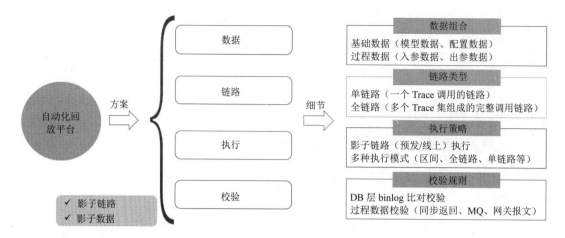

▲图 8-4　基于业务流量的采集和回放平台

3. 关键技术

平台的核心功能有 4 个。

（1）基于离线数据的业务建模，梳理出线上的真实场景并采样。

（2）根据采样结果分析实际调用链路，将多种实操及业务域操作进行串联，合并生成全链路。

（3）将场景样本与全链路关联，并根据实际出入参进行相关偏移处理，执行调度。

（4）在调度执行完成后，将整个生命周期中产生的同步调用、异步消息、数据库读写等基础数据与线上的真实结果进行对比校验。

自此，整个全链路从建模、串联链路、执行调度到校验已全部覆盖，其中的关键技术有基于业务数据建模、全链路生成及结果校验。

基于 ODPS 离线数据组建业务的宽表，由业务人员标示业务特征字段（主要是关键字段，如状态、类型等），将各个特征值聚合起来即可生成场景，这个过程我们称之为基于业务建模。

全链路生成首先依靠鹰眼的 ODPS 离线库，筛选出与阿里巴巴菜鸟相关的所有入口服务，并聚合入口服务可能经过的所有单链路；然后通过 DBSCAN 算法进行单链路部分的去重（鹰眼采集有时会缺少几个节点）；最后，依赖千叶或业务 ODPS 离线日志表将一个订单的流转过程中用到的所有链路唯一标识进行串联，根据该标识经过的服务、应用，从单链路中筛选出符合这个调用链的单链路与之匹配。

结果校验依赖精卫[1]监听线上 DB 的变更记录,直接监听 metaQ 的发送记录以及同步返回的报文信息。当回放影子链路时,针对每个操作进行全量数据的比对。

8.2 仓储实操类测试技术

8.2.1 仓储实操机器人业务介绍

仓储实操机器人的全称是自动导引运输车(Automated Guided Vehicle,AGV),外观类似扫地机器人,但是比扫地机器人大,可以载货柜,主要在阿里巴巴菜鸟仓储自动化中用于出库拣选、补货、盘点等业务。其中使用最频繁并且最复杂的是拣选业务,AGV 仓目前采用模块化的多区并行的自动化拣选方案,在仓库中根据商品热度等特点进行分区,每个区可以有不同的拣选作业模式(货到人拣选、车到人拣选或者人工拣选),每个区拣选完以后,合流在一起出库,仓储实操机器人的具体操作过程如图 8-5 所示。

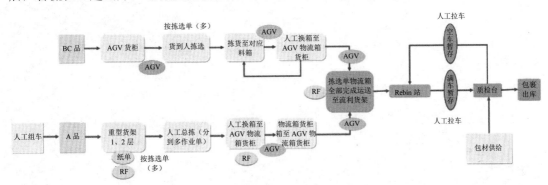

▲图 8-5 仓储实操机器人的具体操作过程

目前,阿里巴巴菜鸟最大的一个 AGV 仓有接近一千台 AGV,还有很多其他的资源,如货柜、拣选车、拣选容器、拣选工作站、充电桩、PTL(电子标签拣货系统)设备等,这么多的资源都是通过 AGV 系统进行调度(包括众多复杂算法),从而完成仓库拣选等业务的。

8.2.2 仓储实操机器人业务面临的质量挑战

仓储实操机器人业务有如下特点。

---

① 鹰眼,即分布式调用系统链路跟踪产品;千叶,即系统链路排查产品;精卫,即数据同步中间件 metaQ,即消息中间件。

（1）系统交互复杂。业务中夹杂着大量同步与异步操作和云仓通信，以及仓内系统与AGV的交互，一次库工拣选背后涉及 10 余个系统间的交互，覆盖内网、公网、仓内等多种网络环境。

（2）业务流程复杂。整个拣选出库链路中包含的环节很多，有的涉及算法，有的涉及实操，链路很长。

（3）算法迭代快。AGV 解决方案的效率重度依赖算法，因为算法的调优是一个漫长的过程，不是一步到位的，所以算法的迭代速度会很快。

（4）业务模式的摸索。AGV 的业务模式并不是在开仓之后就固定了，在仓库作业的过程中，也许会发现某个地方存在不足，通过调整作业模式或许能提升效率，因此，需要不断探索新的业务模式，而且新的业务模式的落地往往涉及硬件的改造。

这些特点也给质量保证带来了极大的挑战，主要体现在以下 4 个方面。

（1）全链路测试成本。业务链路长，手工测试成本高，如何高效地保障全链路功能。

（2）环境稳定性。系统交互复杂且链路长，依赖上游系统多，并且依赖仓内系统与 AGV本体，如何模拟 AGV 的排队场景及各种事件上报，如何提升环境稳定性成为一个很大的挑战。

（3）算法效率评估。算法迭代快，如何评估算法的改动对业务效率提升的贡献。

（4）全链路压测。这是一个全新的领域，如何快速地复制出多个仓，并且做全链路的压测，如何得到压测结果。

针对上述挑战，我们研发出了一套基于"一键开仓+单据引流+业务仿真"的"AGV 仿真平台"，该仿真平台从 2018 年 6 月诞生至今，经历了几次大促，以及上百个项目的洗礼。

8.2.3　仓储实操机器人自动化测试方案及结果

我们的测试产品叫"AGV 仿真平台"，从全链路回归和业务决策数据分析能力角度出发，必须在弱侵入原有的 AGV 系统基础上，让所有外部依赖的系统做到可插拔，具备大规模全链路业务仿真能力，能够结合线上单据引流功能，真实地模拟现场作业情况并给出业务数据和效能数据。"AGV 仿真平台"可以接入真实的 AGV 与货柜，在仓库现场完成业务，也可以接入虚拟的 AGV 和货柜完成业务，其框架要具备可扩展性，能支持快速增加一种业务模式。

AGV 仿真平台系统的架构如图 8-6 所示，主要包括产品层、业务层和基础设施层。

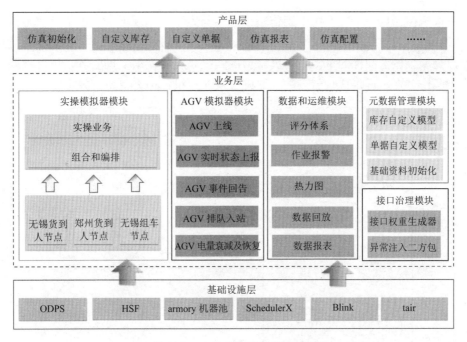

▲图 8-6　AGV 仿真平台系统的架构

（1）产品层。最终呈现给用户的交互方式很简单，用户只需要一键启动一个仿真仓，按照流程指引来进行仿真，就会生成单据维度的业务成功率及站效、人效等报表。当然，也支持自定义库存分布及更改仓库地图等高级操作（用户新业务模式探索测试）。

（2）业务层。主要包括以下模块。

①元数据管理模块：主要负责一键开仓、自定义单据引流、自定义商品库存分布，以及仓数据还原等数据化工作。

②接口治理模块：主要实现任意外部依赖的可插拔，用户可以按需一键模拟任意依赖的系统，从而更好地保证系统全链路环境的稳定性，其原理图如图 8-7 所示。

原理介绍如下。

仿真平台会提供一个 jar 包给业务系统引用，里面提供了类级别以及方法级别的声明，业务系统只需要在依赖服务的接收方上打上该注解即可，业务系统对依赖服务的调用会被仿真平台拦截，走到仿真的统一配置开关，从而实现某个应用在整条链路上一键解耦。

③实操模拟器模块：主要用于工作站模拟器与人工汇单模拟器，用于真实地模拟现场库工作业（包括各个环节实操时间），从整体上来看，AGV 仿真平台与真实仓有同样多的工作站，与库工做同样的事情。仿真平台的实操是真实调用实操服务，仿真将服务封装成一个个操作节点，再将这些节点进行编排，从而模拟各种类型的业务实操。

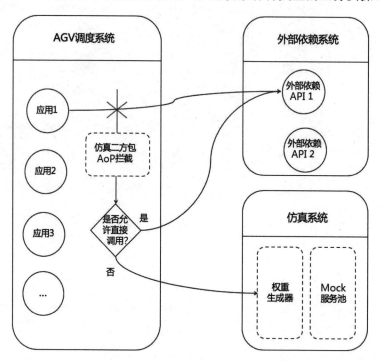

▲图 8-7 接口治理模块的原理图

④AGV 模拟器模块：一个仓有成百上千个 AGV 同时作业，不可能每次都用真实的 AGV 进行测试。所以需要该模块提供两种能力：AGV 硬件模拟和仓内系统模拟，主要模拟 AGV 上线、AGV 实时状态上报、AGV 事件回告、AGV 排队入站、AGV 电量衰减及恢复等。不同用户可以按需选择，比如云端系统改动可以通过模拟整个仓内系统进行仿真以提高测试效率；而仓内系统改动可以通过选择模拟硬件进行仿真。

⑤数据和运维模块：仿真结束后，该模块主要用于统计各种维度的报表，例如，业务数据报表、链路异常分析报表、效能数据报表。功能回归的用户可以通过业务报表查看有没有失败的业务，算法迭代的用户可以通过效能报表查看人效/站效有无提升。

（3）基础设施层。依赖各种中间件和 armory 机器池虚拟化技术实现机器资源的动态分配，可以通过动态地增减运行的仿真仓实现机器资源动态调整，如图 8-8 所示。

（4）当前的成果。

①提供全链路功能测试与压测的功能。对 AGV 仓来说，保证链路功能无问题是最重要的工作，近两年半以来，AGV 仿真平台承担了几乎所有项目的全链路功能回归测试及618、"双 11"大促压测，发现高风险的 Bug 多达 16 个，高效、高质量地保障了系统的功能与性能，形成了一套完善的压测方案。同时利用仿真平台的能力，实现了线上链路巡检功能，有 1 个仿真仓在线上一直运行各种类型的业务并且自动发送报告，能在第一时间发现并解决系统在线上出现的问题。

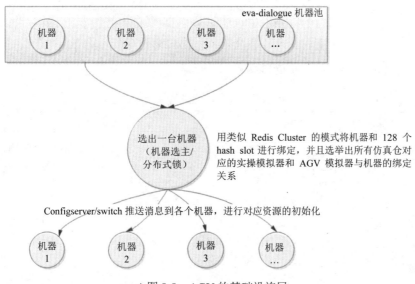

▲图 8-8　AGV 的基础设施层

②对业务决策赋能。AGV 解决方案针对业务模式的探索往往涉及硬件的改造，直接实施试错的成本较大，仿真平台的元数据模块可以很好地实现新业务模式基础数据准备，通过仿真结来支持业务决策。目前，大促库存分布方式、新增流利式货架等近 10 个业务的决策都是基于仿真结果做出的。

③可复用。仿真方案的思路（数据模块+实操代理+硬件模拟+报表模块+依赖解耦）及技术细节（如一键开仓、单据引流、依赖解耦）都是可复用的，完全可以被借鉴到人工仓甚至其他地方，所以目前仓储其他部门已经在借鉴使用。

8.3 末端 IoT 设备测试技术

8.3.1 末端物流业务介绍

在快递的"最后一公里",业务主要以菜鸟自提柜、菜鸟驿站两种方式完成。

随着包裹量的增加与驿站规模的不断扩大,单包裹人效越来越接近天花板,导致我们不得不投入更多的人力来保障业务的高速增长。其中,阿里巴巴菜鸟的运营人员急需解放运营生产力,改变传统的通过实地拜访进行站点作业监管及风险识别从而实现管理提效的方式;承担着大量包裹压力的驿站老板、快递员也需要通过实操提效。IoT 设备的引入对菜鸟驿站、菜鸟自提柜的单包裹人效提升发挥了不可替代的作用。

当前,菜鸟末端 IoT 设备分布如表 8-1 所示。

▼表 8-1　菜鸟末端 IoT 设备分布

设备类型	业务载体	主要用户	设备用途
菜鸟智能柜	菜鸟智能柜	消费者、快递员	支持快递员登录柜机进行付费投件、消费者可以到柜免费取件,付费寄件
驿站云监控仪	菜鸟驿站	菜鸟运营	支持标准化安装和安全合规存储,通过拉流能力可实现驿站在线监控和算法识别监控场景(营业时间,包裹堆积预测)
自助出库高拍仪	菜鸟驿站	消费者	支持消费者自助取包裹。攻克了扫码留清晰底图的难题,联动驿站云监控共同满足了自助出库安全监管诉求
寄件实人机	菜鸟驿站	消费者	支持对寄件人进行安全身份认证;认证通过后,继续寄件操作流程
小票打印机	菜鸟驿站	驿站老板	支持包裹上架自助打印功能;用打印机代替老板手写包裹编号,减少记忆与思考,降低包裹上架被打断的影响
OCR 把枪	菜鸟驿站	驿站老板	支持入库时采用 OCR 技术识别快递面单,解决了驿站老板手工输入非菜鸟电子面单包裹、非淘系交易包裹的消费者手机号问题

目前,菜鸟末端 IOT 设备中有业务 App、硬件驱动 App 两个 Android App,业务 App 通过驱动进行硬件控制及环境感知。其中,业务 App 由菜鸟业务研发人员研发,硬件驱动 App、硬件集合及操作系统一般由外部供应商研发。硬件及系统服务处于调用链路的底层,牵一发而动全身。

8.3.2 硬件服务与系统服务质量保证的挑战

传统的硬件及其附属软件交付流程及质量保证方式如图 8-9 所示。

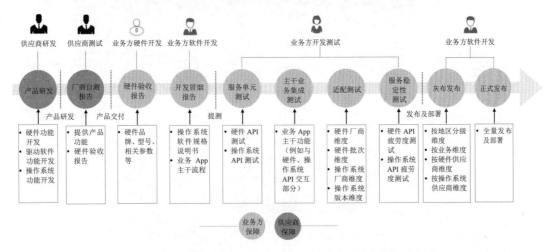

▲图 8-9 传统的硬件及其附属软件交付流程及质量保证方式

实际上，流程所述的传统质量保证方式在实施过程中遇到了较大的挑战。主要如下：

- 测试成本过高，例如与厂商外部沟通成本高，硬件疲劳度测试时重复操作成本高。
- 可测性不高，硬件服务及系统服务测试时对业务依赖性强、部分场景下的硬件测试无法自动化、无法全链路测试及线上偶发问题无法重现。
- 空间限制，现有测试方式主要是人机当面交互，无法进行远程控制。

8.3.3 阿里巴巴菜鸟末端 IoT 设备通用的测试产品及方案

面对上述挑战，菜鸟智能柜测试小组经过一年半的打磨，开发了一套阿里巴巴菜鸟末端 IoT 设备通用的测试方案。

如图 8-10 所示，该产品主要为菜鸟智能硬件供应商开发、测试人员，菜鸟硬件开发、软件开发，软件测试人员提供 IoT 设备终端硬件控制 SDK、操作系统、硬件驱动服务及智能硬件的关键部件通用自动化测试服务。用户只需要添加测试用例，平台便提供任务调度、设备自动入网、连接通道、错误定位、结果校验、自有硬件调度、运行结果报告生成等功能。下面将以末端 IoT 设备中最复杂的设备——菜鸟自提柜为例进行说明。

我们将产品命名为 IoTT（IoT Test Platform，IoT 测试平台），IoTT 主要由四部分组成，其系统间的交互如图 8-11 所示。

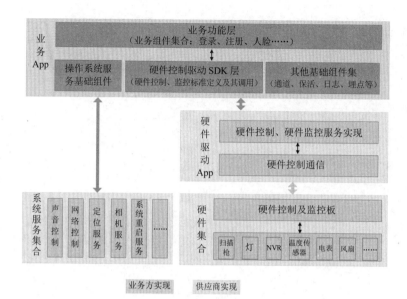

▲图 8-10　阿里巴巴菜鸟末端 IoT 设备通用的测试产品

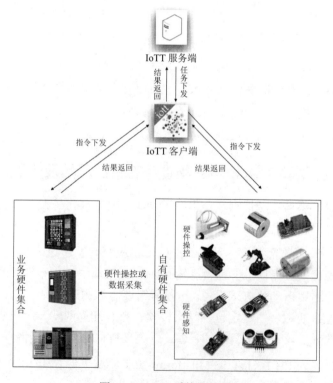

▲图 8-11　IoTT 系统间的交互

IoTT 的系统调用层次划分如图 8-12 所示。

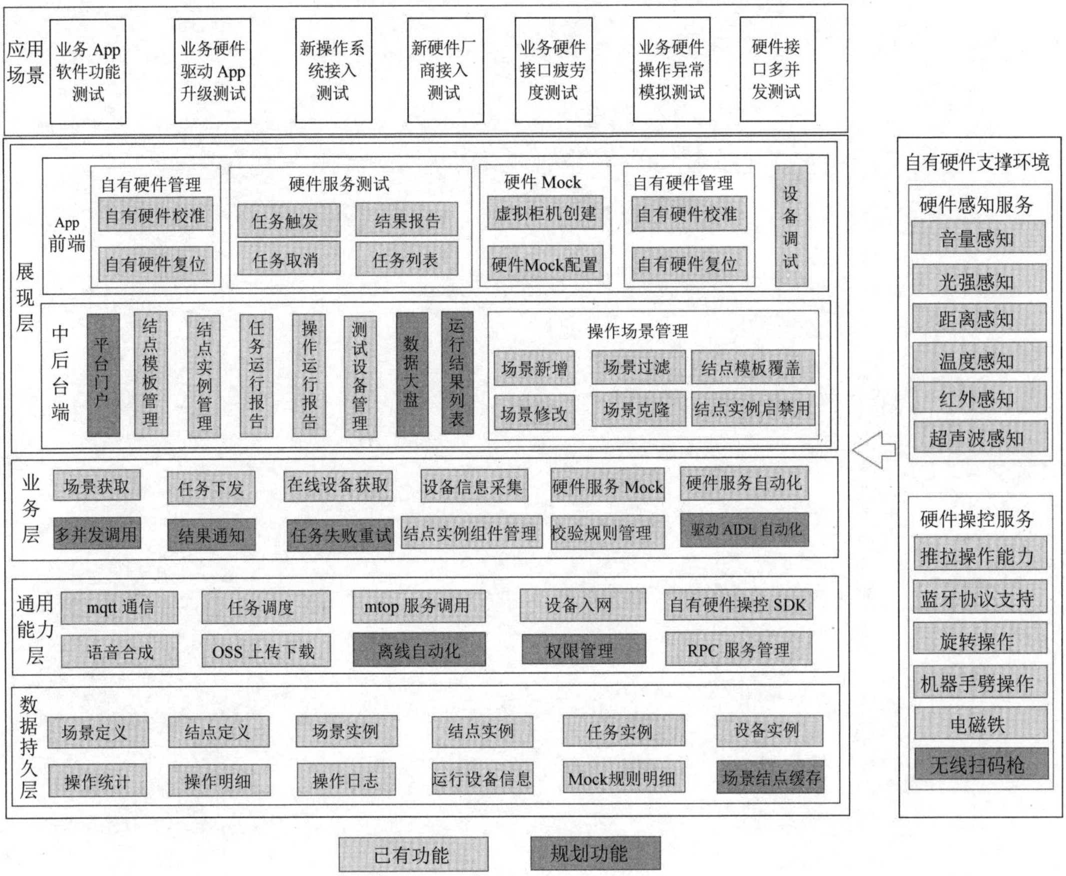

▲图 8-12　IoTT 的系统调用层次划分

在图 8-12 中，我们根据方案输出方对硬件进行了区分，将业务场景用到的硬件称为业务硬件；将自主开发或组装，辅助业务硬件测试的硬件外设称为自有硬件。当前，自有硬件主要提供以下两大服务。

（1）硬件感知服务。实现了硬件感知硬件状态的功能。目前，智能柜硬件服务只提供了开灯服务，未提供开灯成功返回的服务。通过光强传感器可成功检测自提柜灯是否真正打开。

（2）硬件操控服务。实现了硬件操控硬件的功能。目前，智能柜柜门打开后需要人工关闭，我们的自有硬件可直接通过推拉杆实现协助关门。此外，还可通过舵机装置，模拟快递员通过扫描枪扫描面单。

相应地,我们在 IoTT App 中集成自有硬件 SDK,用于通过 Android App 支持调度硬件感知服务及操控服务。上述功能有效地解决了部分场景下硬件测试无法自动化完成的问题。整个平台的调用链路如图 8-13 所示。

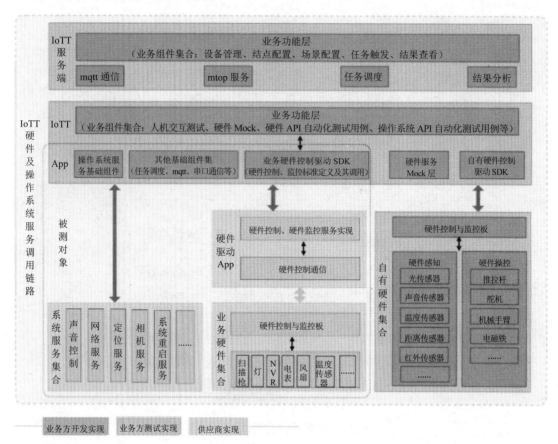

▲图 8-13 整个平台的调用链路

在产品设计上,我们希望平台尽可能通用、少编码、可配置;因此,我们设计了一个针对完整硬件服务或操作系统服务的测试产品,主要是通过 5 个业务模型的流转完成的,如图 8-14 所示。

图 8-14 中的名词概念解释如下。

(1)测试用例。可理解为服务端测试中的接口测试用例,实际上是测试操作系统服务或硬件服务,即 IoTT 客户端接入硬件 SDK 及业务 App 依赖 SDK 后,通过调用一个或一串硬件服务或操作系统服务对结果进行校验。其输入参数可通过 IoTT 服务端下发。

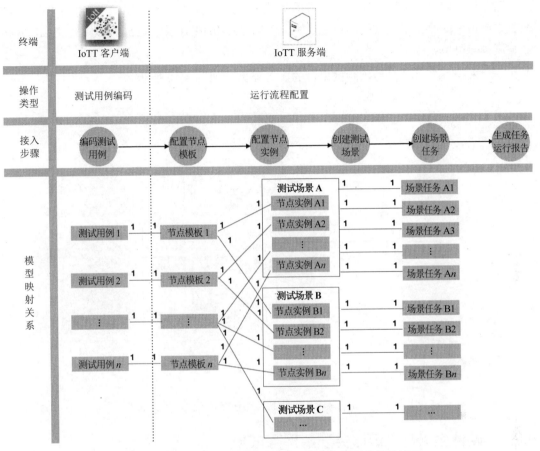

▲图 8-14　IoTT 完成服务测试的 5 个业务模型的流转过程

（2）节点模板：是通过 JSON 实现的，定义 IoTT 客户端运行测试用例所需运行参数、结果检查参数协议模板。

（3）节点实例。不同模板在不同 IoT 设备上的入参，结果检查可能不同。节点实例即为节点模板与硬件设备发生关系后的实例化实现。

（4）测试场景。由一个或多个节点实例组成有序的序列。

（5）场景任务。一个测试场景在某台 IoT 设备上运行，可能需要外部硬件设备的辅助支持。

我们只需要上述 5 步即可完成对被测对象的完整测试。

当前，我们已经可以实现一次硬件服务或操作服务用例的全新接入，只需用户在 IoTT App 添加相关的测试用例代码即可，其他操作均可在 IoTT 服务端通过流程配置完成，后续触发流程即可。

菜鸟末端 IoT 设备自动化测试平台的服务能力，如图 8-15 所示。

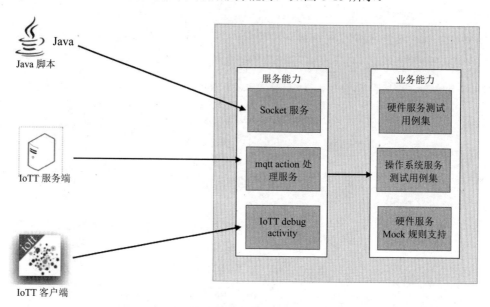

▲图 8-15　菜鸟末端 IoT 设备自动化测试平台的服务能力

8.3.4　硬件服务与系统服务质量保障成果

1.　自有硬件测试能力

我们自购硬件并定义编码，其测试能力及对应的测试场景如图 8-16 所示，支持在 Android SDK、Python 库和 GUI 工具中执行。

2.　硬件 Mock 能力及应用

以智能柜为例，硬件 Mock 已经广泛应用于图 8-17 所述场景中。

3.　平台自动化测试结果

2019 年 3 月~9 月，累计发现 12 个平台自动化测试 Bug，硬件服务与操作系统相关测试的时间由原有的 30 分钟降低到当前的 3 分钟。当前，已经在菜鸟供应商开发、测试，菜鸟硬件开发、测试中广泛使用。

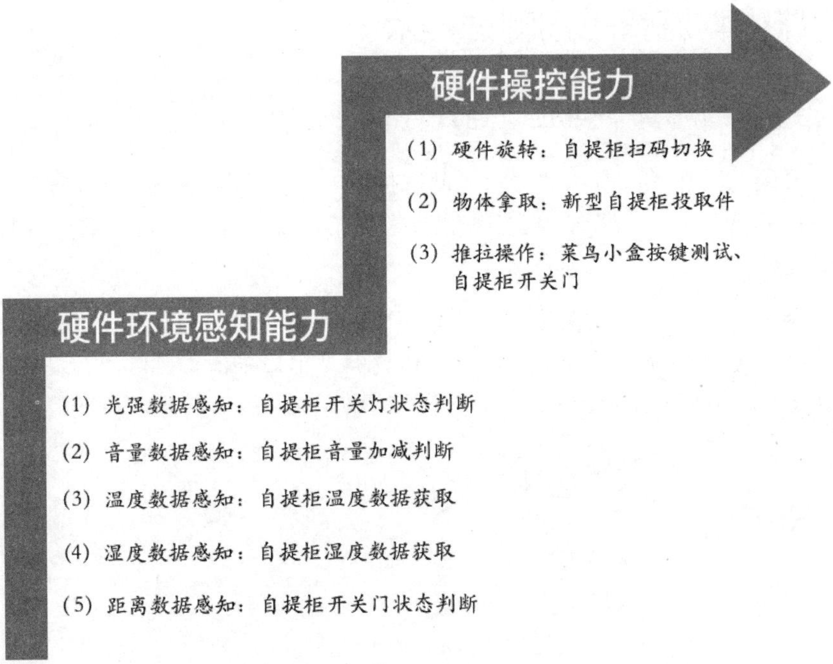

硬件操控能力
（1）硬件旋转：自提柜扫码切换
（2）物体拿取：新型自提柜投取件
（3）推拉操作：菜鸟小盒按键测试、自提柜开关门
硬件环境感知能力
（1）光强数据感知：自提柜开关灯状态判断
（2）音量数据感知：自提柜音量加减判断
（3）温度数据感知：自提柜温度数据获取
（4）湿度数据感知：自提柜湿度数据获取
（5）距离数据感知：自提柜开关门状态判断

▲图 8-16 自有硬件测试能力及对应的测试场景

【日常测试及开发】开发板+显示器
• 应用人数：10（开发）+4（测试）人
• 单台成本减少：每 3W~10W 减少至 1000 元
自提柜真机测试
使用场景
硬件 Mock 测试
【UI 测试】开发板+Mac mini
• 不再依赖真实柜机
• 调用硬件API场景，解藕通过Mock模拟
• （1）人柜交互场景
（2）多端交互场景
• 运行效率：不受智能柜性能差影响
【硬件异常模拟】
【线上问题复现定位】
• Mock 各种异常硬件 API 返回结果
• Mock 硬件 API 超时返回结果（案例：某厂商线上机器 1 拖 8 机器 200+格口一键开柜超时问题的复现和修复验证）

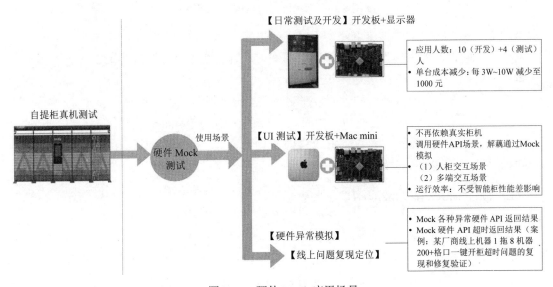

▲图 8-17 硬件 Mock 应用场景

8.4　全球化物流骨干网测试技术

8.4.1　全球化物流骨干网业务简介

阿里巴巴菜鸟国际供应链主要为跨境商家提供一系列全链路物流解决方案,涉及头程、清关、仓配、干线、揽收、配送、运输和自提等环节,支持商家备货、发货、调拨、分销、渠道划拨等业务。

如图 8-18 所示,全球化物流建设主要指 AliExpress 跨境出口物流、天猫海外跨境出口物流、天猫国际进口物流、阿里 ICBU 和大市场商家出口物流、国际泛仓储能力（分拨、集运和仓储等）、国际进出口通关、国际配送和末端自提等系统的建设和质量保障。

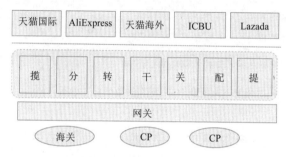

▲图 8-18　阿里巴巴的全球化物流建设

AliExpress 跨境出口物流主要为卖家提供物流方案,在卖家发货时指定物流方案并完成发货。不同物流方案体现的是物流能力的差异,物流线路会关联线路限制（包裹体积、重量、品类、价格、目的国可达性等）、配送能力（集运、自提、退回策略）、客诉方案和结算方案。物流模式分为纯配和仓配,纯配即卖家主动发货（不经过备货仓）,按等级分为标准、简易、经济、快速（时效和运费的差异）,按是否为菜鸟品牌分为国际小包＋国际快递、线下渠道等。仓配即仓加配,通过提前备货到仓,一方面加强货品品控,另一方面可以通过仓自动发货或海外设仓来提高时效。

天猫国际进口物流服务,由面向商家的供应链网和面向消费者的包裹网组成,为跨境进口货主提供大货物流供应链服务和面向消费者的包裹网物流服务。

跨境集货物流服务指海外的商家把一个交易订单中的商品打包成一个包裹,把包裹送至阿里巴巴菜鸟的海外中转仓,阿里巴巴菜鸟负责把商家的包裹从海外中转仓运到国内买家的手中,涉及海外中转仓、出口国清关、国际干线、进口国清关、国内配送。通过物流公司、清关公司、政府部门的配合,才能把包裹从海外送到国内买家的手中,如图 8-19 所示。

▲图 8-19　阿里巴巴的跨境集货物流服务

　　保税区是一国海关设置的或经海关批准注册、受海关监督和管理的可以较长时间存储商品的区域。商家可以从保税仓发货，这样可以减少物流成本。保税服务涉及仓库处理（接单、打包、出库等）、清关（报关、审单等）、配送（将商品配送到消费者的手中），如图 8-20 所示。

▲图 8-20　保税服务

8.4.2　全球化物流骨干网质量挑战

　　基于全球化物流业务和全球化技术架构，以中型项目为例，一个业务场景通常需要跨多个团队，涉及 10-20 个应用，产生物流单、配送单、履行单等，物流链路长，与揽收、分拨、集运、干线、关务、配送等多个实操系统相关，涉及众多单据的状态流转，校验逻辑复杂。即使小的改动，也要经历十多个步骤的功能验证。以下 3 个核心痛点。

　　痛点 1：如何快速获取满足业务特征的单据。全球化物流可以细分成 5 大业务线 3 大平台，数据需求各有差异，需根据被测场景提供特色数据服务。如在对接前台电商的解决方案团队时，需根据交易订单信息识别电商业务并完成物流侧接单。而物流履行平台的流量来自国际物流各业务，测试重点是根据物流要素路由线路，并对 CP 实操回传信息进行处理，只关心物流域的订单信息。基于这个背景，如何快速创建业务订单？

　　痛点 2：上下游依赖。尤其是在自测阶段，上下游系统功能不完善，需先进行自测，保障内部功能完善后再进行联调，然后根据外部接口返回值做逻辑判断。而在依赖系统功能未完备的情况下，如何测试内部系统？

痛点 3：环境稳定性。测试环境一般包括日常/项目环境、预发环境、Beta/线上环境。根据全球化业务特点，又可以分为国内环境和海外环境。如何保证环境稳定性、跨环境高可用，也是国际业务测试面临的挑战之一。

8.4.3 全球化物流骨干网测试方案

菜鸟国际物流和前台提供解决方案和物流服务表达，国际配送平台将业务与模板解耦，打造中心化的物流网络，协同跨境集运平台、关务平台、自提平台等完成包裹的精细化配送。

Lazada 国际仓储是菜鸟仓储系统的海外行业版，支撑东南亚（Lazada）、南亚（Daraz）、俄罗斯（AE）等地的业务。

Lazada 仓储质量保障策略，主要应用在海外环境、海外业务多样性、海外中间件差异、发布流程对等、数据库变更同步，以及国际化特色时区、币种、语言中。在全球速卖通业务中，时区差异会影响时效计算和展示，例如在买家侧展示当地时间，而物流侧均转化为 GMT 0 时区。

海外仓测试场景多种多样，仓储是强实操业务，不同的仓（国际/地区）因为各自独特的业务特点和运营手段，会产生不同的实操流程。为了提高场景覆盖率，满足业务上线前业务方 UAT/培训的需求，在新加坡的预发环境上创建并实施了 30 个左右的测试仓。

不同于国内预发和线上共享一套数据库，新加坡预发和线上使用两套独立的数据库。在新加坡的预发环境下，我们为每个行业仓单独准备测试数据，测试封装基于出库、入库、调拨等业务场景的测试造单能力。

由于海外环境不支持影子链路中间件，压测的数据无法通过线上引流+影子表偏移来实现，所以要通过压测平台执行人工编写的性能测试脚本。

新加坡发布的升级流程，存在新加坡和国内平台的不同版本，面临测试和发布不同步问题，平台发布可能导致海外业务不可用，因此要在质量侧推进研发流程升级协同发布（平台每双周发布，Lazada 每周发布）。

配置和数据库变更对等，由于海外环境经常被遗漏，故开发了数据库差异对比检查工具，支持跨多个数据库实例发布数据变更。

物流侧多语言术语、语言风俗测试，包括样式截断、漏翻译等验证，通过静态代码检查插件、静态页面多语言与页面截断检查等工具进行测试。

国际仓储中举足轻重的是保税仓储业务，进入保税仓的货品提交资料，发起通关请求，等待或处理审查结果的过程就是清关。国际质量侧在大宝（菜鸟仓储管理系统平台）基础上，重点增加了对出库、入库单的海关报检测试验证。

菜鸟国际关务覆盖的业务比较广，涉及出入域（主要提供园区申报和账册服务）、备案域（合规基础服务）、税域（税费计算基础服务）、预归类域（预归类基础服务）、通关域（通关申报服务）五大领域。本节从测试的视角重点介绍通关业务，并给出相应的质量保障方案，涉及通关领域的核心链路接口调用、全链路接口串联、每周的代码发布保障等核心链路场景。

在菜鸟国际关务侧，通过解耦上游系统、封装造单工具来提升测试效率；对外部依赖关务系统，提供便捷工具，如一键备案等，菜鸟国际关务系统如图 8-21 所示。

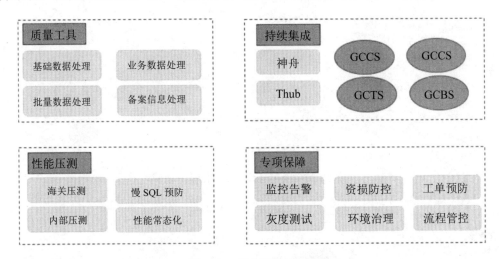

▲图 8-21　菜鸟国际关务系统

每年"双 11"，对各口岸进行性能摸底，辅助海关系统进行性能调优，保障海关系统的稳定性，质量人员还开发了一套用于海关性能保障的海关压测平台，整体技术架构如图 8-22 所示。

海关压测平台的核心是关务压测信息配置（如图 8-23 所示），按关区划分关务请求对象、关区资源编码，与压测关区协商好，使用他们提供的请求 URL。

目前，海关压测平台可以无缝对接海关线上和线下系统，通过自主构造数据，充分保障压测流量和压测时长，减少 50%的人力投入，同时对菜鸟下行海关和海关上行菜鸟的性能进行压测，发现海关系统性能瓶颈，保障链路畅通。

伴随着跨境业务的迅速发展，对接口岸也逐渐增多，海关压测平台现有压测模式虽能在很大程度上降低人力成本，及时发现海关系统的性能瓶颈，但都是单一口岸的模式压测。

因此，我们对于未来的构想是只进行一次压测数据构造，就能让所有口岸同时进行压测，而且这种数据流既有自下而上的，也有自上而下的，能更大程度地提高效率，更全面地评估顶部节点的性能问题。

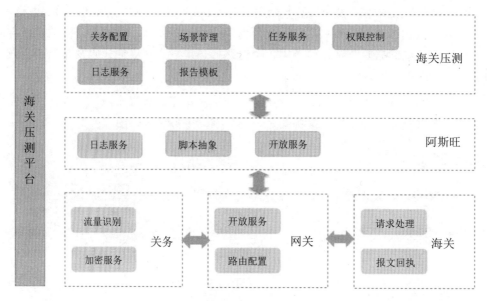

▲图 8-22　海关压测平台整体技术架构

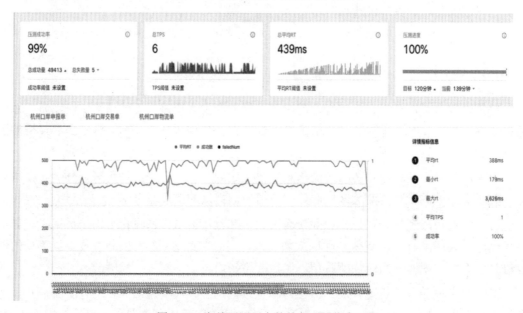

▲图 8-23　海关压测平台的关务压测信息配置

第 9 章
安全生产

金耀宇、张元、金勇强、刘海峰、郑兴杰、周丹艳、潘敏、王换、徐欢、
李楚悦、金城、徐强、孟洪进、施翔、任涛、林帆、何振铭、李程

之前各章介绍了阿里巴巴集团测试技术的方方面面，这些对于保障业务系统质量、减少线上故障发挥了不可或缺的作用。然而，测试作为众多质量保障手段之一也有其局限性，它无法保证发现所有的潜在问题，也未必总是最有效的方法。整个业务体系的质量保障是一个系统工程，综合治理才是解决之道，阿里巴巴集团称之为"安全生产"。电商、金融、云计算等互联网基础设施的高可用性、高可靠性对于保障客户业务顺利运行重如泰山，绝不能因为追求"敏捷"导致事故频发。"安全生产"这个家喻户晓的名词，非常形象地说明了这件事情的性质和重要意义。

安全生产的目标，是用技术手段提升能力、控制风险、保障业务稳定、快速改进稳定性现状、大幅减少全局性故障和重大舆情故障。

下面我们从资金安全、故障快恢、灰度发布、信息安全、突袭演练 5 个方面展开介绍。

9.1 资金安全

2014 年年初，在业务飞速发展的背后，天猫的资金安全问题变得越来越严峻，资金安全逐渐成为阿里巴巴集团日常和大促中一个重要而严肃的专项问题。同时"资金安全"这个名词，开始借天猫这个高地，逐渐渗透到阿里巴巴集团内部，并向外辐射，传播至互联网界，成为电商业务尤为重视的稳定性专项问题。

银行等金融机构在保障资金安全上不遗余力，有着严谨的机制。在业务的体量和复杂度如此之高、新兴业态又不断崛起的背景下，势必需要制度一套基于电商特质的资金安全保障方案。要想达成稳定性大目标，安全是一个重要抓手。这里向大家介绍资金安全的体系化保障措施。

9.1.1 资损定义

资损有两个概念：资损事件和资损故障。

资损事件指经营活动中发生的不可预见的，给集团或各业务线造成实际或潜在财务损失的风险事件。

资损故障指因技术故障（包括编码缺陷、变更执行、系统设计类漏洞、安全漏洞等）导致的平台多出或平台少收。其中，平台多出指买家、卖家、平台、供应商、合作伙伴等蒙受直接资金损失，或未获得相应的优惠折扣（例如红包、购物津贴无法使用等），且最终由平台负责赔偿的或平台多支出的流量、权益、钱等。平台少收指平台佣金、运费等应收款少收或收入减少。

资损事件包括的范围更广，只要和财务预期不符，均计算在其中。资损故障则聚焦在由技术、业务或产品原因导致的与经营业务相关的问题上，即：**资损故障⊆资损事件**。

这里提的资金安全，均针对资损事件。

9.1.2 资损解决方法

有一个简单的公式可以用来估计资损金额：

$$资损金额=已知资损风险×单位时间处理资金量×发现覆盖率×$$
$$（资损发现时间+资损止血时间）×资损发生概率+未知资损风险×X$$

资损的严重程度是以损失的金额大小来衡量的。降低资损金额的主要方法如下。

- 降低未知资损风险比例：未知资损风险带来的故障等级往往更高，尽可能全地识别出可能产生资损的业务逻辑，减少未知资损风险的占比。
- 缩短时间：尽可能地缩短资损发现时间及资损止血时间。
- 降低资损发生概率：尽可能地降低资损发生概率。

按照这个思路，衍生出了三道防线。

第一道防线：识别预防。

基于公式中**未知资损风险**的个数及**资损发生概率**这两个参数，第一阶段最行之有效的方式是**梳理识别**。通过对存量的"大扫除"和对增量（新变更）的同步清扫，来构建全量资损风险点，这样**存量+增量**才会**持续趋近全量**。

不要小瞧梳理，认为这个过程没有技术含量；实际上，**谙熟业务、摸清链路、理解系统架构等工作的深度要够**，才可能把"未知"的占比降得足够低。

可仅靠梳理就够吗？当然不！人的经验是有疏漏和盲点的，所以梳理识别只是最厚的那层底盘（更多的策略会在后面几节讲到）。

第二道防线：故障发现。

由于资损发生概率很难精确推算和度量，因此**资损发现时间和发现覆盖率**仍是决定故障等级最为关键的参数。资损有异于高可用，按照高可用的做法去区分风险的高、中、低意义不太大，它的严重程度与时长绝对正相关。只要有敞口，不管大小，时间长了就有可能演变为严重资损。但对于**单位时间处理资金量**的评估还是有必要的，能评估出在最悲观情况下，敞口经过多长时间会演变为严重故障。

同时，针对发现能力这类参数，监控/核对以下 3 个方面。

- **有效性**：在监控/核对脚本自身存在 Bug 时，是无法发现问题的，故监控/核对脚本同样需要质量保障手段。
- **覆盖率**：业务数据通常会承载多类场景数据，覆盖率是需要度量的，针对**监控/核对**的无损演练可提供覆盖率支撑。
- **噪声量**：当噪声过大时，噪声量提供的不再是预（告）警能力，而是骚扰能力。

另外，还要补充**监控/核对的三个思想：**

一是基于结果的收拢，如图 9-1 所示，对于监控/核对来说，它应该是基于结果收敛式的布防。

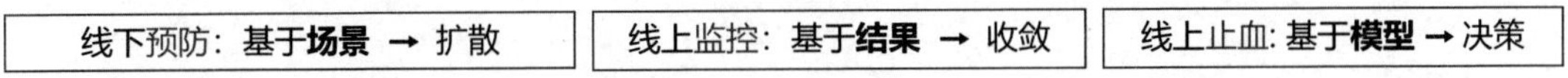

线下预防: **基于场景 → 扩散**	线上监控: **基于结果 → 收敛**	线上止血: **基于模型 → 决策**

▲图 9-1　基于结果的收敛

二是多层防击穿策略：针对自动化持续集成、实时监控、准实时核对、离线核对的布控，一定不是四选一的。

三是三流合一架构：三流包括业务流、资金流、实物流。数字化的线上系统以业务链的形态存在并为用户提供服务，这里提到的三流，严格意义上讲，都是信息流。在现实业务系统中，它们之间并没有直接或间接的映射关系，而是各自独立存在于自己的业务领域内（简单讲，它们之间是割裂的），出现资损大多是因为这三流互相对不齐。传统手段是梳理→布控，通常使用枚举方式，全不全靠经验和运气。资金流或实物流，一定不会在最后一环才突然冒出来，业务流的背后应该有虚线资金流或虚线实物流的关联或映射，在形式上要么是侵入业务系统落在设计上，要么是作为架构的补充。真正从研发态构建防资损能力，把资金安全架构标准化落地，才是**治本**的解题策略。

第三道防线：止血熔断。

第三道防线主要承接第二道防线，针对缩短**资损止血时间**，在出现问题后快速止血。"快速"是需要提前做准备的，对理论资损的止血，包括但不限于提前准备业务预案以便进行业务熔断和事件拦截（如打款拦截），针对数据处理类别提前准备好捞取脚本和订正脚本，有些复杂场景还需要联动处理 SOP（标准操作过程）的支持。

9.1.3 资金安全策略

从更直观的实操环节可以具体看出策略应该是什么、怎么做。先呈现给大家两个视角。

1. 资损漏斗视角

资损漏斗视角，如图 9-2 所示。

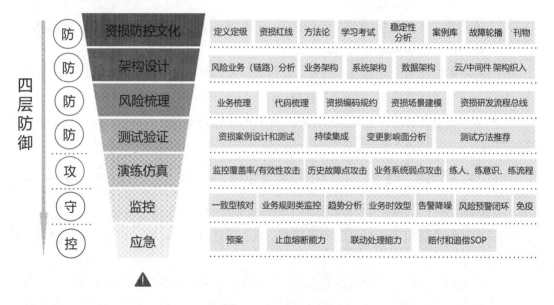

▲图 9-2　资损漏斗视角

以资损漏斗视角看，从进入管道，到流出管道，其中的每一环，都能通过分层过滤，将问题扼杀掉。这里的 7 层管道可以归为防、攻、守、控 4 种防控思想。

防：在问题真正上线之前，所使用的一切手段，都被称为"防"，主要从资金安全文化、架构设计、风险梳理、测试验证 4 个方面进行。

（1）资金安全文化：立好规范和准则，一是案例分享，公开问题是最好的疫苗；二是运用文化运营手段，如征文、特刊、面对面访谈等，营造氛围。

（2）架构设计：在架构层加入资金安全的思想，从根本上解决问题。

（3）风险梳理和测试验证：这是最厚且最行之有效的方式。以人→规则化→智能化+系统化的方式实施，实施内容如下。

业务梳理 → 资损场景建模 → 资损风险挖掘并推荐。

代码梳理 → 资损编码规约 → 资损代码分析引擎。

资损案例设计和测试 → 资损脚本持续集成 → 变更风险及影响面分析 → 资损案例及测试方法推荐。

攻：攻击和模拟。演练是通过各种手段来模拟错误的产生的，以此来识别由监控/核对脚本的 Bug、产品功能缺失带来的问题，并判断在问题发生后人的敏感程度及处理问题的熟练程度，同时通过仿真提前模拟需要依据策略和算法来决策的场景。

守：守御戒备，通过布置一张无死角的大网进行线上监控，在第一时间发现问题。对于监控/核对来讲，除了布控降噪免疫以及在线上形成更直接的闭环，没有捷径。

控：止血熔断，快速停止当前的资损流程，并打造快速捞取和快速订正的能力。

2. 递进阶段视角

正确的对策需根据当下的发展阶段来制定，手段和大环境应该是相辅相成的，顺势而为、借势而进、造势而起、乘势而上。如图 9-3 所示，从紧迫度来看，资损分为堵大漏灭重大（风险）、建体系打闭环、重点领域深耕和站在未来看现在这 4 个递进阶段。

▲图 9-3　资损的 4 个递进阶段

这 4 个阶段逐层向上，先针对当前问题给出解决方案；然后建设体系，避免出现漏洞；有了体系之后，要在重点领域深耕，通过创新解决技术困扰，求得突破；最后要站在未来技术发展的角度思考资金安全问题，即防患于未然。

9.1.4　体系化解决方案

组织数量可观的人把资金安全工作做好，是一项非常棘手的工作，需要一颗心、一张图来共同打一场仗。资金安全这件事重人重业务，要把网撒全，由 5 层内核凝聚"一颗心"，如图 9-4 所示。

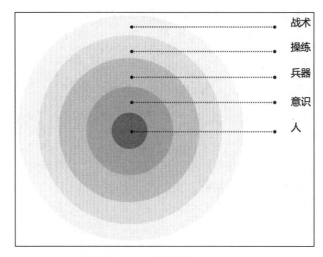

▲图 9-4　5 层内核凝聚"一颗心"

　　首先，人和意识是核心，如果做事的人连资损是什么都搞不清，对线上风险无意识、无敬畏，那么一切便无从说起；人和意识有了，如果只是撸起袖子拼蛮劲儿堆人力，那么效率也是难以提高的，还需要打造趁手的兵器平时勤于操练，才能在实战中有条不紊地进行。最后一层也是非常关键的一层——战术层，这一层决定着付出了那么多的努力，究竟有多少价值。

　　图 9-5 是资金安全的核心能力图。

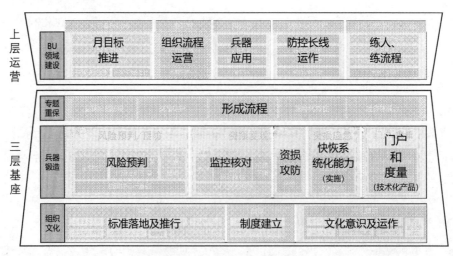

▲图 9-5　资金安全的核心能力图

图中包括三层基座和上层运营两部分，资金安全体系的落地由 GOC、战役技术研发、领域专家这三类角色组成的主将委员小组完成。

1. 三层基座

1) 组织文化

上面提到，体系化的一系列工作都需要以组织的形式来推行。资损的定义定级、方法论、研发流程总线及卡口、案例库自闭环、应急能力、赔付流程、大促保障等 SOP 都需要建立基础标准并执行。需要建立红线和问责机制。在人员流动频繁的大环境下，文化意识的传播尤为关键，通过一年一度的防资损认证考试、"双 11"防资损宣传、演练文化、典型案例轮播等形式，控人控规，虚实结合，筑牢底层基座。

2) 技术能力（兵器锻造）

基座的这一层好比制造武器的地方，要想全面撒网，需要在线下打造风险预判能力、在线上打造资损发现能力、在线上打造资损快速应急能力，三者缺一不可。同时，通过资损攻防平台进行攻防演练，验证监控/核对的覆盖率和有效性、不让"武器"生锈。最后，将这三个点串成一条总线，对实施效果、预警及攻防情况进行度量，并最终用资金安全统一门户来收口。

3) 专题重保

我们基于资损防控体量大、业务复杂度高的特质，按领域划分，形成流程。比如针对商家价格设置类和平台运营权益发放类，形成防控价格风险的统一解决方案；针对打款、清算过滤户中间户的架构和编码规范，针对国际化属性的时区、货币转换、汇率等的统一设计框架等，分别输出从文档化到系统化的落地路径，才可在跨业务部、跨业务群的对应领域中应用。

2. 上层运营业务部（BV）领域建设

集团各业务单元要对资金安全的核心能力图进行落地，并针对每个业务部的特质，打造专属长线运作机制，包括但不限于止血预案的建设、监控/核对的降噪运维、资损用例的覆盖和持续集成，以及链路架构的治理工作。

9.1.5 资金安全产品介绍

本节重点介绍 4 个成熟的资金安全产品。

1. 守——规则监控平台（BCP）

该平台可对线上业务进行实时审计，检测异常数据并报警。其实时的特性，帮助线上业务及时发现了很多数据问题，避免了资损。通过实时校验在线业务，防止异常业务数据扩散，保障数据稳定性，其原理图如图 9-6 所示。

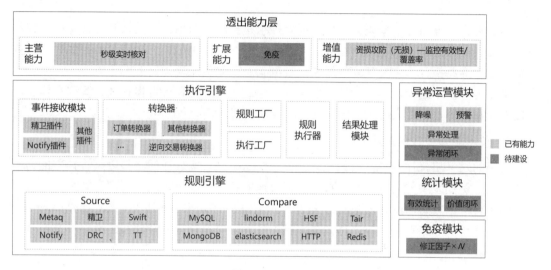

▲图 9-6　BCP 原理图

BCP 可实时校验在线业务，防止异常业务数据扩散，保障数据稳定性。其优点如下。

- 实时检测：秒级延迟，通过精卫、Notify 消息等驱动实现分钟级报警；实时在线统计，提供多种分析报表；支持延迟重试，异步检测；支持离线全量扫描，不放过一个数据。

- 线上保护：通过采样模式降低消耗和线上系统压力。

- 简单的规则配置：规则脚本化（GROOVY、SQL）；在 Web 上进行日志输出；提供数据源 Mock，可以进行模拟测试。

2. 守——数据核对平台（MAC）

金融产品的多数链路直接与资金相关，一旦系统内部或者依赖的外部系统出现问题就可能引发资损。对账是金融系统防资损的一种重要手段。常见的资金安全包含：资金流和订单信息流一致；资金信息和账务信息一致；资金和风控水位一致。

MAC 数据离线核对基于 ODPS 大数据计算能力，用户可根据业务数据同步的频率，针对全量或者增量数据进行 $T+1$ 和 $T+h$ 的数据一致性核对、数据质量监控。MAC 原理图如

图 9-7 所示。

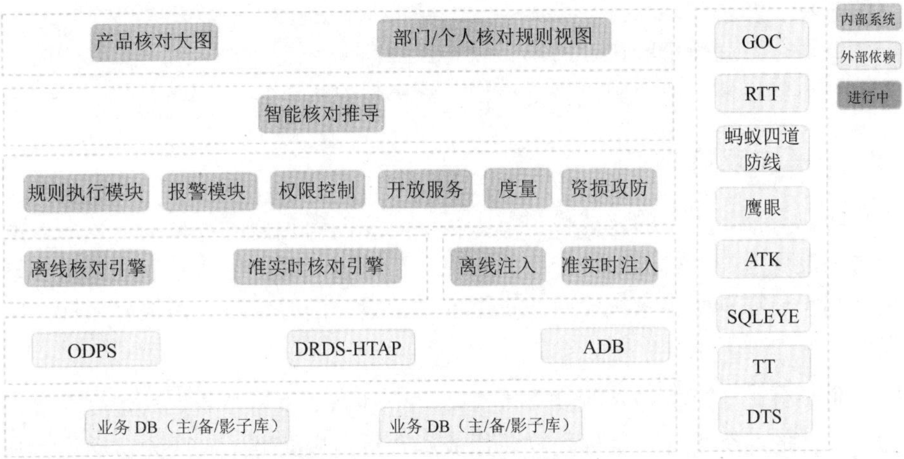

产品核对大图　部门/个人核对规则视图

智能核对推导

规则执行模块　报警模块　权限控制　开放服务　度量　资损攻防

离线核对引擎　准实时核对引擎　离线注入　准实时注入

ODPS　DRDS-HTAP　ADB

业务 DB（主/备/影子库）　业务 DB（主/备/影子库）

GOC　RTT　蚂蚁四道防线　鹰眼　ATK　SQLEYE　TT　DTS

内部系统　外部依赖　进行中

▲图 9-7　MAC 原理图

MAC 数据实时核对打破了对数据同步的依赖，基于分布式关系型数据库之混合事物和分析处理（DRDS-HTAP）与实时数据测试服务（RTT），直接对业务数据进行核对，可支持增量数据的准实时核对。

实时核对与离线核对互为补充提高了增量核对的实效性，离线核对兜底全量数据一致性。MAC 是针对增量问题数据的自动验证手段，可以更全面、快速地发现业务系统的数据不一致问题，降低资损风险、减小资损敞口。

MAC 使用场景如下。

- 离线数据一致性核对：$T+1$、$T+h$。
- 实时数据一致性核对：准实时。
- 数据监控：通过异常数据和基线监控，例如，枚举遍历、金额范围、额度盖帽、空值率、1 天/7 天/30 天数据量波动，可有效地把控内外部数据质量。
- 数据迁移测试：针对有大量数据迁移的项目，用户可在上线前基于迁移前后的数据进行全量数据比对，更全面地保证数据迁移的正确性。目前 MAC 已经支持了企业金融多个项目的数据迁移测试。

MAC 应用步骤如下。

- 梳理核对规则。用户基于对业务的理解，梳理出业务核对表和字段的对应关系。

- 规则配置：将梳理的规则形成 SQL，配置到核对平台上；设置合理的窗口和时延；配置报警阈值。
- 上线运行。选择希望执行的规则版本执行。
- 平台自动报警。用户跟进异常数据，完善核对规则。

3. 攻——资损攻防平台

资损攻防以有损、无损的方式模拟线上可能发生的资损问题，通过（突袭）演练来考验红军的资损发现能力，暴露系统的资损盲点，帮助沉淀新零售体系下的资损场景数据，梳理通用规则，反哺集团各系统应用的资金安全建设。同时，对于监控有效性、覆盖率、降噪的保鲜，也起到了重要作用。

资损攻防平台（见图 9-8）是集数据分析、场景生成、演练执行、统计度量等资损攻防相关能力于一体的演练平台，目标是以更低成本、更高效的方式，成为自动化、甚至智能化的资金安全的练兵场。

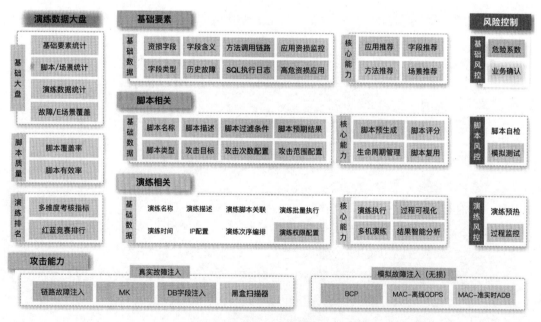

▲图 9-8 资损攻防平台

- 要素与脚本：主要指自资损字段向上延伸，对应的注入 SQL、关联方法、方法对应的链路，以及基于链路分析得到的横向关联的其他库表字段等"原子信息"，目前原子信息的获取，主要依赖线上请求的动态采集。

- 攻击能力：主要包括代码注入和数据库注入。代码注入原理参考支持的场景注入是返回值修改和参数修改；数据库注入的数据攻击方式有 update 操作语句和 insert 操作语句两种，其中 insert 操作语句需要设置过滤值，而 update 操作语句除了可以设置过滤值，还可以设置 where 条件的过滤。

- 演练及演练结果判定：资损攻防平台只提供功能。对于资损攻防来说，更重要的是拿着武器去演练。演练是否达标、做得如何，可以通过以下的客观流程及指标来量化。整个演练中的流程如图 9-9 所示。

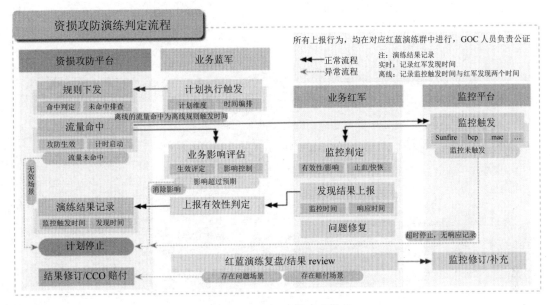

▲图 9-9　整个演练中的流程

4. 守——资金安全统一门户

资金安全统一门户如图 9-10 所示，其具体功能如下。

（1）门户（易策平台）：贯穿整个资金安全的流程体系。

（2）资损风险基线：基于经验和资损特性，依据资损业务及特性、历史识别的方法论，进行资损业务建模。资损风险和全球运行指挥中心（Global Operational Command Center, GOC）资损应急场景呼应，会在资损应急场景（定义）之下，延展和业务紧密关联的细颗粒度资损风险。

（3）一站式资损风险管理：监控/核对告警、异常、降噪等的聚合处理，能在这里进行一站式管理。

（4）大促（项目）资金安全协同。在备战期会收集风险和各子项执行情况，做好数据披露，检验整个计划是否高效率、高质量落地；作战期会及时获取信息进行上传下达，以便快速制定止血策略，同时从海量的信息和告警中分离出有效信息，制成实时问题大盘，尽快推进资损风险的排查和确认，相对实时地传递出实际资损情况。

（5）资损地图：业务大图是怎样的？哪些地方有遗漏、哪些地方是全的、哪里有风险？资损地图能实时呈现域、业务部、业务群的大图。

（6）度量和度量模型：各资损场景的资损敞口是多少、怎么计算、经过建设降到了多少、哪些还需要做、哪些可以先放一放，以及各业务部进行了各切面资金安全工作后健康度如何，都需要一个度量模型进行度量。该模型还可以根据业务部的特质推荐重点需要解决的问题。

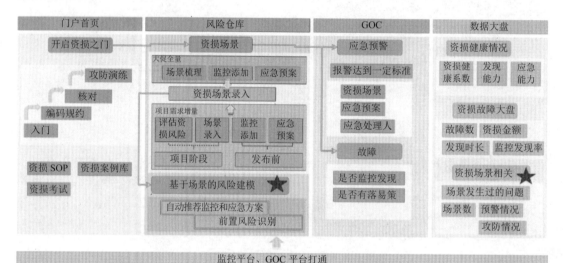

▲图 9-10　资金安全统一门户

9.1.6　资金安全展望

资金安全还在路上，离终点还很遥远。

其一，现今体系化架构已经具备，效果已有展现；后续要定义标准，从非标的自由生长模式变化中逐步升级，进一步渗透贴合业务，发掘更多资金安全的价值。

其二，通过大数据挖掘学习专家经验并将其智能化，开发知识工程方向的应用，释放厚重业务给大家带来的枷锁。

9.2　故障快恢

所有的互联网产品都希望为用户提供高可用的服务，从单机到分布式，从单机房到异地多活，从功能设计到面向失败的设计。虽然通过技术的进步，软件提供的服务越来越稳定，但"黑天鹅"事件仍难以避免，当出现故障时，减少故障的处理时长，快速恢复系统就变得相当重要。

9.2.1　功能介绍

1.　根因定位

故障快速恢复的关键是根因定位，而其中的挑战在于：互联网应用大多是面向服务的架构，业务的复杂性导致系统之间的调用关系复杂。从入口应用到下游依赖应用，故障的排查定位经常需要大量的人员跨部门协作，需要的时间长。

另外，造成故障的原因有很多，分布在系统、中间件、应用等各个层面，比如 CPU、网络、消息中间件、应用业务逻辑等。根因定位严重依赖个人的能力，例如对业务的熟悉程度和对技术的掌握深度，而人的行为往往带有不确定性，个人面对故障时的情绪及外部干扰，都会影响故障定位的速度。

因此，我们构建了根因定位系统。当故障发生时，系统根据故障场景，自动识别、采集异常流量，再根据异常流量进行自动化的根因定位，通过链式排查直击根因，大大缩短了故障排查时间。阿里巴巴的业务场景复杂，很难抽象出通用的根因定位方案。平台提供了一定的通用诊断规则，但也需要构建一个开放的根因定位体系，方便各式各样的业务灵活接入。我们根据历史故障及系统整体架构进行抽象，提供基础的诊断 API（例如日志查询 API、系统指标查询 API）、开放可定制的故障诊断引擎，各应用可以根据自身特性编制诊断规则。通过规则引擎，各系统、各领域的专家经验得到沉淀；通过链式排查，打通了复杂业务链路上系统间的壁垒，整个系统也可以根据历史故障或者通过架构升级不断进行完善、进化。

2.　故障恢复

故障快速恢复的核心是有效的恢复手段。经验丰富的故障处理人员可以根据当前系统表现，给出最优的恢复方案。这些宝贵的故障恢复经验，也可以推广到规则引擎，结合根因定位，每个应用负责人可以根据系统需要关注的各项指标，提前编排故障恢复的策略，以缩短故障恢复时间。想要快速恢复故障，需要提前想好恢复手段（比如重启、扩容、预案、异常机器摘除等），根据系统特征编排好快速恢复方案。也可以通过故障演练来不断验证整个故障定位及恢复体系，以应对线上的真实故障。

9.2.2　关键技术

1. 流量唯一标志

线上流量众多，网络调用贯穿众多应用节点，想要识别异常流量完整调用链路，我们可以从各个发起网络调用的中间件下手，在前端请求到达服务器时，为这个前端请求分配全局唯一的 ID。

2. 异常流量识别

故障发生时，需要自动识别出造成故障的异常流量簇，可以通过日志来记录每天流量的特征，按照某个特征分类的效果判定异常流量簇，不同特征或者特征组合可以映射到不同故障场景。当发生特定故障时，实时监测异常流量，根据异常流量的共性进行流量采样，并将这些样本流量簇用于后续的根因自动定位。

以下单系统为例，流量特征日志格式为流量唯一标识|业务场景|错误码|处理结果（成功/失败），基于日志格式构建出每个业务场景的错误码大盘，当对应场景发生故障时，会有对应的错误码出现飙升，系统根据飙升的错误码进行流量簇采样并用于后续的根因定位。当故障发生时，错误码大盘示例如图 9-11 所示。

错误码	场景	数量	趋势	是否异常
errorCode1	订单渲染	1054		异常飙升错误码
errorCode2	订单渲染	654		正常
errorCode3	订单渲染	313		正常

▲图 9-11　错误码大盘示例

3. 链式排查

历史故障数据显示，大部分的故障是由下游应用异常造成的，根因定位需要具备链式排查功能，从入口应用不断下钻，直到根因应用，整个排查过程会形成一棵如图 9-12 所示的链式排查树。实现链式排查的方式有很多，可以从网络调用的中间件入手，也可以在每个应用的内部实现，只要能够识别出异常流量整个调用链路的所有节点即可。

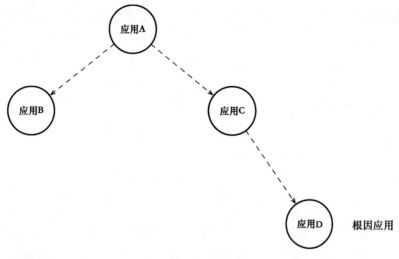

▲图 9-12　链式排查树

4.　故障因子

引发故障的因子是多样的，每个应用的故障因子也不尽相同，每个应用可以根据历史故障及应用架构特性，定制符合应用特性的故障因子集合，如图 9-13 所示，例如可以将故障因子抽象成应用程序异常、系统异常、基础中间件异常三大类，每个列表可以再细分，应用程序异常可以细分为错误码、异常堆栈等，系统异常可以再细分为 CPU 异常、FULL GC、线程池满、网络异常等，基础中间件可以细分为数据库、消息等。

▲图 9-13　故障因子集合

需要根据异常日志或者指标数据来诊断每个故障因子是否异常，比如应用程序异常可以通过日志中的错误码、异常堆栈来识别，系统异常可以通过各项系统指标来识别，中间件异常可以通过中间件相关指标来识别。根据经验，将采样的异常流量簇进行单条诊断，再将单条数据进行聚类分析，比诊断整个应用指标更加准确、有效。

5. 规则引擎

在实战中总结出来的故障诊断及恢复经验是一笔宝贵的财富，我们希望这些专家经验能够转变成可执行的规则，规则引擎就是这些宝贵经验的载体。故障的复杂性及各系统的差异性，也要求快恢系统具备灵活、可拓展的特性，快恢系统提供了众多原子能力，通过规则引擎来满足个性化的诊断、恢复需求。

故障的发生是难以避免的，需要利用技术来不断降低故障发生的概率、缩短故障的影响时间。我们相信：随着技术的不断进步，绝大部分的故障系统都可以自愈，互联网产品可以更稳定地服务于广大消费者。

9.3 灰度发布

数据表明，代码发布和配置变更导致的线上故障比例高达六成。变更时预先进行灰度，与直接全量发布相比，能在很大程度上减少或避免变更后导致的故障。为此我们提供了一套灰度方案在业务线推广实施。

实现不同业务要遵照同一个灰度流程执行，需要一个统一的灰度环境并提供产品化手段以防止系统性故障的发生。同时还必须是安全的隔离环境，可以保证业务稳定地创新、安全地演练，这就是安全生产环境（SPE）。它可以保证生产发布和变更安全、稳定、高效。变更流程图如图 9-14 所示。

▲图 9-14　变更流程图

9.3.1 抓手——变更三板斧

灰度发布的要点，可以总结为可灰度、可观测、可回滚。

可灰度：安全生产环境是在线上建立的隔离灰度环境，通过网络层控制引入业务办公网及线上 1%的流量作为灰度流量。通过真实的小流量验证变更的有效性及正确性，确保发布变更稳定。

同时，让灰度流程与 Aone、Diamond、Switch 等主要发布变更系统对接，重新定义发布变更流程，实现未经安全生产环境验证的变更无法在线上发布。

可观测：安全生产环境以真实流量为灰度，可以避免人工测试覆盖不全的问题。提供监控和自动化验证两类手段，保证业务在灰度过程中能及时有效发现问题。

在监控方面，安全生产环境支持业务线上监控项的全量覆盖，对环境内的流量提供与线上一致的监控保障。对于小流量的情况，采用智能算法采集业务在安全生产环境的正常基线，当偏离基线过多或业务跌零时自动发起 GOC 风险预警。监控报警准确率提升 36%，接近线上水平，能有效地拦截灰度中的风险。

在自动化验证方面，在发布流程中产品化集成了验证卡点功能，主动在安全生产环境发布变更后发起自动化验证任务，统一展现自动化验证结果，帮助发布人员在第一时间了解变更的验证情况。卡点功能支持各种具备自动化验证功能的平台接入，提供验证功能供业务方自由组合、配置使用，形成灰度自动化验证生态，无限扩展了灰度环境的问题发现能力。

可回滚：安全生产环境在打通 Aone、Diamond、Switch 等发布变更系统的过程中，在方案设计上考虑了分批发布、回滚等基础功能，与变更系统开发人员一起解决了 Diamond、Switch 变更只有覆盖发布而没有回滚的问题。统一代码发布和配置变更的流程，支持快速回滚及指定版本回滚的功能。

安全生产环境作为线上隔离环境，具备环境快速切流的功能。产品支持按应用或域名快速将原本劫持到安全生产环境的灰度流量还给线上，从而实现了相较于发布回滚更便捷快速的业务恢复功能，这项功能也是集成在变更发布的流程中的，发布人员在发现灰度环境出现问题后，可以一键实现切流止血。

围绕变更三板斧，安全生产环境的建设实现了跨业务的标准灰度流程，提供统一的灰度环境，系统性地解决了业务的变更灰度诉求，提升了业务系统的发布变更稳定性。

9.3.2　灰度生态建设

在安全生产环境的建设过程中，我们也沉淀总结了灰度体系需要具备的功能，并逐步形成生态，集成到我们的服务中，灰度生态体系如图 9-15 所示。

在基础环境建设上，我们以中心 SPE 环境为蓝本，采用方案技术支持、合作共建的方式拓展建设了海外安全生产环境（美国西部、新加坡等）、合一环境（优酷业务）等独立安全生产环境。针对独立技术体系的发布系统、验证平台实现产品上的兼容，使其具备一样的应用快速接入、流量调配管控、发布变更灰度流程、监控及自动化验证等功能，实现了灰度核心能力的可复制、平台化。

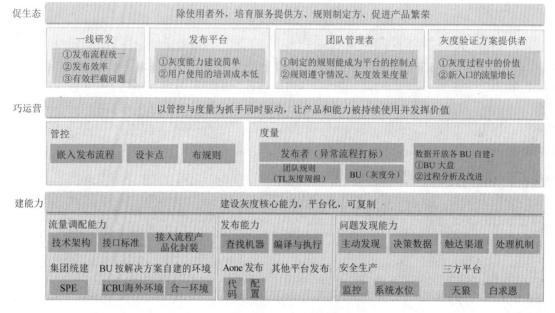

▲图 9-15　灰度生态体系

在安全生产环境使用上，强调对应用的管控和度量。我们不断扩展发布变更流程的管控及验证规则的卡点范围，覆盖尽可能全的发布变更场景。同时通过数据度量呈现灰度使用情况，确保灰度制度的持久化和价值发挥。

借助灰度战役的推进，有节奏地在业务线推广灰度价值，从新零售业务到优酷、菜鸟等其他业务，从核心应用到非核心应用落地安全生产环境，让灰度变更发布的使用者、发布变更平台、自动化验证提供者都能在安全生产环境的灰度体系中找到价值，促进灰度生态繁荣，从而使多方受益共赢。

9.3.3　灰度常坚守，安全无止境

最后介绍一下变更灰度的落地。主要的实施路径就是从核心应用到非核心应用，借助"变更三板斧"和"灰度发布质量分"（见图 9-16）逐步提升业务人员对变更灰度的认同感和接纳度，强调所有规范和工具建设都是为了保护一线小二更好地工作，降低变更风险。

借助产品化功能对灰度发布中的异常发布流程进行分析记录、对不合格操作进行复盘。量化整个发布过程和结果，包括每次正式发布是否灰度、灰度时长是否足够观察线上情况、是否通过灰度验证有效发现问题并通过回滚避免直接全量发布导致的线上故障等。以此形成"灰度发布质量分"，定期发送灰度报告给业务团队，从基础能力、发布过程和灰度效果

3 方面入手，给予团队提升灰度能力的指导。

灰度生态建设的效果十分明显，近一年来，安全生产环境有效拦截严重故障超 40 例，业务线累计变更类严重故障同比下降了 20% 以上。

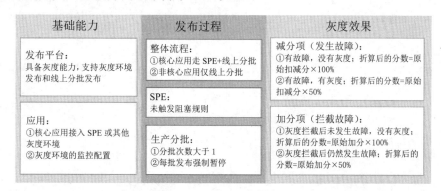

▲图 9-16　灰度发布质量分

9.4　信息安全风险

信息安全风险一直是互联网企业面临的最大挑战之一。从黑产针对核心数据的爬取，到黄牛针对业务安全漏洞的攻击进而获取利益；从黑帽子、竞争对手的分布式拒绝响应服务攻击，到 UGC（用户生产内容）的涉黄、涉恐、涉政问题的影响等，信息安全风险可以说是无处不在、无孔不入。任何一个安全事故，都可能严重影响到企业经营，打击到用户对互联网安全能力的信心，以致在资本市场上引起轩然大波。因此，如何分析应对信息安全风险，已成为目前的重要难题之一。

如何在有限的资源投入下，最大限度地提高新零售整体安全水位，帮助业务顺利展开？下面按照风险治理的通用方法论展开介绍，即风险识别、风险应对、持续优化。

9.4.1　风险识别

风险识别的过程主要有四步：**第一步**是盘点在当前场景下有哪些风险项、风险点，比如在新零售场景下风险治理的范围（风险项）包括应用安全风险、内容安全风险、数据安全风险、业务安全风险、"双 11"等重要节点安全风险等。针对单个风险项又有非常多的风险点，这是一个多级树状结构。**第二步**是针对所有的风险项和风险点，在具体的业务场景下识别出对应的风险场景。**第三步**是针对已有的防控手段，判断风险现状。**第四步**是针对这些场景下的遗漏风险进行盘点，并确定具体的风险治理标的。

1. 风险项与风险点

1）应用安全风险

应用安全风险指由于系统、平台、网站、应用等的健壮性不够、代码缺陷等导致的一系列应用维度的安全问题，包括但不限于如下。

- DDoS 拒绝访问类攻击风险。
- WEBSHELL、SQL 注入、反序列化注入等平台侵入类或者直接攻击类风险。
- 垂直或者水平权限类数据泄露或者越权操作类风险。
- XSS、CSRF、JSONP 劫持、HTTP 劫持等钓鱼类攻击风险。
- 软件供应链安全风险。
- 无线应用与三方 SDK 安全风险。

2）内容安全风险

内容安全风险指内容风险项，如涉恐、涉政、涉黄、涉暴、虚假信息、知识产权等影响公司经营的内容，包括但不限于如下。

- UGC 内容：通过业务网站、App 等透出给用户的业务字段，包括但不限于富文本、图片、流媒体等。
- 直播网站。
- 视频网站。
- 微信公众号。
- 小程序。
- 第三方平台。

3）数据安全风险，包括但不限于如下。

- 外包人员数据安全管理。
- 小二人员数据安全管理。
- 应用数据安全管理。
- App 数据采集合规管理。
- 国际化数据安全合规管理（GDPR 等）。

4）业务安全风险，包括但不限于如下。

- 业务欺诈。
- 红包权益、黄牛。

- 羊毛党。
- 金融信贷类欺诈。

2. 风险场景

基于以上的风险项和风险点，我们在新零售事业群、20+事业部的所有业务场景下，进行整体盘点，能够整体了解新零售整体的风险水平，核心风险在哪些地方，严重程度如何。通过对风险场景的盘点，可以输出比较完整的业务风险地图，供管理层决策使用。

3. 风险现状

（1）**应用安全能力**。集团安全部在应用安全领域深耕多年，沉淀了大量的安全防控经验，如防 CC 攻击的霸下平台、反系统侵入的 jam 平台、应用漏洞挖掘的白盒和黑盒扫描平台等。

（2）**内容安全能力**。针对文本、图片、音视频、流媒体等有非常完善的内容安全审核能力。

（3）**数据安全能力**。对内有完善的安全宣导、违规处罚、系统审计能力，通过比较完善的流程和机制进行全面防控。对外全面而高标准地完成国家的法律法规合规建设。

（4）**业务安全能力**。通过人群画像，识别黑产、羊毛党、高风险人群，在业务风控上发挥巨大作用。

4. 风险遗留

虽然集团的安全部和 CRO 团队提供了一系列防控手段，但是风险只可以降低而无法全面消除。基于成本的考虑，治理集中在目前遗留的风险上。

（1）**数据越权问题**。由于数据越权是强业务属性的问题，集团过去没有特别行之有效的安全防控策略，导致线上存在一定的数据泄漏风险。

（2）**内容安全问题**。由于内容安全可能发生的场景异常繁杂，业务属性突出，整体盘点和治理的难度巨大。

（3）**外包数据安全问题**。外包的数据安全管理存在敞口，风险有待进一步收敛。

（4）**其他安全问题**。从略。

9.4.2　风险应对

集团根据风险优先级制定了全面的风险应对策略。

（1）数据越权问题治理：由于业务属性强，所以非常难以给出有效的解决方案。

- 可行性的治理解决方案。
  - 人工安全测试：在项目迭代周期内，由测试人员通过人工测试检查出漏洞。
  - 自动化白盒扫描测试：通过代码分析，确保在过滤层进行有效的垂直权限处理，在控制层进行规范的水平权限检查。
  - 自动化黑盒扫描测试：通过统一的黑盒扫描对访问 URL 进行越权判断。
- 越权类问题实践：人工安全测试虽然比较有效，但是由于人力成本高，业务驱动力不强，在资源有限的情况下效果不理想。白盒扫描由于各业务线技术架构多样，统一扫描规则很难落地；黑盒扫描本身对业务强相关，系统判断难度大。
- 具体方案：在这样的背景下，我们搭建了多重水平权限扫描平台（见图 9-17），其基本思路如下。
  - 通过统一接入层获取各个业务的 URL 访问情况，并且进行大数据去重复。
  - 通过黑盒扫描功能，针对被测 URL 进行多重身份的登录认证。
  - 针对扫描结果进行 NLP 和神经网络聚类算法训练学习，通过算法，对目标的扫描结果进行有效识别。
- 方案效果：挖掘出了大量的高危越权漏洞，实施成本低，效果显著。

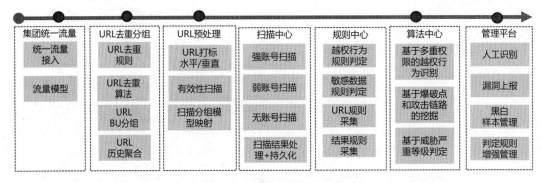

▲图 9-17　多重水平权限扫描平台

（2）内容安全问题治理：内容安全的核心问题有两个：一是如何识别广泛存在于业务系统中的大量 UGC 场景和字段，二是如何提高内容风险识别的能力。

- 针对第一个问题，我们采用了如下三套治理机制。
  - 内容安全风险盘点：通过业务人力投入的方式针对 UGC 内容进行系统性盘点，通过字段梳理的方式对 UGC 内容与字段的映射进行挖掘。

- 内容字段链路分析：由于业务系统的 UGC 字段最终是落地在存储介质中的，所以通过中间件能力，借助数据链路分析，可以反推出具体的内容场景。
- 内容字段 IAST 挖掘：可以考虑通过白盒扫描的方式进行内容字段的挖掘，然而白盒的问题在于其扫描能力主要构建在方法和代码文件粒度上，无法针对具体的字段。IAST 是交互式应用安全测试的简称，IAST 的基本原理是通过动态代理技术对应用的所有调用方法进行插桩，对调用栈进行基于变量的分析，通过在变量传递链路上识别净化函数、威胁函数等来判断一个方法的某个参数是否安全。基于这样的扫描理论，可以识别到 UGC 变量的防控情况，是否对接了内容安全净化函数等，从而获取线上系统的内容安全接入情况。

- 针对第二个难题，提供同步和异步两种接入模式，大面积拦截内容安全风险，在"双 11"场景下起到了至关重要的作用。

（3）外包数据安全治理：主要针对外包可能出现的数据安全问题进行有效收口。

内容包括：

- 外包数据安全管理红线。
  - 数据权限。
  - 数据库访问权限：所有外包人员禁止拥有 IDB 数据访问权限。
  - 数据仓库访问权限：所有外包人员禁止拥有 ODPS 数据访问权限。
- 代码库访问权限。
  - 所有外包人员禁止访问数据安全等级为 L3/L4 的应用代码。
  - 所有外包人员禁止访问资损风险等级为 L3/L4 的应用代码。
  - 所有外包人员禁止访问集团核心应用/BU 核心应用的代码。
- 应用权限。
  - 应用发布权限：所有外包人员禁止拥有数据安全等级和资损风险等级为 L3/L4、应用等级为核心应用的变更发布权限。
  - 线上配置变更权限：所有外包人员禁止拥有更改线上配置的权限。
  - 高风险等级应用权限：所有外包人员只能拥有岗位权限包内的高风险权限。
- 物理权限。驻场外包人员必须使用集团设备，不允许驻场外包人员使用个人设备或供应商设备办公。

（4）外包数据安全管理治理：通过数据化、监控化、智能化的技术手段将治理成本最小化相关，取得了非常不错的效果，推动外包管理形成了一整套系统化的解决方案。外包数据安全管理治理办法如图 9-18 所示。

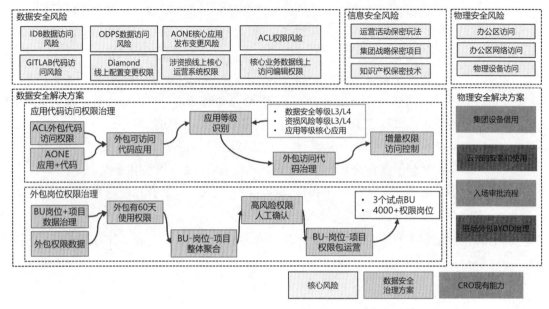

▲图 9-18　外包数据安全管理治理办法

　　基于风险应对的解决方案还有很多，比如风险转移和风险接受等，本文介绍的只是实践过程中的一些典型案例。风险是无法被彻底消灭的，我们能做的是通过一系列防控手段有效地收敛风险，使用有限的资源把风险降低到一个可接受的范围内，并尽量做到风险的可预知、可监控。

9.4.3　持续优化

　　信息安全治理需要一整套持续迭代的机制，可以从正向优化和红线治理两个方向进行流程优化。

　　正向优化。风险识别——风险应对的过程不是一蹴而就的，也不是一次性的，随着一些风险被治理完成，另外一些新的风险会暴露出来，整个风险管理持续迭代的过程，就是不断重复风险识别和风险应对的过程，建立长效的迭代机制和组织保障是非常必要的。

　　红线治理。持续的运营治理非常重要。要建立好安全规则红线，通过系统的方式扫描上报问题，通过漏洞挖掘的方式进行持续治理，打造风险发现和解决闭环，减少人工干预，从而有效降低安全风险治理成本，提升安全风险防控效果。

9.5　突袭演练

9.5.1　背景

某天，笔者所在的故障消防群发出了一个中级故障报警，原因是一个开发新人在 5 分钟前发布了一个变更。收到报警后，这位开发新人开始执行回滚操作以排除故障。接下去的事情就崩溃了，因为他不熟悉回滚流程，所以在设置回滚批次时，将一次性回滚 200 台错误地设置成了 200 批，而回滚提交后的执行过程是没有办法修改的，只能走复杂的中断流程。经过一番折腾，他愣是把一个完全可能扼杀在摇篮中的中级别故障，硬生生地搞成了高级别故障，对用户也造成较大影响。

痛定思痛，我们需要在建设各类稳定性基础设施的同时，打造一个故障演练体系，站在未知的故障视角来验证稳定性，同时通过泛化攻击等手段来发现系统漏洞。

9.5.2　突袭演练策略

演练分为四大场景、两个角色。四大场景包括日常演练、突袭演练、联合演练和生产突袭，而两个角色是红军和蓝军，蓝军负责攻击，红军负责防御，如图 9-19 所示。

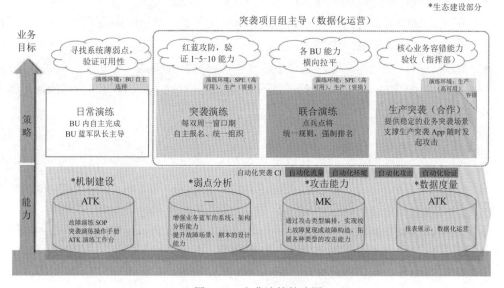

▲图 9-19　突袭演练策略图

- 日常演练一般由业务单元（BU）内部自主发起，节奏短平快，目的是结合系统薄弱点来验证系统的可用性，这类演练更多是有指向性的，而红蓝军之间既有合作又有对抗，蓝军的主要目标是分析系统中潜在的弱点，通过演练来证实，并且通过演练来验证红军的落地能力。而红军的主要目标是通过演练，不断提高系统的性能。

- 突袭演练是另一个重点。我们关注突袭的原因很简单，整个集团有非常多的业务单元，没有办法以故障演练的方式来实现个性化的攻击，只能采取无差别攻击的方式，以准真实环境下的攻防作为主要手段，来验收系统的性能。在这个基础上，还有一系列的专项演练，比如资损的攻防、针对"双11"的攻防等。

- 联合演练的参与方围绕同一个目标来实现特定场景下的多团队协作机制，以拉齐各个业务单元在高可用、资损防控领域上的水平。

- 生产突袭的主要目的是真枪实弹地在生产环境下，由指挥部成员来随机发起演练，验收高可用的效果。需要提供稳定和丰富的业务突袭场景，可随时被上层发起方调用，并持续、随时保证这些攻击脚本的正确性。

为了达成上述四个故障演练的目标，我们需要提供（沉淀）如下一系列的平台和功能。

- **机制建设：** 需要有明确的 SOP 来规范和约束突袭的过程。需要统一的演练工作台来落地这些 SOP，同时提供剧本设计等流程性的功能。在规范化的同时，让所有参与方更加高效地完成演练。

- **弱点分析：** 在故障演练的场景下，需要可以增强业务蓝军分析能力的工具，提升故障场景、剧本设计的有效性。比如，可以方便地扫描和排查不合理的依赖关系，以便在攻击时更有针对性。

- **攻击能力：** 使用什么样的武器？如何快速地注入各类故障？这部分主要依托 Monkey King 的字节码注入功能，基于代码变异的代码类攻击功能和完善的攻击图谱完成。

- **数据度量：** 提供完整的报表展示及作战大屏，通过数据化的方式来运营。

其中机制建设、数据度量两项是强管控的，需要控制好突袭演练的整个过程，并通过度量进行数据化运营。而对于弱点分析、攻击能力，在提供底层能力的基础上，鼓励各业务单元结合自身业务、系统特点进行创新，从而形成生态。

9.5.3 突袭演练技术大图

图 9-20 是突袭演练技术大图，以前述的策略作为指引，依据发起突袭演练所需的各类条件，形成一张完整的大图。它大概分为以下几个方面。

- 武器：目前提供了 JVM 注入、代码变更类、容器类、C++语言类的攻击功能，并随着业务场景的不断拓展而延伸，比如硬件的攻击功能等。
- 库房：是针对一定的业务属性来组合的武器，比如针对配置类的攻击、资损类的攻击等。
- 战场：空袭演练的战场是需要构建的，并且要尽可能真实。比如攻击所对应的环境、真实的流量、报警监控与线上一样的感知能力等。
- 指挥部：未来甚至在指挥部就可以发起任意一场攻击，去观测战场上红军的表现，并在战争结束后收集数据进行复盘。
- 组织：演练还是存在很大风险的，著名的切尔诺贝利核事故其实就是故障演练失利的结果。所以必须构造一个安全的环境和流程，来遏制这样的系统风险发生。

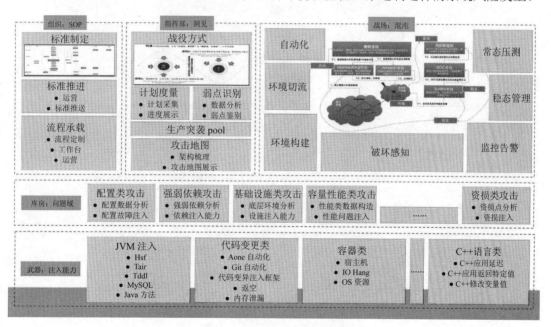

▲图 9-20 突袭演练技术大图

以代码变更类为例的代码注入故障流程，如图 9-21 所示。

▲图 9-21　代码注入故障流程图

　　在技术实现上，将 Git 拉分支、Aone 创建变更等动作通过接口适配实现全自动化，通过文本分析或语义分析实现指定代码片断自动修改与提交，并自动识别故障业务含义。同时，与 MK 平台无缝集成，基于 MK 小程序的二次开发功能实现体验的统一。

　　蓝军通过以上步骤能够很方便地完成一次代码类的攻击。

第 10 章
回顾和展望

李中杰

10.1 阿里测试的昨天和今天

回顾历史，可以帮我们更好地思考未来。

10 年之前，阿里巴巴还没有现在这样规模的 Aone 研发协作平台，还没有本书所呈现的一系列测试技术。公司内部各个业务线的测试小分队都在围绕快速发展的业务需要，锻造种种基础能力：Bug 管理、测试用例管理、项目管理、测试框架、测试自动化、测试覆盖率、性能测试、安全测试等。那个时候，专职测试工具团队要么不存在，要么很小，业务和工具紧紧地被捆绑在一起。

5 年之前，各种测试自动化技术百花齐放，并逐渐整合到一系列测试平台，除了支持阿里内部质量保障工作，产品化后的通用版云测服务还陆续对外提供服务，包括性能测试、移动测试、安全测试等。Aone 研发协作平台作为公司项目管理、需求管理、测试用例和 Bug 管理、测试自动化管理、发布管理等全流程研发能力的集大成者，进入建设阶段。彼时，全链路压测也诞生并运行了几年。

而今，正如本书所呈现的，阿里的测试技术到达了一个新的阶段。

Aone 已覆盖公司所有业务，减少了低水平重复建设，使研发过程做到可管、可控、可观测、可沉淀、可改进，提高了研发效能，实现了安全生产，支撑了业务发展，并且提供了对外服务的版本。

面向 ABCM（人工智能、大数据、云计算、移动互联网）领域的测试技术，在过去的十几年有力支持了业务和技术的革新。

AI 系统是数据、算法、工程的综合，通过对智能音箱、图像识别等产品的测试，我们沉淀出语音自动化实验室、语音语料自动化生成、图像评测集增强、标注平台、算法评测、线上效果质量监控、Bad case 分析等与 AI 相关的测试技术。

大数据时代，消费者和生产者都享受到了数据的红利，算法从未如此深刻地影响人们的生产和生活。大数据算法系统测试的两个核心是算法工程质量验证和算法效果评估。

- 在算法工程质量验证上，我们沿着数据流路径，进行特征质量和效用评估、模型质量评估、在线预测服务质量评估，并在其中沉淀了小样本测试、模型的监控和拦截等技术。

- 在算法效果评估上，我们通过 A/B 测试来科学地评估算法改进的效果，通过相关性评估、舆情监控和众测来保障用户体验。

过去十几年，云计算技术蓬勃发展，今天的云原生是虚拟化、服务架构、先进研发模式的集大成者。云计算产品极为丰富，相应的测试技术也不胜枚举，限于篇幅，我们只介绍了对于专有云/混合云测试的一点心得。虽然它们的用户数量不如公有云那么多，但专有云的质量保障一样面临高可运维性、高可用性等多方面的挑战。除此之外，还要应对一些特定的挑战，如多环境、多版本、多定制化下的热升级、兼容性、用户场景测试等。在应对这些挑战的过程中，我们沉淀了异常模拟、单产品性能测试引擎、平台管控组件性能压测等技术，以及高可用自动化、热升级自动化、用户场景等平台。

随着移动互联网时代的到来，App 成为新的流量入口。

- 与服务端测试不同，App 测试面临的主要问题是手机硬件多样性和操作系统多版本并存带来的碎片化，移动云测平台解决了这个问题，提供了中心化的设备管理功能和各种云化的测试能力（以兼容性测试、稳定性测试和性能测试为主）。

- 在功能测试上，App 自动化测试框架重在解决测试用例执行的稳定性问题，基于录制回放的测试用例创建重在解决用例创建的效率问题。

- 在性能测试上，我们打造了一个测试类型全、自动化程度高、性能报告分析标准化的轻量级 App 性能测试工具。针对 Native 内存问题这个难点，我们打造了 Native 内存分析工具。

- 在稳定性测试上，我们有多层次的 Monkey 模式：简单 Monkey、入口 Schema、用例回放、智能化。智能化模式通过遗传算法、代码分析、线上用户行为分析等方法优化测试序列，优化随机遍历，提高了测试效率和测试有效性。

- 在兼容性测试上，我们沉淀了定制化、精准化的测试机型推荐、高稳定性的一机多控、基于深度学习的 UI 异常检测、典型兼容性问题的快速感知等技术。

面向 ELF（电商、物流、金融）领域的测试技术，在过去十几年，有力支持了业务和技术革新。

"双 11"网购狂欢节已经 12 周岁了，每一年技术团队都要面对流量洪峰下的高可用挑战，面对全公司、数十个业务、纷繁复杂的业务场景、纵横交错的调用链路、无处不在的用户体验，质量保障工作重如泰山。我们打造了包括全链路功能、全链路性能（压测）、全民预演、预案开关、全链路预热、快速扩/缩容、风控识别压测等核心产品在内的质量保障体系，结合"水平、行业、专项"三位一体的大兵团联合作战，全面、有序、标准地完成了一个又一个大促保障工作。

电商的背后是高速发展的物流行业，随着其底层系统的复杂度和智能化程度不断提高，物流类测试技术也得到了充分发展。针对物流系统链路长、异步多、数据构造难、待覆盖场景多的问题，我们打造了测试服务化及其上的可视化测试编排、数据池和基于业务流量的采集和回放功能。

仓储实操类系统是物流科技的一个特色，仓储机器人系统交互复杂、业务流程复杂、算法迭代快、业务模式持续调优，我们实现了"一键开仓+单据引流+业务仿真"的"AGV 仿真平台"，承担了几乎所有项目的全链路功能回归测试及"618"、"双 11"大促压测，并支持了新业务的决策。

在末端 IOT 设备硬件及系统服务和 App 的质量保障工作中，我们围绕上下游解耦提升可测性、降低人工操作成本、加速迭代，开发了 IoT 测试平台，为菜鸟智能硬件供应商开发/测试人员、菜鸟硬件开发/软件开发/软件测试人员提供 IoT 设备终端硬件控制 SDK、操作系统、硬件驱动服务及智能硬件的关键部件通用自动化测试服务。

对于金融类产品的测试服务，我们重点介绍了资损风险防控体系，包括线下、事前（产品设计、系统实现、变更上线等阶段）的评审/分析/验证/测试/管控，以及线上、事后的异动识别（资金核对、资金应急）。测试的类型包括分布式一致性测试、并发测试、幂等测试、兼容性测试等，核对的类型包括一致性核对、业务正确性核对、日切兜底核对等。同时，我们通过攻防演练来验证系统的资损防控能力和应急能力。

以上主要业务和技术域的质量保障工作，其实都涵盖了线下和线上，经过多年的建设，我们已经从重线下轻线上转变为线下线上并重。安全生产则集中代表了线下线上交织融合、齐头并进、互为补充、统一规划的方向。在安全生产领域，本书重点介绍了资金安全、信息安全等专项保障和灰度发布、突袭演练、故障快恢等通用保障技术。

以上，即使在所述领域，本书所能呈现的，也只是测试大宇宙里的一个小世界。无数精彩的故事仍在继续，后浪推前浪，测试技术的进步永无止境。

10.2　测试是软件开发的一个领域

与其他新事物发展的规律一样，软件开发也经历了从小到大、逐渐成体系、越来越有章法、能力越来越强大的过程，从科研人员专用到大众普及，从计算机出现早期的二进制编码到汇编语言，再到各种高级编程语言；从面向过程到面向对象编程（OOP），再到基于组件的软件工程（CBSE），又到面向服务的架构（SOA），最后到微服务（Microservices）；从单机到联网，再到大规模分布式；从自由式编码到瀑布（Waterfall）开发，再到敏捷（Agile）开发，又到 DevOps；从大型机 OS 到 PC 机/服务器 OS，再到移动 OS，又到跨平台融合OS；从软件作为硬件附属品到软件独立交付，再到软件作为服务交付（SaaS）；从公司闭源开发到社区开源共建，再到商业全面拥抱开源，人们所能构造软件的规模、复杂度、多样性和方式方法与日俱增，看不到边界。

伴随着软件开发的进步，软件测试也有了同步的认识和发展。这里，我们列举一些主要工作。

1950 年，图灵在 *Computing Machinery and Intelligence* 一文中提出 Turing Test（原文叫"Imitation game"，测试机器能否表现出与人等价或无法区分的智能），被认为可能是关于程序测试的最早的一篇重量级文章。

测试驱动开发（TDD）理念的使用可以追溯到 20 世纪 60 年代的大型机时代，程序代码要输入穿孔卡片上，每个程序员可以使用机器的时间有限，因此需要最大限度地提高效率。其中一种做法是在将打孔卡输入计算机之前写一些预期输出，然后将大型机输出的结果与之前记录的预期输出进行比较，看计算是否正确。

最早的测试书籍是 William C. Hetzel 汇编的会议论文集 *Program test methods*，1973 年出版。

1976 年，IBM 的 Michael Fagan 提出了软件检查的方法，Thomas J. McCabe 引入了圈复杂度指标和基本路径测试技术，Barry Boehm 在一篇文章中给出了著名的变更成本曲线（Cost-of-change Curve）。

1979 年，《软件测试的艺术》（*The Art of Software Testing*）出版，本书将软件测试定义为为发现错误而执行程序的过程（the process of executing a program with the intent of finding errors），探讨了代码检查、走查与评审、测试用例的设计、模块（单元）测试、系统测试、调试等主题，总结了等价划分、边界值分析等方法。此后，测试专著越来越多。

1988 年，Dave Gelperin 等人在 *The Growth of Software Testing* 一文中总结了软件测试发展的阶段，对不同目标和阶段进行了分类，明确区分了评价（Evaluation）和预防（Prevention）两种测试模型。

20 世纪 80 年代，形式化方法走出象牙塔，得到工业界的广泛关注。基于形式化方法的测试分别针对不同的语言/模型，例如，FSM、LTS、Petri nets、Z、CSP 等。由于有非常准确的模型化/形式化的协议/规格说明，我们可以通过对控制流和数据流的自动分析，产生正确性和覆盖度完全可以得到保证且经过优化的测试序列，来检测系统中违反协议/规格说明的 Bug，或者通过模型检测（Model Checking）或定理证明（Theorem Proving）的方法来证明系统具有某些性质。

这个方法的局限性是，协议/规格说明中没有显式表达的功能或其他类 Bug 无法用这种方法检测出来，需要补充其他方法，例如基于程序代码的白盒测试。网络协议中存在的大量状态机，非常适合选择这类方法进行协议一致性测试。基于模型的测试（MBT: Model Based Testing）可以看作一种轻量级的基于形式化方法的测试，有不少的支持工具。

1994 年，《设计模式：可复用面向对象软件的基础》（*Design Patterns: Elements of Reusable Object-Oriented Software*）一书出版。1997 年，Kent Beck 和 Erich Gamma 在从苏黎世前往亚特兰大参加 OOPSLA 大会的长途飞机上完成了第一版 JUnit 的开发。*Next Generation Java Testing* 一书对 JUnit 的评价是："JUnit 改变了开发者的行为，而多年的劝教和内疚都没有做到这一点"，这是因为 JUnit 极大地降低了做正确的事（单元测试）的成本。

1983 年，Richard Stallman 发起了 GNU 计划以编写一个可以不受限制使用源代码的操作系统，这是自由软件运动的起源。发起这项运动的原因之一是某打印机的用户被阻止使用其源代码，导致打印机的功能无法被修复。1991 年，Linus Torvalds 发布了 Linux 内核。1997 年，《大教堂与市集》（*The Cathedral and the Bazaar*）出版，开源（Open Source）一词逐渐被广为接受。自由/开源软件运动对软件行业的发展起到了巨大的推动作用，使得基于大规模协作的快速普及和创新成为可能，软件测试自然也受益颇深。

在从 PC 互联网到移动互联网，再到物联网与云计算时代的进程中，经典的测试作品不断涌现，包括 JUnit（1997，Kent Beck 等）、JMeter（1998，Stefano Mazzocchi）、Watir（2001，Chris Morris）、Selenium（2004，Jason Huggins 等）、Cucumber（2008，Aslak Hellesoy）、Sikuli（2009，Tsung-Hsiang Chang 等）、Chaos Monkey（2012，Netflix）、Appium（2012，Dan Cuellar 等）、Kali Linux（2013，Mati Aharoni 等）、STF（Simo Kinnunen 等）、Postman（Abhinav Asthana 等）。国内的开源测试技术也有不少，前面的章节已有介绍，此处不再赘述。

10.3　软件质量的挑战和不变量

历史上的软件危机大多源于软件规模越来越大、复杂程度越来越高、可靠性问题越来越突出、可维护性越来越低，本质是软件开发的生产力跟不上现实世界增长的软件需求（现有软件的维护和新软件的开发），所以需要编程语言、软件架构、工程方法等方面的升级。刘慈欣的《赡养上帝》、阿西莫夫的《银河帝国三部曲》都提到了高级文明面临的遗留资产无法维护的问题。无论软件开发和测试的"武器库"怎么更新换代，总有一些不变量，也可以叫测试基本定律，在可以看到的未来无法打破。

1.　人非圣贤孰能无过（To Err is Human）

在软件世界里，有很多因 Bug 引发的灾难。例如，1996 年，阿丽亚娜 5 号火箭升空后被迫自毁，根因是一段控制程序试图将一个 64 位浮点数写入 16 位整形数空间产生了溢出导致软件系统崩溃。这次事件的损失高达 3.7 亿美元，暴露出需求定义不明确、软件设计容错性不高、不遵守既定编码标准、仿真测试不全面等问题。

这个灾难之后，引发了人们对于安全关键系统（Safety-Critical System）的可靠性保障的深入研究，包括对阿丽亚娜的代码进行了自动化的分析，这是软件史上首次大规模的基于抽象解释（Abstract Interpretation）的静态代码分析。

航空航天软件的开发流程和标准非常规范、严格，还是会出这样那样的问题。今天我们很多的软件开发实际上用的是 DDD（Deadline-Driven Development）模式，质量更加不容乐观。

有这样一个形象的说法：软件是生长出来的，不是建造出来的（Indeed the development process is more alike to growing plants than to building houses）。人体有着相同的硬件基础，基因决定了能力范围（例如，人不能像鸟一样飞翔），社会规则决定了基础底线行为，其他大部分行为是高度智能和不确定的。虽然软件与人不同，是由编码（Coding）产生的，但仍然具有非常大的不可预测性。生长（Grow）的结果是一些功能会相继老化，根据熵增定律（在一个孤立系统里，如果没有外力做功，其总混乱度（熵）会不断增大），要不断地维护以保持/恢复秩序。人类进化很慢，软件进化很快——语言、框架、架构。每隔一段时间，工程师都需要对软件进行更正、完善、预防、适应等维护，包括重构、重写、升级等，这是对过去的技术债的定期偿还以及对未来的不断投资。

自主计算（Autonomic Computing）是 IBM 公司在 2001 年 10 月提出的，指计算机通过自适应技术进行自我管理的能力，能够减少计算机专业人员解决系统问题和其他维护工作（例如软件更新）所需的时间。自主计算的概念基于自然界中发现的自主系统，例如人类的自主神经系统、蜂和蚂蚁等昆虫群体的自我调节等，在自主系统中，单个组件的行为导致整个群组的高阶自我维护特性。到达完全自主计算的 4 个台阶是自我优化、自我保护、自我修复、自我配置。今天，虽然相关的研究仍在继续，但这个概念已经没那么热了。毋庸置疑，启发性仍在，反映了人们对于软件智能的持续努力。

容错（Fault tolerance）是指系统（计算机、网络、云集群等）在其一个或多个组件发生故障时继续运行而不中断的能力。容错主要通过自检（self-checking）、冗余（redundancy）和恢复（recovery）来实现。在互联网系统广泛应用的线上监控是一种自检。操作系统的 Watchdog 机制是一种自检+自恢复。

自动编程是人们提升编程效率和质量的终极法宝，这个方向上有一些不同的分支，包括程序合成（Program Synthesis）、生成式编程（Generative Programming）、源代码生成（Source-code Generation）、低代码应用（Low-code Applications）等。现在人们在尝试应用 AI 技术实现自动编程。例如，GitHub 和 OpenAI 推出的 Copilot，能自动生成代码，供开发者参考使用。不过，正如官网所说，Copilot 生成的代码，开发者仍需仔细地测试、审查。

2. 测试的不可穷尽性

"软件测试是证明 Bug 存在的一种有效方法，但无法证明 Bug 不存在。"（Program testing can be a very effective way to show the presence of bugs, but it is hopelessly inadequate for showing their absence.）

拿考试类比，无论你怎么准备（增加覆盖度），无论你将知识点掌握得多么滚瓜烂熟（基本测试场景执行了一遍又一遍），都会有做不出来的题（用户就是考官，新题目无穷尽）。

需求覆盖率、代码覆盖率等指标可以定量评估测试用例的充分性，变异测试（Mutation Testing）也可以用来检验、增强测试用例的充分性。然而，这些方法本身都有局限性，无法评估出测试用例对所测软件 Bug 的真实覆盖度（很显然，Bug 全集是无法确定的）。

软件缺陷预测（Software Defect Prediction）提供了确定测试停止时间的另外一种思路。比如对于一个常规迭代，可以计算其功能点（Function Points），基于按功能点统计的缺陷密度（历史积累的经验数据），估计出本次迭代的总缺陷数量，甚至还可以分配到不同的测试阶段。这适用于业务、技术和团队都处于稳定期的维护性软件项目。缺陷预测已经有 50 年历史了，因为与质量上的规划和投入高度相关，所以一直是学术界的热门研究课题。大多数的缺陷预测模型都是基于机器学习的，分类算法常用于推测模块的易错性，而回归算法用于预测 Bug 的数量。可惜的是，在缺陷预测领域，产业界的应用案例比较少，还需要更多数据。

测试的不可穷尽性，自然会带来成本经济学角度的考量。

当我们发现的 Bug 越来越多、测试所关注的问题趋向收敛时，Bug 会越来越难被发现，发现成本也越来越高。因此，最大化软件测试收益的目标应该是在最短的时间发现最多的 Bug，或者说在给定的时间发现最多的 Bug。如果要进一步考虑每一类 Bug 的线上影响，就需要基于风险的测试（Risk Based Testing，RBT）进行定性或定量分析问题。

回归测试选择（Regression Test Selection，RTS）技术是另外一个应对之法：代码修改（包括 Bug Fix 或新功能开发）之后，可能影响上下游的模块、应用、系统，从而引入或暴露修改代码范围之外的 Bug。因此，除了新增测试用例，旧的用例也要执行，全量执行耗时费力，如何选择出那些相关度最高、检出新 Bug 几率最大的测试用例？这就是回归测试选择要解决的问题，俗称精准测试。

除了人工编写确定性的测试用例，我们还可以使用自动生成随机测试的方法增加覆盖度，例如模糊测试（Fuzz Testing）使用基于变异或基于生成的方法来产生测试用例，特别适合检测缓冲区溢出和内存泄漏这类影响安全和稳定性的问题。Google 开源的 OSS-Fuzz 支持多种模糊引擎，结合 sanitizers 技术，能够针对开源软件进行持续的模糊测试，并且通过 ClusterFuzz 为大规模可分布式执行提供了测试环境，目前支持 C/C++、Rust、Go、Python 和 Java 等语言。

众测（Crowdsourced Testing）和线上测试（Test In Production，TIP）的流行，本质上是拓展了测试参与者和测试时间的范围，不再把测试活动局限在公司内部和上线前。这种软件生产模式蕴含了非常强大的力量。当然，这仅适用于公开领域的软件。

类似于项目管理三角，测试活动也遵循三角平衡，如图 10-1 所示。在一定的工程能力（Productivity）之下，对于效率（Efficiency）、质量（Quality）、成本（Cost）这三者，很难调整一个而不影响另外两个。如果追求上线速度，就会影响质量，除非能加人，但是加人也有极限——这是《人月神话》讲的道理。解决这个问题的关键在于找到一个平衡点：合适的速度、合适的质量、合适的成本。对于质量和效率之间的平衡点，服务端测试倾向于离效率更近一些，客户端测试倾向于离质量更近一些，因为服务端 Bug 更容易被修复。最后，工程能力的提升，会帮助我们找到新的平衡点。

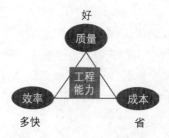

▲图 10-1　测试活动遵循三角平衡

一个前互联网时代的、传统的老派测试工程师，如果看到现在的很多做法和标准，可能会禁不住摇头：你们这一代人太缺乏对质量的敬畏了。效率、质量和成本的平衡点，随着时代的变化也在变化，我们不能刻舟求剑。

在交付代码、系统上线之后，维护服务稳定性的接力棒就交到了一批特别的人手里，他们就是运维工程师（Ops），在 Google 等公司这个岗位被称为 Site Reliability Engineer（SRE）。不管代码还有多少未被发现的问题，一旦程序进入生产环境常态化运行，我们所能做的就只有使用另外一套体系（主要不是 Bug 修复）全力维护它的稳定性，包括可用性、可扩展性、响应性、安全性、经济性等，这是 SRE（Site Reliability Engineering）需要做的事情。绝对没问题的系统是不存在的，但通过 SRE，我们可以让服务的可用性达到好几个 9，是互联网行业平衡高速迭代和高度稳定的关键，这是另外一个专门的领域。*Site Reliability Engineering* 一书提到：软件工程和生孩子有一个共同点——生前的工作是痛苦、艰难的，但产后的工作才是真正会花费你绝大部分精力的地方。然而，软件工程花费了更多的时间在第一个时期而不是第二个时期上，尽管人们估计一个系统总成本的 40%~90%是在上线后产生的。读到这里，作为一名测试工程师，我不禁感到一阵放松，后面的兄弟加油！

3. 质量是内建的，不是测出来的（Quality is built-in）

建立抽样检验理论的道奇（Harold F. Dodge）说过："You cannot inspect quality into a product."质量管理大师戴明（W. Edwards Deming）进行了引用，并补充："Inspection does not improve the quality, nor guarantee quality. Inspection is too late. The quality, good or bad, is already in the product."如果你认为这里的"Inspection"是"抽检"而非"测试"的意思，那测试其实不就是一种抽检吗？戴明的核心是，到上游去构建内在的质量。

这个道理比较难讲，因为它反直觉。在软件开发中，发现 Bug、修复 Bug，看起来是一个"质量"不断变好的过程，但问题在于，质量如何定义。让我们暂时挑战一下自己，思考以下问题：当几百万、几千万行代码，由于后期发现的数万个 Bug 而被修修补补时，你真的以为质量提高了吗？技术债是什么？

对于需求、设计，我们有一系列需求管理方法论和系统架构原则做指导。对于代码的内在质量，人们已经建立了大量的度量指标。Donald Knuth 大师的巨著 *The Art of Computer Programming* 以艺术来形容编程，他认为编程蕴含了像艺术创作一样的优雅（Elegance）、美丽（Beauty）、美学（Aesthetics）。我们当然不会看着这些指标，拿着创作传世艺术品的标准来写每天的代码，但是，这能帮助我们理解一点：质量是内建的，不是测出来的。

再往前走一步,看一下质量恶化的过程。"扁鹊见蔡桓公"是一个特别好的例子,它告诉我们"小病不治会发展成大病"。结合对扁鹊三兄弟医术的比较,让我们思考测试模式的演进方向——不断向缺陷预防(Defect Prevention)环节迁移。我们做需求评审、设计评审、代码评审,我们提高代码的可维护性,都是为了减少现在和将来注入的 Bug,更早地发现 Bug、解决 Bug,这有着质量、效率、成本的三重意义。

如前文所述,早在 1988 年,人们就区分了评价(Evaluation)和预防(Prevention)的概念。2007 年出版的《实用缺陷预防手册》(*The Practical Guide to Defect Prevention*)一书系统地讲述了缺陷预防的方方面面,值得一读。

缺陷预防并不神秘。我们每一次做 Bug 分析或故障复盘,都是为了发现流程、需求、设计、编码、测试、运维、项目管理等环节的可改进之处,思考需要通过哪些工作来避免同类故障再次发生。缺陷分析和预防如此重要,以至于 CMMI 将因果分析和解决(Causal Analysis and Resolution,CAR)列为软件过程改进的核心支柱之一。

从整体上看,今天我们的缺陷预防工作做的还很不够。很多互联网行业的人都会感到疑惑,既然说了这么多好处,为什么我们看到的大部分质量保障工作都是在测试而非预防呢?这可以分几方面来回答:

第一,"预防"是渗透到每一种角色里的一个隐藏的职责,并没有被显式地定义出来,"预防"是无处不在的,只是多少的问题;

第二,正因为第一点,预防没有被当成很正式的职责来定义,没有系统化的流程来约束,没有高效的方法和工具来助力,没有明确的指标来评估;

第三,"预防"的弱化反映了软件行业对尽快上线(效率)的极端重视,对软件测试这一活动的过高期望,对线上问题所导致损失的乐观估计;

最后,对短期利益和长期利益的权衡是人类的一个终极难题。

以上三点,总结为图 10-2。

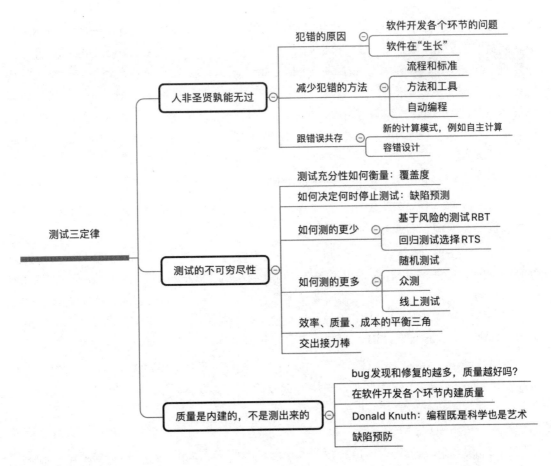

图 10-2　测试三定律

10.4　展望未来

虽然测试三定律无法打破，但是优化永无止境，软件开发（包括测试）会向着更多、更快、更好、更省的目标不断提高。以下是我们看到的几个趋势，有些已经成为现实，有些还在发展中。

1. 新技术、新领域的测试

例如云原生应用的测试。当越来越多的应用云原生化，服务端测试可能迎来一个巨大的变化。新技术、新领域的测试，不会是过往测试技术的简单平移，一定会有新的发展。

自 2013 年云原生（Cloud Native）被首次提出以后，其内涵被不断丰富，Pivotal（现在是 VMware 的 Tanzu 实验室）将其概括为"DevOps+持续交付+微服务+容器"。2001 年被正式命名的 Agile 软件开发运动拥抱了测试驱动开发（Test Driven Development，TDD），今天很多人把 DevOps 作为云原生的一个核心特征。DevOps 是一种打破研发和运维之间隔阂、加快软件交付流程、提高软件交付质量的文化理念和最佳实践，用于促进开发、质量保障和运维部门之间的沟通、协作与整合，旨在以高质量持续发布的产品应对瞬息万变的市场需求。所以，DevOps 是个"三通"，更确切地应该叫 DevTestOps。在此模式下，Ops 和 Test 并未消失，只是协作分工有所调整，以更全局优化的方式实现交付提速的目的。

云原生应用的开发测试有什么特别之处？

首先，我们需要与云原生相适应的研发流程和平台工具支撑，包括 Cloud IDE、CI/CD 服务（例如 GitOps）、AIOps 等。

其次，对于测试环境的便捷性和稳定性，业界已经有了一些产品。例如，为了加速本地测试环境的部署，K8s 社区推出的 minikube 和 KIND，支持单机 K8s 集群分钟级的部署，方便本地调测。再例如，为了加速联调，阿里巴巴研发效能云效团队面向原生 K8s 开源了一款轻量级的开发者工具 KT Connect，通过建立本地到集群以及集群到本地的双向通道，使得开发者可以快速地与集群内的其他服务进行联调测试。

第三，关于云原生应用可测试性（Testability）的问题。可控制性（Controllability）和可观测性（Observability）是软件测试中可测试性的两个方面。可控制性指提供输入、触发所希望发生的系统行为的难易程度，例如松耦合的外部依赖模块更容易被 Mock 掉、方便的批量数据构造接口会加速测试数据的准备；可观测性指系统内部状态和行为能被看到的难易程度，例如一个完整调用/消息传播链路及之上的输入输出、后台日志和数据库内容等是否容易被获取到。谷歌 2010 年发表的论文《大规模分布式系统的跟踪基础设施》（*a Large-Scale Distributed Systems Tracing Infrastructure*）是分布、异构、大规模的现代 Internet 服务系统可观测性的一个里程碑。这种可观测性极大地方便了开发、测试和运维工程师理解系统行为、排查各类线下线上问题、分析和优化性能瓶颈等工作。云原生应用是典型的大规模分布式系统，具有横纵链路长、服务分散化、调度黑盒化和动态化、执行环境远程化等特点，可观测性对于云原生应用的开发、测试和运维非常重要。云原生计算基金会 CNCF 有多个项目与此相关，例如 Jaeger、OpenTracing、OpenTelemtry、Grafana 等，它们正在或即将发生整合，这是云原生应用的开发和测试可以充分利用的。

第四，云原生与其他复杂软件系统一样面临巨大的稳定性挑战，混沌工程（Chaos Engineering）仍然发挥着不可或缺的作用，体现了"打不倒我的必使我强大"的反脆弱思想。其实施原则包括：建立稳定状态行为的假设、多样化真实世界的事件、在生产环境中运行试验、持续自动化运行试验、最小化爆炸半径。

2. 智能化测试

智能化测试可以认为是更为高级的自动化测试。类比汽车驾驶，汽车本来就是 Automobile，自动驾驶是让人类司机彻底解放的高级阶段，目前主要依赖视觉智能、激光雷达和高精地图。在软件开发领域，AI 被用来增强集成开发环境（IDE）的智能化程度，包括预测要调用哪个 API、传入哪个参数、生成哪些代码行等。在软件测试领域，智能化也正在渗透到很多方面。

在 Web 和移动 App 测试中，图像和视频分析被用于 UI 测试中的控件定位、区域对比、异常显示模式的识别（白屏、黑屏、花屏等），还会用来做性能测试中的关键帧提取。基于图像分析和文本识别，采用类似机器人流程自动化（Robotic Process Automation，RPA）的测试编排，可以完成跨浏览器和设备类型的兼容性测试，减轻了测试用例适配的负担，提升了测试执行的稳定性。

在游戏测试领域，腾讯游戏 AI 自动化测试框架将 AI 算法用于游戏图像理解和触屏操作游戏交互，以支持更高效的游戏自动化测试。现在也有很多游戏 AI 智能体的研究工作，致力于让 AI 自己学习玩各种各样的游戏。

AI 算法在训练时需要大量的标注数据集，以前，这些数据集是依靠人工打标的，所谓"有多少智能，就有多少人工"，现在，出现了不少半自动化的标注工具，这是一种 AI 的自我加速方式。

我们会对智能化越来越习以为常，就像今天你不会再把手机叫作智能手机一样，因为人们已经习惯了手机中的"智能"。现在，我们还需要一些畅想。

机器人测试

软件工程师有时候会自嘲为"码农"，但这个职业真的跟制造流水线上的工人一样吗？制造业流水线越来越自动化，工业机器人已经代替了越来越多的人工。在软件测试领域，我们的确可以将一些测试类比为这些机器人。例如用于 App 测试的 Monkey 工具就是不需要测试人员编写代码，能够全自动运行的。它会随机执行屏幕、键盘事件，所以主要用于稳定性测试，它也可以结合智能化的遍历，更快、更多地发现问题。学术界也有一些根据程序不变量或者其他方法进行全自动化测试的研究成果。

然而，这些全自动测试的能力都只能应用于非常有限的场景，他们无法替代真正的测试人员，差异有多大呢？你可以从前述工具的名字上看出来。测试活动涉及对数据、自然语言文本、图像、多媒体等各类结构化和非结构化信息的识别和语义理解、推理，涉及多轮对话，涉及很多其他高级智力活动（基于自身庞大的知识和经验储备，围绕需求、设计、代码的深入分析和沟通，隐藏信息的挖掘，站在真实用户角度的同理心思考，对是与非、好与坏、美与丑的主观判断等），这些不是今天的特定领域 AI 能代替的，在通用 AI 取得可实用的进展之前是不可能完成的任务。2018 年出版的《智能架构师》（*Architects of Intelligence*）一书是未来学家马丁·福特（Martin Ford）采访了 23 位世界上最有经验的人工智能和机器人研究人员写成的。他对这些人进行了一个非正式的调查，请他们预测以不低于 50% 的概率，人类实现通用人工智能的时间是什么时候？有 18 位给出了回答，最近的时间是 2029 年，最远的时间是 2200 年，平均值是 2099 年，中位数是 2084 年。一个很大的制约因素是算力（当然算力不是唯一的制约因素），相对于人的神经网络，完成同样的 AI 任务，计算机的能量消耗还是太大，以至于很多事情变得不经济。也许在量子计算进入应用阶段后，我们才能真正迎来常态化、大规模的全自动化测试，因为量子算法特别适合于海量状态空间的搜索。但考虑到量子计算同样会极大提升程序的规模和复杂度，笔者对此结论不是很乐观。在 2020 年第一届量子软件工程与编程国际研讨会（QANSWER'20）上发表的塔拉韦拉宣言（Talavera Manifesto）中，列出了参会者一致通过的量子软件工程（QSE）的 9 条原则和承诺，其中有两条与质量有关：

QSE 应以交付接近零缺陷的量子程序为目标（QSE aims to deliver quantum programs with desirable zero defects）。需要定义和应用适当的测试和调试技术到量子程序中，以便在程序交付之前就能检测和解决大多数缺陷。

QSE 需要保证量子软件的质量（QSE assures the quality of quantum software）。

第一条反映了人们在步入一个崭新的软件工程纪元时的良好愿望，就像笔者每个新年都要下决心多锻炼身体一样。不过，量子计算和量子软件工程真的是非常值得期待的，我们也应该为了达成这个接近零缺陷的目标而努力。

虽然无法替代，但是多种多样的"小机器人"（Bots）或者"测试小助手"（Test Assistants）会越来越多，成为测试人员的智能测试小伙伴，将测试人员从各种烦琐的重复性劳动中解放出来，专注于做最有价值的事情，我们可以称之为"AI 辅助测试"（AI Aided Testing，AAT）。

Bug 自动发现

软件测试是否有可能像人类体检一样？医学上已经有细致的疾病分类和指标体系，通过对人体的扫描、对人类体液的实验室分析、对人的行为特征的观察等手段做出诊断。

在软件测试领域，我们有类似的代码扫描静态/动态分析工具。静态分析不依赖代码的运行，覆盖大、开销小、速度快，但需要源代码；动态分析依赖代码的运行，覆盖小、开销大、速度慢，但不需要源代码。在发现问题的类别上，静态分析适用于发现有明确规则描述的问题，动态分析擅长发现特定输入数据和复杂交互场景触发的问题。代码分析工具检测出来的一般都是通用类的问题（代码风格、内存使用、并发处理、安全隐患、性能开销等），而非业务类的问题。

2021 年，微软研究院发表文章介绍了一个自动发现并修复 Bug 的工具——BugLabs，它可以针对代码结构进行推理，并且能理解模棱两可、缺乏形式化描述的自然语言成分，包括代码注释、变量名称等。它绕开缺乏训练数据的障碍，使用 GAN 生成对抗网络技术进行训练。针对一些代码包的实验表明，该工具自动发现了 26%的注入 Bug，与其他一些包括随机插入 Bug 在内的方法相比，发现 Bug 的能力改善了 30%。然而，也要认识到，这一工具目前还无法应用于发现任意复杂的 Bug，而只是针对一些相对简单的 Bug，例如错误的比较操作符（把<或>写成了<=）、错误的布尔操作符、变量误用（把 j 写成了 i）等。同时，还会产生很多误报。综合这些局限性，这一工具要应用到实际中还需要更多的工作。

Bug 自动修复

如果你仅仅写过几行代码，那么第一感觉可能没那么难。设想一个加法程序，运算符本来应该是加号（+），但误写成了减号（－），让修复工具自动尝试不同的运算符就能纠正过来。然而，考虑到真实程序功能间的巨大差异、巨大的代码体量、出错的各种可能性，你就会知道让修复工具去排列组合，其难度无异于让一只猴子敲出一本书。

目前在这个领域有一些研究工作。一种流派是采用遗传算法，通过对程序的语句进行增、删、改的进化来搜索到修复 Bug 的方案。另一种巧妙的思路是 MIT 的 Code Phage，为一个包含某种 Bug 的受体应用（Recipient Application），找到一个不包含该 Bug 的捐献体应用（Donor Application），通过执行路径分析来自动锁定补丁并移植。这种方法也许更适合于老功能被改错的场景。一种更高效、实用的工具是 Facebook 开发的 Getafix，它能够持续学习过去的代码修复数据库，从中提炼修复模式，基于层次化的聚类算法和上下文分析来给出最优的修复建议。当然，这些修复建议要得到工程师的审核批准及修正才能生效，所以也不是完全自动化的。即使不能自动修复，Getafix 也可以帮助工程师缩小问题的查找范围。在缺陷推荐和修复领域，阿里巴巴也有一些尝试，集成在 Aone 研发协同平台里，可以帮助开发工程师检测可能的问题并推荐修复模板。

3. 质量大数据

我们积累的研发数据越来越多，包括需求、设计、代码、测试用例、测试执行、Bug、线下日志、灰度记录、发布记录、线上问题/故障/用户反馈、线上日志、线上流量等。今天这些数据的价值正在得到越来越充分的挖掘。这里列举一些面向质量的使用场景。

代码质量数据

信息时代的核心是代码。《代码整洁之道》（*Clean Code：a handbook of agile software craftsmanship*）是关于软件开发匠艺的经典书籍，这本书详细地讲解了好代码与坏代码之间的区别，同时介绍了如何编写好代码，如何将坏代码转化为好代码，如何创建好名称、好函数、好对象、好类、好注释，如何格式化代码以将其可读性最大化，如何在不妨碍代码逻辑的前提下充分实现错误处理，如何进行单元测试和测试驱动开发。这本书的推荐序也写得非常好，此处摘录一段：程序员只有编写整洁的代码才可称专业和负责任，质量是一百万次无私关怀的结果，诚实地对待自己的代码，把代码状态诚实地告诉同事，是否尽力"在离开露营地时让它变得更干净一些"？是否在提交之前重构了代码？这些不是无足轻重的关注点，而是完全位于敏捷价值观中心的关注点。

开发过程中的代码质量，主要取决于编码者自己。除此之外，代码评审（Code Review，CR）也可以起到第二重要的作用，很多公司都将 CR 作为代码提交环节的强制要求。例如，Google CR 规范给出了如何做代码评审的详细建议，包括要看代码变更的总体设计，要判断代码是不是很复杂、有没有过度设计，代码是否有适当的单元测试，测试是否经过完善的设计，是否有规范的命名，是否有合适的注释，注释应该是 why 而不是 what，代码风格是否遵循风格指南（Style Guide）等。

作为人工代码评审的辅助，有很多代码分析工具（CppCheck、PMD、FindBugs 和 SonarQube 等）可以自动进行代码风格检查、产出关键代码度量指标（例如圈复杂度）、发现一些特定类型的 Bug。

尽管代码如此重要，但很多公司都还没有代码质量大盘，缺少代码质量的整体视图和持续改善计划。我们认为，在未来几年，人们会越来越多地重视、建设、挖掘代码质量数据，因为对质量的关注就是对交付效率的关注，长远来看，能让公司跑得更快、更稳、更省。

测试大数据

这里所说的测试大数据，既包括测试用例里的输入、输出数据，也包括测试用例的静态元数据、动态行为数据及其关联的其他数据，因此是一个非常宽泛的集合。

测试用例（包括测试数据）的自动生成，是测试自动化的高级能力，人们已经做了大量的研究。除了基于程序分析的方法，基于大数据的方法也越来越实用。例如，根据线上真实流量来生成功能测试、API 测试、性能测试的多样性数据，实现对真实场景的分类抽样覆盖，弥补人造测试数据的不足。

测试过程会产生大量的测试执行日志，对这些日志的自动分析可被用于进行日志中问题的定位（Fault Localization）。当日志规模很大时，靠人工分析耗时费力，严重影响失败用例的问题排查效率。Splunk 和 Loggly 这样的工具提供了日志的索引、结构化、分类、事件关联、统计分析、可视化搜索过滤等功能，有助于加速人工的日志分析。更进一步，Anunay Amar 等人在 *Mining historical test logs to predict bugs and localize faults in the test logs* 一文中介绍了一种方法，在日志中锁定尽可能多的问题及尽可能少的相关日志行来缩小检查范围，具体实现方法是移除了通过（Pass）和失败（Fail）的测试执行中都存在的日志行，并使用信息检索算法来推测出那些跟问题相关性最大的日志行。据此文所述，它能确定 89% 的问题并且只标记了不到 1% 的代表错误的日志行。

在大数据测试一章，Markov 智能排查系统构建的用例画像描述了一个用例的前世今生，整合并萃取了该用例的所有历史数据，包括业务特征、覆盖代码块、稳定性、相似用例集、历史失败归因集等。对于该用例历史上每一次的回归失败，都会记录原因，包括中间链路数据、人工经验数据、系统自查结果等。

10.5　写在最后

畅想未来总会令人激动。很多时候想象力不够用，我们会习惯把当下习以为常的做法简单线性地推演到未来，认为我们已经完成了相当多的工作，剩下的只是修修补补了。这类预言很容易被打脸。实际上，技术的演进不是平滑、匀速的，而是具有突发性的，一旦关键技术取得突破，在应用层会出现集中爆发和释放。人工神经网络诞生于 1943 年，踩着计算机、Internet、大数据、IC 摩尔定律、GPU 架构演进的节拍，神经网络终于在过去的十年迎来深度学习应用的大爆发。我们在软件测试行业面临的各种棘手问题，早晚有一天会得到（部分）解决，而且很可能以超出预期的"大爆发"的方式解决。我们不知道下一次"大爆发"何时到来，但我们当下的努力，一定都在朝着那个方向前进。

目前全球软件测试从业者的规模超过百万，形成了巨大的知识体系，软件测试是软件工程的一个重要分支，有时候被称为"测试工程"（Test Engineering），有时候也被放在另一个更大的概念"质量工程"（Quality Engineering）里。很多测试团队自然发展成研发效能团队，正像 Google 在早期就把自己的测试和质量团队改名为"工程生产力"（Engineering Productivity）一样（到 2012 年，这个团队已经拥有了 1200 名工程师）。他们这样描述改名的逻辑："伴随着称谓的改变，随之而来的是文化的革新。人们开始更多地谈论生产力而不是测试和质量。发展生产力是我们的工作，测试和质量是开发过程里每个人都要承担的工作。这意味着开发人员负责测试和质量，生产力团队负责赋能开发团队搞定这两项任务。"

一直以来，测试工程师这个角色不够闪耀，给人的印象是低调、默默无闻。然而，软件测试这个工作一点都不简单，它由软件开发叠加若干层特别的技能构成。Fred. Brooks 在《没有银弹：软件工程中的根本和次要问题》一文中指出，（软件开发中的根本困难）在于软件系统中无法规避的内在特性：复杂度（Complexity）、一致性（Conformity）、可变性（Changeability）和不可见性（Invisibility），不仅现在没有灵丹妙药，软件的本质决定了将来也不大可能有——软件领域不大可能有任何发明，在提高软件的生产力、可靠性和简单性方面，做到像电子电路、晶体管和大规模集成电路提高计算机硬件性能那样（的速度）。正因为如此，无论过去、现在还是未来，测试工程师及软件测试面临的挑战丝毫没有减少，路还长⋯⋯

探寻阿里二十年技术长征
呈现超一流互联网企业的技术变革与创新

Alibaba Group 阿里巴巴集团 | 技术丛书 阿里巴巴官方出品，技术普惠精品力作

电子工业出版社.
PUBLISHING HOUSE OF ELECTRONICS INDUSTRY
http://www.phei.com.cn

反侵权盗版声明

　　电子工业出版社依法对本作品享有专有出版权。任何未经权利人书面许可，复制、销售或通过信息网络传播本作品的行为；歪曲、篡改、剽窃本作品的行为，均违反《中华人民共和国著作权法》，其行为人应承担相应的民事责任和行政责任，构成犯罪的，将被依法追究刑事责任。

　　为了维护市场秩序，保护权利人的合法权益，我社将依法查处和打击侵权盗版的单位和个人。欢迎社会各界人士积极举报侵权盗版行为，本社将奖励举报有功人员，并保证举报人的信息不被泄露。

举报电话：（010）88254396；（010）88258888

传　　真：（010）88254397

E-mail：　dbqq@phei.com.cn

通信地址：北京市万寿路 173 信箱

　　　　　电子工业出版社总编办公室

邮　　编：100036